Wissenschaftliche Veröffentlichungen aus dem Siemens-Konzern

I. Band

Drittes Heft (abgeschlossen am 1. November 1921)

Mit 90 Textfiguren, 3 Kurvenblättern und 3 Tafeln

Unter Mitwirkung von

Arthur Clausing, Dr. Robert Fellinger, Dr. Bruno Fetkenheuer, Dr. Adolf Franke, Professor Rob. M. Friese, Professor Dr. Hans Gerdien, Dr.-Ing. e. h. Carl Köttgen, Dr. Georg Krause, Karl Küpfmüller, Martin Lebegott, Fritz Lüschen, Dr. Georg Masing, Dr. Werner Nagel, Professor Dr. Fritz Noether, Geheimrat Professor Dr. Dr.-Ing. Walter Reichel, Dr. Hans Riegger, August Rotth, Professor Dr. Reinhold Rüdenberg, Dr. Hermann von Siemens, Erich Wandeberg

herausgegeben von

Professor Dr. Carl Dietrich Harries

Geheimer Regierungsrat

Berlin

Verlag von Julius Springer

1922

ISBN-13:978-3-642-98744-1
DOI: 10.1007/978-3-642-99559-0

e-ISBN-13:978-3-642-99559-0

№ 672

Inhaltsübersicht.

Anfragen, die den Inhalt dieses Heftes betreffen, sind zu richten an die Zentralstelle für wissenschaftlich-technische Forschungsarbeiten des Siemens-Konzerns, Siemensstadt bei Berlin, Verwaltungsgebäude.

Behandlung induktiv gekoppelter Schwingungskreise als Siebkette.

Von **Fritz Lüschen** und **Georg Krause**.

Mit 13 Textfiguren.

Mitteilung aus dem Zentral-Laboratorium des Werner-Werkes der Siemens & Halske A.-G.

Abgeschlossen am 14. Juli 1921. Eingegangen am 26. September 1921.

I. Allgemeines.

Unter Kettenleitern versteht man eine Kette von gleichen Leitungsgliedern, die aus beliebigen Zusammenstellungen von Widerständen, Induktivitäten und Kapazitäten bestehen. Mit der Theorie solcher Kettenleiter hat sich in Deutschland K. W. Wagner, in Amerika Campbell[1]) beschäftigt. Wagner hat darüber eine Arbeit am 7. Januar 1915 dem Archiv für Elektrotechnik eingereicht. Von militärischer Seite wurde jedoch die Veröffentlichung der Arbeit während des Krieges verboten. Sie ist am 24. Juli 1919 erschienen. Wagner behandelt folgende Formen von Kettenleitern:

1. Die Spulenleitung (Fig. 1).

Die Spulenleitung unterdrückt alle Frequenzen, die über der Eigenfrequenz liegen.

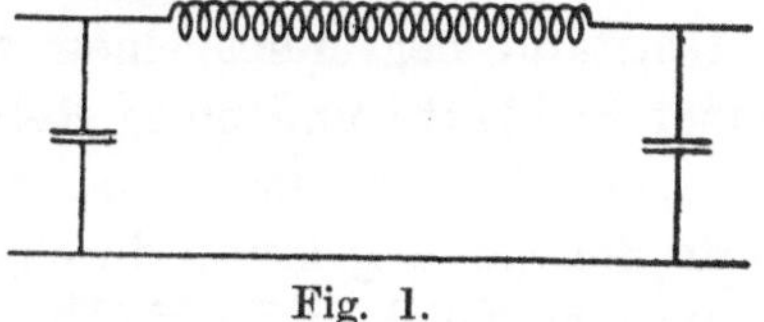

Fig. 1.

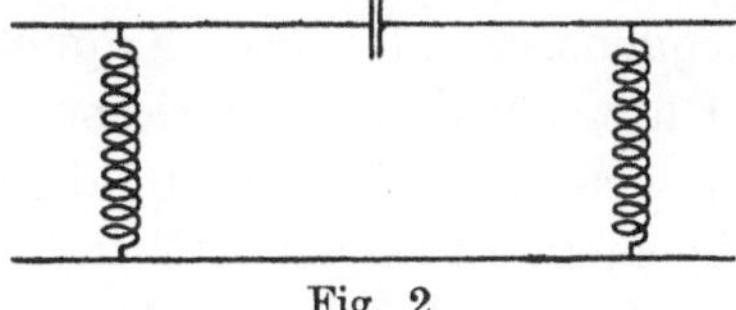

Fig. 2.

2. Die Kondensatorleitung (Fig. 2).

Die Kondensatorleitung unterdrückt alle unter ihrer Eigenfrequenz liegenden Frequenzen.

3. Siebketten folgender Art (Fig. 3).

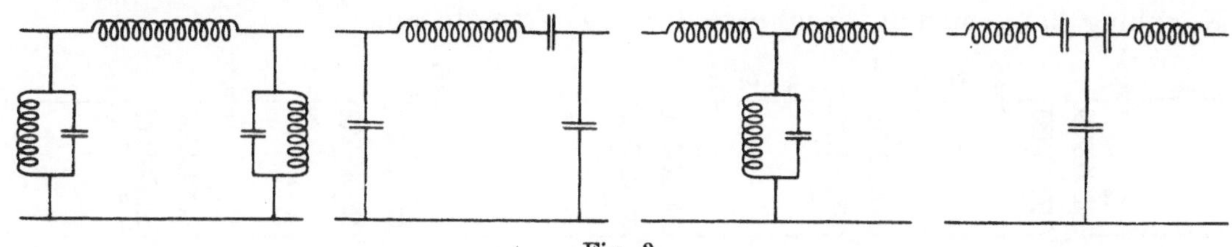

Fig. 3.

Die Siebketten haben die Eigenschaften, einen gewissen Frequenzbereich durchzulassen, die unterhalb und oberhalb dieses Bereiches liegenden Frequenzen aber abzudrosseln.

---

[1]) Campbell, Amerikan. Patentschrift Nr. 1227113.

2 Fritz Lüschen und Georg Krause.

Campbell hat auf die Verwendung solcher Siebketten in den Vereinigten Staaten von Nordamerika ein Patent am 15. Juli 1915 erteilt erhalten. Die Siebketten heißen in amerikanischen Veröffentlichungen allgemein „Campbellsche Filter".

Eigenartigerweise haben weder Wagner noch Campbell die mehr oder weniger lose gekoppelten Schwingungskreise, wie sie in der drahtlosen Telegraphie z. B. verwendet werden, unter den Siebketten mitbehandelt. Ja, sie sehen beide die von ihnen als Siebketten bezeichneten Gebilde als von den üblichen gekoppelten Schwingungskreisen prinzipiell verschiedene Gebilde an.

So heißt es in einem Aufsatz von Colpitts und Blackwell vom 16. Februar 1921[1]): „Die einfachen abgestimmten Schwingungskreise der früheren Art würden entweder störende Verzerrung verursachen oder, wenn sie genügend unselektiv gemacht werden, um Verzerrung zu vermeiden, würden die Trägerfrequenzen bei ihrer Verwendung weit auseinander gelegt werden müssen."

Wagner weist in einem Aufsatz über Vielfachtelephonie und -telegraphie mit schnellen Wechselströmen[2]) zwar darauf hin, daß man induktiv gekoppelte Schwingungskreise auch als Siebketten auffassen kann und gibt die Grenzfrequenzen solcher Kreise an, führt dann aber folgendes aus: „Vom Standpunkt des Hochfrequenztechnikers liegt es nahe, sich die Frage vorzulegen, ob man nicht durch eine Reihe von abgestimmten Schwingungskreisen, von denen jeder mit dem nächsten lose gekoppelt ist, eine ebensohohe Selektivität erreichen könne. Ja, man kann weiter fragen, ob denn die Siebkette nicht auch als eine Reihe von gekoppelten Kreisen aufzufassen sei. Diese Auffassung ist zwar möglich, aber sie erscheint mir unzweckmäßig und unter Umständen irreführend. Denn wenn man in der Hochfrequenztechnik von gekoppelten Kreisen spricht, durch welche eine gewisse Selektivität erreicht werden soll, so meint man stets ‚lose‘ gekoppelte Kreise. Die Kopplung zwischen den einzelnen Gliedern einer Siebkette ist aber keineswegs eine im Sinne der Hochfrequenztechnik ‚lose‘ Kopplung. Dieser Umstand begründet einen wesentlichen Unterschied im elektrischen Verhalten einer Siebkette und einer Reihe von lose miteinander gekoppelten abgestimmten Kreisen." Es dürfte daher nützlich sein, allgemein zu zeigen, daß induktiv gekoppelte Schwingungskreise durchaus der von Wagner und Campbell behandelten Siebketten gleichwertig sind[3]).

II. Berechnung induktiv gekoppelter Schwingungskreise.

Eine Kette aus induktiv gekoppelten gleichen Schwingungskreisen mit gleicher Kopplung kann man in der Form der Fig. 4 darstellen.

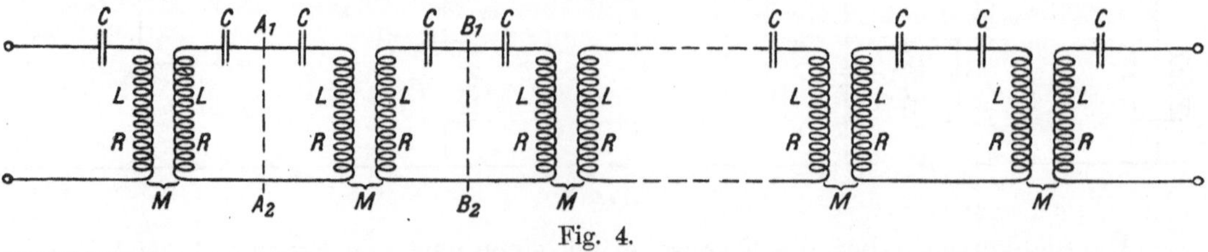

Fig. 4.

---

[1]) Carrier current Telephonie and Telegraphie, Journal of the American Institute of Electrical Engineers 1921, S. 301 ff.

[2]) E. T. Z. 1919, S. 395.

[3]) In seinem auf dem deutschen Physikertag gehaltenen Vortrage hat Wagner diese Unterscheidung nicht mehr gemacht.

In dieser Form stellt die Reihe eine Kette aus lauter gleichen Gliedern von der Form des zwischen A_1, A_2 und B_1, B_2 eingeschlossenen Gliedes dar. Bei gleichem Wickelsinn der beiden Wicklungen eines Übertragers und Festsetzung der positiven Richtungen der Ströme nach Fig. 5 bestehen für eingeschwungene, erzwungene Schwingungen in der komplexen Rechnungsweise folgende Beziehungen:

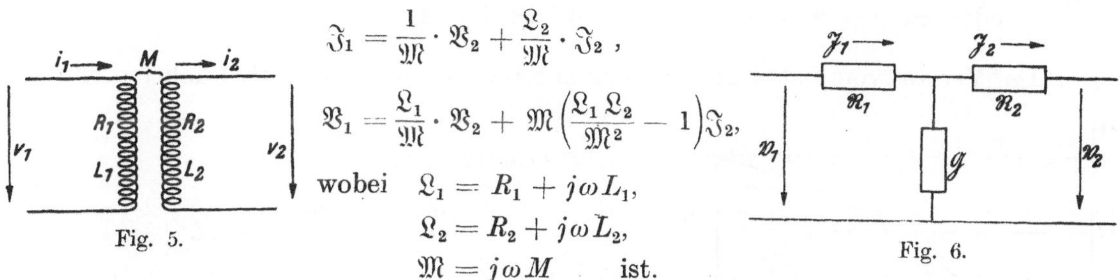

Fig. 5.

$$\Im_1 = \frac{1}{\mathfrak{M}} \cdot \mathfrak{B}_2 + \frac{\mathfrak{L}_2}{\mathfrak{M}} \cdot \Im_2 ,$$

$$\mathfrak{B}_1 = \frac{\mathfrak{L}_1}{\mathfrak{M}} \cdot \mathfrak{B}_2 + \mathfrak{M} \left(\frac{\mathfrak{L}_1 \mathfrak{L}_2}{\mathfrak{M}^2} - 1 \right) \Im_2,$$

wobei $\mathfrak{L}_1 = R_1 + j\omega L_1$,
$\mathfrak{L}_2 = R_2 + j\omega L_2$,
$\mathfrak{M} = j\omega M$ ist.

Fig. 6.

Für eine Sternschaltung der Fig. 6 bestehen folgende Gleichungen:

$$\Im_1 = \mathfrak{G}\,\mathfrak{B}_2 + (1 + \mathfrak{G}\,\mathfrak{R}_2)\,\Im_2,$$

$$\mathfrak{B}_1 = (1 + \mathfrak{G}\,\mathfrak{R}_1)\,\mathfrak{B}_2 + (\mathfrak{R}_1 + \mathfrak{R}_2 + \mathfrak{R}_1\mathfrak{R}_2\mathfrak{G})\cdot\Im_2,$$

wo $\mathfrak{R}_1$ und $\mathfrak{R}_2$ beliebige Impedanzen und $\mathfrak{G}$ einen beliebigen Leitwert bedeuten. Übertrager und Sternschaltung sind also äquivalent, wenn folgende Gleichungen erfüllt werden:

$$\mathfrak{G} = \frac{1}{\mathfrak{M}}; \qquad 1 + \mathfrak{G}\,\mathfrak{R}_2 = \frac{\mathfrak{L}_2}{\mathfrak{M}}; \qquad 1 + \mathfrak{G}\,\mathfrak{R}_1 = \frac{\mathfrak{L}_1}{\mathfrak{M}};$$

$$\mathfrak{R}_1 + \mathfrak{R}_2 + \mathfrak{R}_1\mathfrak{R}_2\mathfrak{G} = \left(\frac{\mathfrak{L}_1\mathfrak{L}_2}{\mathfrak{M}^2} - 1 \right) \mathfrak{M},$$

d. h. $$\mathfrak{R}_1 = \mathfrak{L}_1 - \mathfrak{M}; \qquad \mathfrak{R}_2 = \mathfrak{L}_2 - \mathfrak{M}; \qquad \mathfrak{G} = \frac{1}{\mathfrak{M}}.$$

Die 4. Gleichung ist eine Folge der drei ersten Gleichungen. Ein Glied der Kette (Fig. 4, wo $R_1 = R_2 = R$ und $L_1 = L_2 = L$ zu setzen ist) ist also äquivalent der Sternschaltung (Fig. 7), falls man setzt:

$$\frac{\mathfrak{R}'}{2} = \mathfrak{R} + \frac{1}{j\omega C},$$

wo $$\mathfrak{R} = \mathfrak{L} - \mathfrak{M}.$$

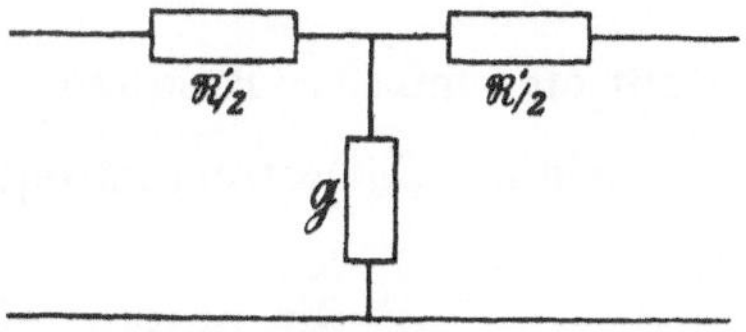

Fig. 7.

Man kann also die ganze Reihe von induktiv gekoppelten Schwingungskreisen der Fig. 4 als eine Wagnersche Kettenleitung zweiter Art auffassen, die für eine bestimmte Frequenz einer homogenen Leitung äquivalent ist mit einem bestimmten Wellenwiderstand $\mathfrak{W}$, einer Dämpfungskonstanten β und einer Wellenlängekonstanten α. Setzt man $\gamma = \beta + j\alpha$, so gibt die Auffassung als Kettenleitung nach Wagner die Beziehung

$$\mathfrak{Coj}\,\gamma = 1 + \frac{\mathfrak{R}'}{2}\,\mathfrak{G} = A + jB,$$

wo $$A = \frac{L}{M} \left(1 - \frac{1}{\omega^2 LC} \right) \quad \text{und} \quad B = - \frac{R}{\omega M} \text{ ist.}$$

Im folgenden soll zunächst der Grenzfall $R = 0$ und dann der allgemeinere (praktisch stets vorliegende Fall) $R \neq 0$ behandelt werden.

Erster Fall $R = 0$.

Dann wird $\quad B = 0, \quad \mathfrak{Cof}\,\gamma = A, \quad$ d. h. $\mathfrak{Cof}\,\beta \cos\alpha = A, \quad \mathfrak{Sin}\,\beta \sin\alpha = 0$. Es muß also sein:

1. entweder $\sin\alpha = 0$, $\cos\alpha = \pm 1$, $\mathfrak{Cof}\,\beta = \pm A$

2. oder $\mathfrak{Sin}\,\beta = 0$, $\mathfrak{Cof}\,\beta = 1$; $\beta = 0$, $\cos\alpha = A$.

Der Verlauf von β als Funktion von ω folgt aus dem von A als Funktion von ω nach Fig. 8.

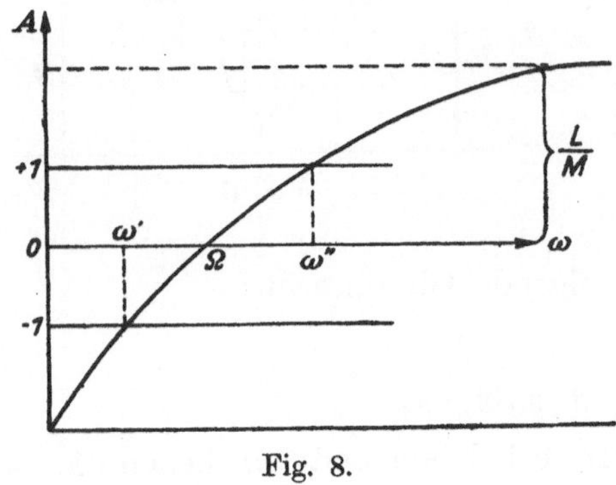

Fig. 8.

Hierin ist:

$$\omega_{A=-1} = \omega' = \frac{1}{\sqrt{C(L+M)}},$$

$$A_{\omega=0} = -\infty;$$

$$\omega_{A=+1} = \omega'' = \frac{1}{\sqrt{C(L-M)}},$$

$$A_{\omega=\infty} = \frac{L}{M};$$

$$(1.) \qquad \omega_{A=0} = \Omega = \frac{1}{\sqrt{LC}}.$$

Den Verlauf von β als Funktion von ω gibt dann Fig. 9.

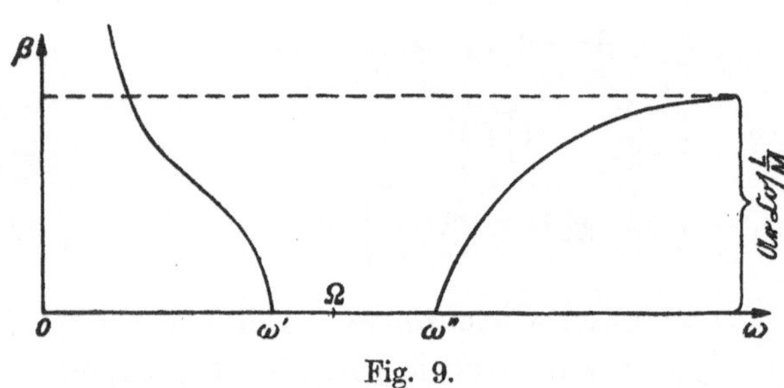

Fig. 9.

$$\beta_{\omega+0} = \infty. \qquad \beta_{\omega=\infty} = \mathfrak{Ar}\,\mathfrak{Cof}\,\frac{L}{M}:$$

Es verhält sich also die Schwingungskreisreihe wie eine Siebkette mit der unteren Lochgrenze ω' und der oberen Lochgrenze ω''.

Die Frequenz

$$\Omega = \frac{1}{\sqrt{LC}} = \frac{1}{\sqrt{2L \cdot C/_2}}$$

stellt eine mittlere Frequenz innerhalb des Durchlässigkeitsgebietes $\omega' < \Omega < \omega''$ dar.

Sie ist die Resonanzfrequnz eines Schwingungskreises für sich allein. Ferner ist

$$\text{die untere relative Lochgrenze } \vartheta' = \frac{\omega'}{\Omega} = \frac{1}{\sqrt{1 + \dfrac{M}{L}}},$$

$$\text{die obere relative Lochgrenze } \vartheta'' = \frac{\omega''}{\Omega} = \frac{1}{\sqrt{1 - \dfrac{M}{L}}}.$$

Die Frequenz $\omega_m = \dfrac{\omega' + \omega''}{2}$ ist stets größer als Ω, da

$$\frac{\omega_m}{\Omega} = \frac{1}{2}\left(\frac{1}{\sqrt{1 + \dfrac{M}{L}}} + \frac{1}{\sqrt{1 - \dfrac{M}{L}}}\right) = \frac{\vartheta' + \vartheta''}{2} > 1$$

ist. Ω liegt also stets näher an ω' als ω''.

Es ist die relative Lochbreite

$$(2) \qquad b = \frac{\omega'' - \omega'}{\Omega} = \vartheta'' - \vartheta' = \frac{1}{\sqrt{1 - \dfrac{M}{L}}} - \frac{1}{\sqrt{1 + \dfrac{M}{L}}}$$

eine Funktion von $\dfrac{M}{L}$ allein.

Die Auffassung als Kettenleiter zweiter Art nach Wagner liefert für den Wellenwiderstand der Kette die Beziehung

$$\mathfrak{W} = \sqrt{\frac{\mathfrak{R}'}{\mathfrak{G}}} \sqrt{1 + \frac{1}{4}\mathfrak{R}'\mathfrak{G}} = \frac{1}{\omega C} \sqrt{\left[\left(\frac{\omega}{\omega'}\right)^2 - 1\right]\left[1 - \left(\frac{\omega}{\omega''}\right)^2\right]} = |\mathfrak{W}|\, e^{j\varphi}.$$

Also innerhalb des Durchlässigkeitsgebietes $\omega' \leq \omega \leq \omega''$ ist $\mathfrak{W}$ ein Ohmscher Widerstand ($\varphi = 0$). Den Verlauf von $\mathfrak{W}$ als Funktion von ω gibt Fig. 10.

$$|\mathfrak{W}|_{\omega=0} = \infty, \qquad |\mathfrak{W}|_{\omega=\infty} = \infty, \qquad |\mathfrak{W}|_{\omega=\omega'} = 0, \qquad |\mathfrak{W}|_{\omega=\omega''} = 0.$$

Innerhalb des Durchlässigkeitsgebietes hat $\mathfrak{W}$ ein Maximum für $\omega = $ rund Ω, wie die Gleichung $\dfrac{d\,\mathfrak{W}^2}{d\,\omega} = 0$ zeigt. Und zwar ist dieses Maximum

$$(3) \qquad \mathfrak{W}_{\omega=\Omega} = \text{rund } M \cdot \Omega.$$

Für so feste Kopplung, daß $M = L$ ist, gilt

$$\mathfrak{W}_{\omega=\Omega} = \sqrt{\frac{L}{C}}.$$

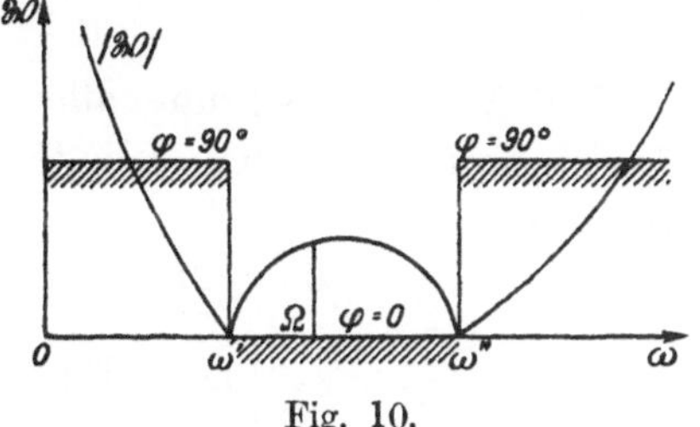

Fig. 10.

Der Verlauf des Wellenwiderstandes $\mathfrak{W}$ als Funktion von ω ist also ähnlich dem der Wagnerschen Siebkette mit Reihenkondensatoren zweiter Art. Nach diesem Verlauf sind beide Ketten geeignet zur Parallelschaltung bei der Mehrfachhochfrequenztelephonie und Wechselstromtelegraphie.

Die Berechnung der Konstanten L, M, C der Kette aus vorgeschriebenen Werten der Resonanzfrequenz (mittleren Frequenz) Ω, der relativen Lochbreite b und des Wellenwiderstandes $\mathfrak{W}_{\omega=\Omega}$ erfolgt nach den Gleichungen (1), (2), (3). In der praktischen Ausführung wird man die beiden Kondensatoren C durch einen gemeinsamen Kondensator $K = \dfrac{C}{2}$ darstellen. Da Ω unabhängig von M und $b = f\left(\dfrac{L}{M}\right)$ ist, so kann man durch Variation von M allein die Lochbreite ändern, ohne Änderung von Ω, was in praktischen Fällen von Wichtigkeit sein kann, wenn die dadurch bewirkte Änderung von $\mathfrak{W}_{\omega=\Omega}$ nicht besonders störend ist. In der Ausführungsform der Fig. 4 mit variablem Induktionskoeffizienten M wird man Störungen erhalten durch Kopplung nicht benachbarter Glieder miteinander wegen der Streuung des Übertragers. Deshalb wird folgende Ausführungsform mit Gliedern nach Fig. 11 vorzuziehen sein.

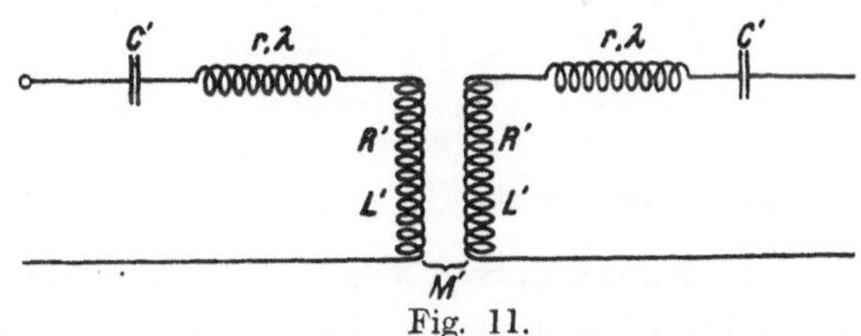

Fig. 11.

Für so feste Kopplung der Übertrager, daß $M' = L'$ ist, wird diese Schaltung äquivalent einem Gliede der Fig. 4, falls folgende Beziehungen erfüllt sind:

$$C' = C; \qquad L' = M; \qquad \lambda = L - M; \qquad r + R' = R.$$

Die 4. Gleichung folgt aus der 3. Gleichung, falls $\tau = \dfrac{L}{R} = \dfrac{L'}{R'} = \dfrac{\lambda}{r}$ ist. Diese Äquivalenz folgt ohne weiteres aus den oben bewiesenen Äquivalenzen.

In dieser Ausführungsform kann $\dfrac{L}{M}$, d. h. die relative Lochbreite, geändert werden durch Änderung von λ. Da der Übertrager jetzt feste Kopplung besitzt, kann er als streuungsloser Ringübertrager (ebenso die Spule λ als Ringspule) ausgeführt werden. Die ganze Kette in dieser Ausführungsform hat dann die Gestalt der Fig. 12 bei möglichst fester Kopplung der Übertrager.

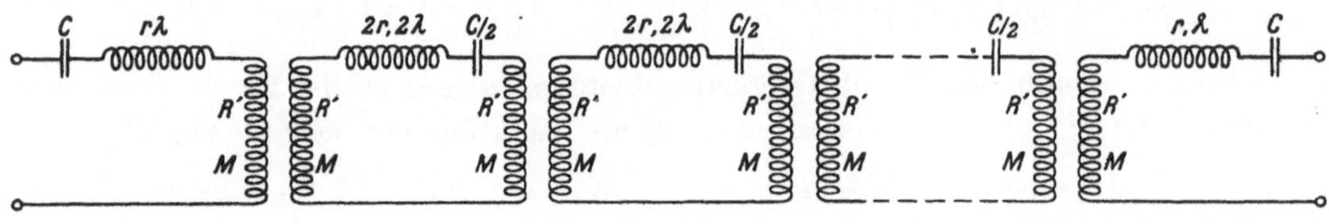

Fig. 12.

Bei Vernachlässigung aller Ohmschen Widerstände ist ferner ein Glied nach Fig. 11 äquivalent dem Gliede der Campbellschen Siebkette nach Fig. 11, falls man setzt:

$$M_1 = L' = M;$$

$$\frac{L_1}{2} = \lambda = L - M;$$

$$2\,K_1 = C.$$

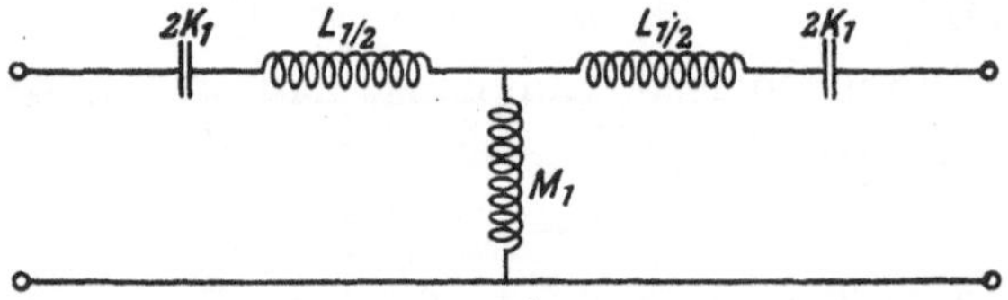

Fig. 13.

Diese Äquivalenz ist aber in dem praktisch stets vorliegenden Fall, daß der Ohmsche Widerstand der Spule M_1 nicht Null ist, nicht mehr vorhanden.

Zweiter Fall $R \neq 0$.

Für $R \neq 0$ gibt die Gleichung $\mathfrak{Cof}\,\gamma = A + jB$ die Gleichungen:

$$\mathfrak{Sin}^2\beta = -\frac{1 - A^2 - B^2}{2} + \sqrt{\left(\frac{1 - A^2 - B^2}{2}\right)^2 + B^2}$$

und

$$\sin^2\alpha = +\frac{1 - A^2 - B^2}{2} + \sqrt{\left(\frac{1 - A^2 - B^2}{2}\right)^2 + B^2},$$

wobei gilt:

$$A = \frac{L}{M}\left(1 - \frac{1}{\omega^2 L C}\right) = Z\left[1 - \left(\frac{\Omega}{\omega}\right)^2\right] = Z\left(1 - \frac{1}{\vartheta^2}\right),$$

$$B = -\frac{R}{\omega M} = -\frac{Z}{\tau\,\omega} = -\frac{Z}{T}\cdot\frac{1}{\vartheta}.$$

Hierin ist gesetzt $\dfrac{L}{R} = \tau$; $\dfrac{L}{M} = z$; $\tau\,\Omega = T$; $\dfrac{\omega}{\Omega} = \vartheta \cdot$.

β als Funktion von ϑ hat also die beiden Parameter z (d. h. b) und T für $R \neq 0$, während für $R = 0$ nur der eine Parameter z bzw. b auftritt. Zur Untersuchung des Einflusses des Ohmschen Widerstandes R auf den Verlauf von β als Funktion von ϑ ist also für jede gegebene Lochbreite b die Kurvenschar $\beta = f(\vartheta)$ für verschiedene τ bzw. T zu berechnen. Diese Kurvenscharen geben dann auch für den Fall der Anpassung über die durch die Kette bewirkte Sprachverzerrung Aufschluß.

Für den Wellenwiderstand $\mathfrak{W}$ erhält man aus

$$\mathfrak{W} = \sqrt{\mathfrak{R}'\left(\frac{1}{\mathfrak{G}} + \frac{1}{4}\,\mathfrak{R}'\right)}$$

die Beziehung:

$$\frac{\mathfrak{W}}{\mathfrak{W}^0} = \vartheta\,\sqrt{B^2 - A^2 + 1 - j\,2\,A\,B} = \vartheta\,\sqrt[4]{(B^2 - A^2 + 1)^2 + (2\,A\,B)^2}\;e^{j\,\varphi/_2},$$

wobei

$$\mathrm{tg}\,\varphi = \frac{-\,2\,A\,B}{B^2 - A^2 + 1}\;; \qquad \mathfrak{W}^0 = \mathfrak{W}\big|_{R=0}^{\omega=\Omega} = M \cdot \Omega\,.$$

Für $\omega = \Omega$ wird $\mathfrak{W} = \mathfrak{W}^0\,\sqrt{1 + B^2} = M \cdot \Omega \cdot \sqrt{1 + B^2}$.

Aus $\gamma = \beta + j\,\alpha$ und $\mathfrak{W}$ kann man dann auch in bekannter Weise beim Anschluß einer aus n Gliedern bestehenden Kette an einem Generator mit der EMK E und dem inneren Widerstand R_0 den Strom J_e durch eine an das andere Ende der Siebkette angeschlossene Impedanz R_e berechnen als $F\,(\omega)$ nach der Gleichung:

$$\mathfrak{J}_e = \frac{\mathfrak{E}}{\mathfrak{D}}, \;\; \text{wo} \;\; \mathfrak{D} = (\mathfrak{R}_0 + \mathfrak{R}_e)\,\mathfrak{Coj}\,n\gamma + \left(\mathfrak{W} + \frac{\mathfrak{R}_0\mathfrak{R}_e}{\mathfrak{W}}\right)\mathfrak{Sin}\,n\gamma\,.$$

Zusammenfassung.

Aus der Auffassung einer Kette, die aus einer beliebigen Anzahl von induktiv gekoppelten gleichen Schwingungskreisen mit gleicher Kopplung besteht, als Wagnersche Kettenleitung wird der Verlauf der Dämpfungskonstanten, der Wellenlängenkonstanten und des Wellenwiderstandes als Funktion der Frequenz bei eingeschwungenen, erzwungenen Sinusschwingungen sowohl bei Vernachlässigung des Ohmschen Widerstandes als bei Berücksichtigung desselben abgeleitet. Daraus ergibt sich auch der Verlauf des Stromes im letzten Schwingungskreis als Funktion der Frequenz für eine Wechsel-EMK konstanter Amplitude bei beliebiger Belastung der Kette am Anfang und am Ende. Es wird gezeigt, daß sich eine solche Kette verhält wie eine Wagnersche Siebkette mit einem gewissen Durchlässigkeitsgebiet der Frequenzen, außerhalb dessen alle Frequenzen stark gedämpft werden. Es werden Formeln aufgestellt zur Berechnung der Konstanten einer solchen Kette aus gegebener mittlerer Frequenz und Breite des Durchlässigkeitsgebietes und aus gegebenem Wellenwiderstand.

Einschaltvorgänge bei ein- und zweigliedrigen Siebketten beim Anlegen einer sinusförmigen EMK.

Von

Georg Krause und Arthur Clausing.

Mit 6 Textfiguren, 3 Kurvenblättern und 1 Tafel.

Mitteilung aus dem Zentral-Laboratorium des Wernerwerkes der Siemens & Halske A.G.

Eingegangen am 26. September 1921.

Zum Aussondern von einzelnen Frequenzen oder einem Bereich von Frequenzen aus einem Gemisch von eingeschwungenen Sinusschwingungen werden in der Wechselstromtechnik Resonanzgebilde benutzt. Spezielle Formen von solchen Resonanzgebilden hat Wagner[1]) konstruiert und als Siebketten bezeichnet. Für den eingeschwungenen Zustand wurden diese Siebketten unter Vernachlässigung des Ohmschen Widerstandes von Wagner und unter Berücksichtigung des Ohmschen Widerstandes von Salinger[2]) eingehend untersucht. In vielen Fällen ist es, wie z. B. bei der Telegraphie mit Wechselströmen, notwendig, den Verlauf des Einschaltvorganges bei Siebketten zu kennen. Im allgemeinen liegen die Verhältnisse so, daß die Schnelligkeit des Einschwingens eine Verminderung der Selektivität bedeutet, so daß man für die gegebenen praktischen Fälle ein Kompromiß zwischen Selektivität und Schnelligkeit des Einschwingungsvorganges schließen muß. Die nachfolgenden Untersuchungen über die Einschwingvorgänge in Siebketten beim Anlegen einer sinusförmigen EMK sollen hierüber nähere Aufklärung geben; sie behandeln speziell

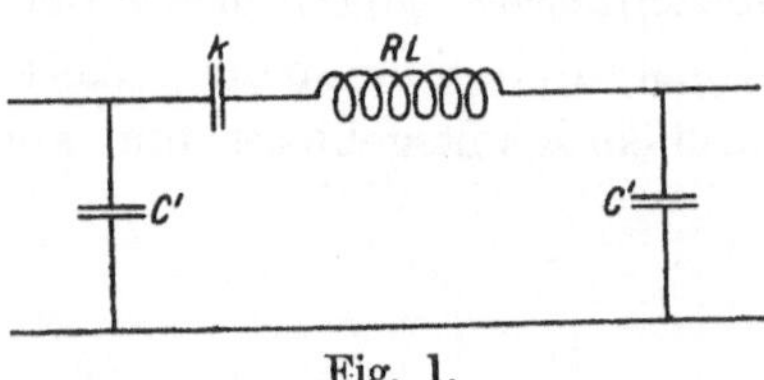

Fig. 1.

die ein- und zweigliedrige Siebkette mit Reihenkondensatoren erster Art, deren Schaltung für ein Glied Fig. 1 zeigt.

Legt man an den Siebkettenanfang einen Generator mit einem gewissen inneren Widerstand und einer sinusförmigen EMK von der Resonanzfrequenz der Siebkette, so kann man in einem am Kettenende angeschlossenen Widerstand beobachten, daß der Strom nicht sofort seine maximale Amplitude erreicht, sondern sich aufschwingt (siehe Oszillogramme). Dieser Aufschwingungsvorgang ist verschieden bei ein- und zweigliedrigen Siebketten, weshalb auch die Lösungen getrennt durchgeführt wurden.

Zum besseren Verständnis der später häufig vorkommenden Bezeichnungen sollen vorerst die Siebketteneigenschaften bei eingeschwungenen Zuständen kurz erläutert werden. Eine Siebkette kann nach Wagner für eine bestimmte Frequenz als homogene Leitung aufgefaßt werden mit einer Dämpfungskonstanten ß und einem

---

[1]) K. W. Wagner, Archiv f. Elektrotechnik **8**, 61 (1919).

[2]) Nicht veröffentlicht.

Wellenwiderstand $\mathfrak{Z}$. Trägt man β als Funktion der Frequenz ω in ein Koordinatensystem ein, so erhält man ein Bild nach Kurve a in Fig. 2, wenn der Spulenwiderstand $R = 0$ ist. Kurve b ergibt sich, wenn $R \neq 0$ ist.

Bei Siebketten mit widerstandslosen Spulen — in der Praxis ist R klein — werden demnach Wechselströme mit den Frequenzen ω_2 bis ω_3 ungedämpft hindurchgelassen. Im folgenden sollen die von Salinger eingeführten und später noch genauer definierten Begriffe benutzt werden. Es soll die Differenz $\omega_3 - \omega_2$ als absolute Lochbreite und $\dfrac{\omega_3 - \omega_2}{\Omega}$ als relative Lochbreite bezeichnet

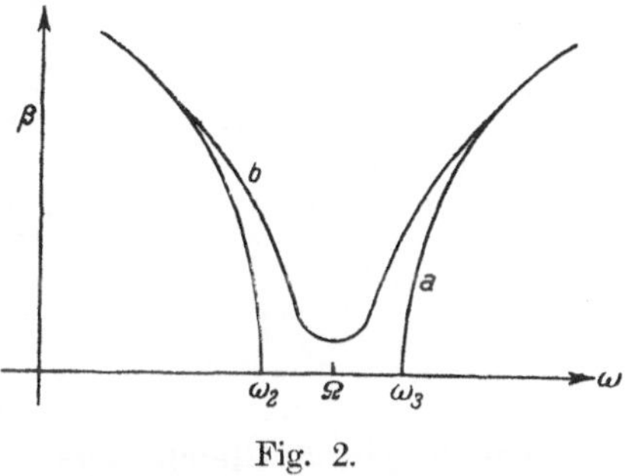

Fig. 2.

werden. Dabei bedeutet Ω eine mittlere Frequenz im Durchlässigkeitsbereich. Der vorher erwähnte Wellenwiderstand ist für die mittlere Frequenz Ω angenähert ein Ohmscher Widerstand. Diese Tatsache veranlaßte dazu, auch die Einschaltvorgänge solcher Siebketten mit rein Ohmschen Belastungswiderständen am Anfang und Ende der Kette zu untersuchen.

Die eingliedrige Siebkette.

Legt man an den Siebkettenanfang zur Zeit $t = 0$ eine sinusförmige EMK $E \cdot \sin \omega \cdot t$ mit einem inneren Ohmschen Widerstand r, so soll der Verlauf des Stromes i_4 in einem am Kettenende angeschlossenen Ohmschen Widerstand berechnet werden (s. Fig. 3).

Die Rechnung soll nach einer von Deutsch[1]) angegebenen Methode durchgeführt werden. Zu der dort angegebenen Stammgleichung kann man auch dadurch kommen, daß man den

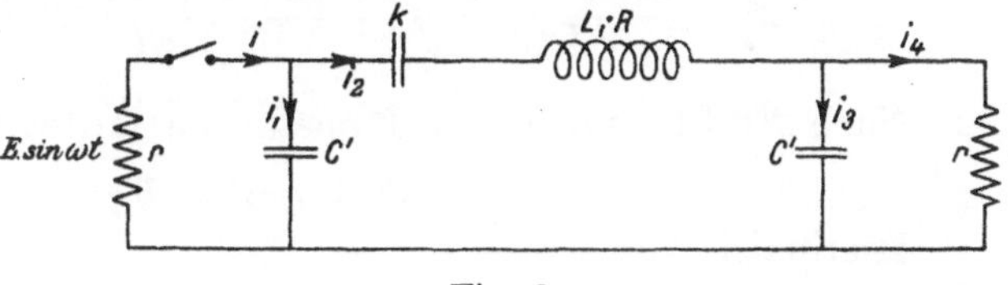

Fig. 3.

Endstrom unter Ersetzung von $j\omega$ durch p in der gewöhnlichen komplexen Rechnungsweise für eingeschwungene, erzwungene Schwingungen errechnet, so daß man ihn in der Form erhält

$$\mathfrak{J}_4 = \frac{\mathfrak{E}}{\mathfrak{Z}\,(j\,\omega)} = \frac{\mathfrak{E}}{\mathfrak{Z}\,(p)}.$$

Dann liefert die Stammgleichung $\mathfrak{Z}\,(p) = 0$ die Eigenwerte p_x des Systems. Man erhält dann nach Deutsch den Endstrom J_4 in komplexer Form durch den Ausdruck

$$J_4 = \frac{E \cdot e^{j\omega t}}{\mathfrak{Z}\,(j\,\omega)} + \sum_{x}^{1,n} \frac{E \cdot e^{p_x \cdot t}}{(p_x - j\,\omega)\left(\dfrac{d\,\mathfrak{Z}}{d\,p}\right)_{p = p_x}} \tag{1}$$

Der rein imaginäre Teil von J_4 gibt den Momentanwert i_4.

<hr>

[1]) Deutsch, Archiv für Elektrotechnik 1918, Heft 8.

Für eingeschwungene, erzwungene Schwingungen bestehen für eine Siebkette nach Fig. 3 folgende Beziehungen:

$$\mathfrak{E} - \mathfrak{J} \cdot r = \mathfrak{J}_1 \cdot \frac{1}{p\,C'} \tag{2}$$

$$\mathfrak{J}_1 \cdot \frac{1}{p\,C'} = \mathfrak{J}_2 \left(R + p\,L + \frac{1}{p\,K} \right) + \mathfrak{J}_3 \cdot \frac{1}{p\,C'} \tag{3}$$

$$\mathfrak{J}_3 \cdot \frac{1}{p\,C'} = \mathfrak{J}_4 \cdot r \tag{4}$$

$$\mathfrak{J} = \mathfrak{J}_1 + \mathfrak{J}_2 \tag{5}$$

$$\mathfrak{J}_2 = \mathfrak{J}_3 + \mathfrak{J}_4 \tag{6}$$

Aus diesen 5 Gleichungen erhält man durch Elimination

$$\mathfrak{E} = \mathfrak{J}_4 \cdot (1 + r\,p\,C') \left[(1 + r\,p\,C') \left(R + p\,L + \frac{1}{p\,K} \right) + 2\,r \right] \tag{7}$$

Es ist also:

$$\mathfrak{Z}\,(p) = (1 + r\,p\,C') \left[(1 + r\,p\,C') \left(R + p\,L + \frac{1}{p\,K} \right) + 2\,r \right].$$

Für $\mathfrak{Z}\,(p) = 0$ ergeben sich die Eigenwerte p_x. Eine Wurzel dieser Gleichung liefert $1 + r\,p\,C' = 0$, nämlich:

$$p = p_1 = -\frac{1}{r\,C'}. \tag{8}$$

Die drei anderen Wurzeln der Gleichung $\mathfrak{Z}\,(p) = 0$ erhält man, indem man die eckige Klammer gleich Null setzt. Formt man diese noch etwas um, so erhält man:

$$p^3 + \frac{R\,r\,C' + L}{r\,L\,C'}\,p^2 + \frac{K\,(R + 2\,r) + r\,C'}{r\,L\,C'\,K}\,p + \frac{1}{r\,L\,C'\,K} = 0 \tag{9}$$

Nach Einführung neuer Konstanten lautet diese Gleichung

$$p^3 + a\,p^2 + b\,p + c = 0. \tag{10}$$

Hierin ist

$$a = \frac{R\,r\,C' + L}{r\,L\,C'}, \qquad b = \frac{K\,(R + 2\,r) + r\,C'}{r\,L\,C'\,K}, \qquad c = \frac{1}{r\,L\,C'\,K}.$$

Die drei Lösungen der Gleichung (10) lauten dann:

$$p_2 = u + v - \frac{a}{3} \tag{11}$$

$$p_3 = -\frac{u + v}{2} - \frac{a}{3} + j \cdot \sqrt{3} \cdot \frac{u - v}{2} = -\delta + j\,\omega_0 \tag{12}$$

$$p_4 = -\frac{u + v}{2} - \frac{a}{3} - j \cdot \sqrt{3} \cdot \frac{u - v}{2} = -\delta - j\,\omega_0 \tag{13}$$

In diesen Gleichungen bedeuten:

$$u = \sqrt[3]{- e + \sqrt{e^2 + d^3}} \quad \text{und} \quad v = \sqrt[3]{- e - \sqrt{e^2 + d^3}}.$$

Die Größen d und e haben hierin folgende Bedeutung:

$$d = -\frac{a^2}{9} + \frac{b}{3} \quad \text{und} \quad e = \frac{a^3}{27} - \frac{a\,b}{6} + \frac{c}{2}.$$

Da die Wurzeln p_1 und p_2 reelle Größen sind, so kann man sagen, daß das erste und zweite Summenglied in Gleichung (1) zeitlich nach einem Exponentialgesetz verläuft, und zwar sind es, wie das Einsetzen von Zahlenwerten zeigt, rasch abklingende e-Funktionen. Die Werte p_3 und p_4 sind konjugiert komplexe Größen. Das dritte und vierte Summenglied wird also den Charakter einer gedämpften Schwingung bekommen. Die Summenglieder haben folgende Form:

1. Glied: $\quad a_1 \cdot E \cdot e^{-\frac{1}{rC'} \cdot t} (\cos \alpha_1 + j \sin \alpha_1);$

2. Glied: $\quad a_2 \cdot E \cdot e^{-\left(\frac{a}{3} - u - v\right) \cdot t} \cdot (\cos \alpha_2 + j \sin \alpha_2);$

3. Glied: $\quad a_3 \cdot E \cdot e^{-\delta \cdot t} [\cos (\omega_0 t + \alpha_3) + j \sin (\omega_0 t + \alpha_3)];$

4. Glied: $\quad a_4 \cdot E \cdot e^{-\delta \cdot t} [\cos (-\omega_0 t + \alpha_4) + j \sin (-\omega_0 t + \alpha_4),]$

Hierin sind die Größen a_x und α_x definiert durch die Gleichung:

$$\frac{1}{(p_x - j\omega)\left(\dfrac{d\mathfrak{Z}}{dp}\right)_{p=p_x}} = a_x \cdot e^{j\alpha_x}$$

wo

$$\frac{d\mathfrak{Z}}{dp} = (1 + rpC')^2 \cdot \left(L - \frac{1}{p^2 K}\right) + 2rC'\left(R + pL + \frac{1}{pK}\right)(1 + rpC') + 2 r^2 C'.$$

Die Größe $-\delta$ ist der reelle Teil und ω_0 der imaginäre Teil von Gleichung (12). Beim zahlenmäßigen Ausrechnen — allgemein lassen sich die Ausdrücke nicht diskutieren — zeigt sich, daß das erste und zweite Summenglied klein gegen das dritte und vierte ist. Faßt man das dritte und vierte Glied zu einem mit einer Amplitude b_0 und einer Phase φ_2 zusammen, so kann man für die Summe in Gleichung (1) schreiben:

$$b_0 \cdot E \cdot e^{-\delta t} \cdot [\cos (\omega_0 t - \varphi_2) + j \sin (\omega_0 t - \varphi_2)]$$

Es ist also

$$J_4 = \frac{E}{\mathfrak{Z}(j\omega)} \cdot (\cos \omega t + j \sin \omega t) + b_0 \cdot E \cdot e^{-\delta t} \cdot [\cos (\omega_0 t - \varphi_2) + j \sin (\omega_0 t - \varphi_2)],$$

worin

$$\mathfrak{Z}(j\omega) = (1 + jr\omega C')\left\{(1 + jr\omega C')\left[R + j\left(\omega \mathfrak{L} - \frac{1}{\omega K}\right)\right] + 2r\right\}$$

Setzt man für $\dfrac{1}{\mathfrak{Z}(j\omega)} = a_0 \cdot e^{j\varphi_1}$, und berücksichtigt in J_4 nur die imaginäre Komponente, so erhält man die Lösung unseres Einschaltvorganges:

$$i_4 = a_0 \cdot E \cdot \sin (\omega t + \varphi_1) + b_0 \cdot E \cdot e^{-\delta t} \cdot \sin (\omega_0 t - \varphi_2) \tag{14}$$

Diskussion des Einschaltvorganges.

Für den Fall, daß die eingeprägte Frequenz $\omega =$ der Eigenfrequenz ω_0 ist, läßt sich zeigen, daß $a_0 = b_0$ und $\varphi_1 = \varphi_2$ ist. Die Amplitude von i_4 nimmt also nach einem Exponentialgesetz zu. Die Schnelligkeit der Zunahme ist ein Maß dafür, ob ein Wechselstromwellenzug beim Durchgang durch das Siebgebilde verstümmelt wird oder nicht. Je größer der δ-Wert ist, um so schneller erreicht die Amplitude von i_4 ihren endgültigen Wert.

  Georg Krause und Arthur Clausing.

Gleichung (12) zeigt, daß der Dämpfungsfaktor δ abhängig ist von den fünf Größen r, R, L, K und C'. Für die Diskussion ist es praktisch, hierfür fünf neue Variable einzuführen, die allgemein bei Siebketten benutzt werden, und zwar:

$$\tau = \frac{L}{R}; \quad \Omega^2 = \frac{2K + C}{LCK}; \quad b = \frac{\omega_3 \cdot - \omega_2}{\Omega} = f(C; K; L); \quad Z = \sqrt{\frac{L}{C}} \cdot \sqrt{\frac{2}{u}} \quad \text{und} \quad r.$$

Dabei bedeuten: τ die Zeitkonstante der Spule, b die relative Lochbreite, $\omega_2 = \dfrac{1}{\sqrt{LK}}$ die untere Lochgrenze und $\omega_3 = \sqrt{\omega_1^2 + \omega_2^2}$ die obere Lochgrenze, worin $\omega_1 = \dfrac{2}{\sqrt{LC}}$ und $C = 2C'$ ist. Die Größe Ω liegt zwischen ω_2 und ω_3, da $\omega_2^2 = \Omega^2 - \dfrac{\omega_1^2}{2}$ und $\omega_3^2 = \Omega^2 + \dfrac{\omega_1^2}{2}$ ist. Der Wellenwiderstand Z der Kette mit Spulenwiderstand stimmt näherungsweise bei $\omega = \Omega$ mit dem Wellenwiderstand ohne Spulenwiderstand überein, und zwar besteht dann die Beziehung

$$Z = \sqrt{\frac{2L}{uC}},$$

wo

$$u = 1 + \frac{C}{2K} \quad \text{ist.}$$

In der folgenden Diskussion soll die Zeitkonstante der Spule τ immer 0,04 sein.

Kurvenblatt I.

1. Einfluß der Widerstände r auf δ bei gegebenem τ, Ω, b und Z. Der Einfluß der Größe von r auf δ wurde für zwei Lochbreiten (2 vH und 9 vH), zwei Werte Z (200 und 1500) und $\Omega = 2900$ durchgerechnet (s. Kurvenblatt I). Für diese verschiedenen Fälle erhält man folgende Kettenkonstanten:

		C'	K	L	R
bei 1,96%	$Z = 200$	$1{,}72 \cdot 10^{-6}$	$0{,}0345 \cdot 10^{-6}$	3,52	88
Lochbreite	$Z = 1500$	$0{,}23 \cdot 10^{-6}$	$0{,}0046 \cdot 10^{-6}$	26,4	660
bei 9,1%	$Z = 200$	$1{,}725 \cdot 10^{-6}$	$5{,}1726 \cdot 10^{-6}$	0,76	19
Lochbreite	$Z = 1500$	$0{,}23 \cdot 10^{-6}$	$0{,}023 \cdot 10^{-6}$	5,70	142

Es zeigt sich, wie aus Kurvenblatt 1 ersichtlich, daß es einen für die Abklingzeit günstigsten Widerstand r_0 gibt, der gleich dem Wellenwiderstand für $\omega = \Omega$ ist.

Bei diesem günstigsten Widerstand r_0 hat der Dämpfungsfaktor δ seinen größten Wert δ_0.

Es ist

$$\frac{1}{\Omega C'} = Z.$$

Da aus Kurvenblatt 1 sich bei $\omega = \Omega$ der Wert $r_0 = Z$ ergab, so folgt auch

$$r_0 = \frac{1}{\Omega C'} \tag{15}$$

Numerisch zeigt sich in den behandelten Fällen, daß die in Gleichung (14) auftretende Eigenfrequenz ω_0 übereinstimmt mit Ω. Im folgenden soll versucht werden, den δ_0-Wert auf einfachere Weise zu gewinnen. Man ersetzt für eingeschwungene, erzwungene Schwingungen in den behandelten Fällen (relativ kleine Lochbreite) die in der Siebkette auftretenden Gebilde r parallel C' durch eine äquivalente Reihenschaltung eines Ohmschen Widerstandes r_1 und einer Kapazität C_1, wobei folgende Beziehungen bestehen

$$r_1 = \frac{r}{1 + (\omega\, r\, C')^2} \qquad \text{und} \qquad C_1 = \frac{C'}{(\omega\, r\, C')^2} + C'.$$

Hieraus erhält man bei $\omega = \Omega$ für $r = r_0 = \dfrac{1}{\Omega C'}$

$$r_1 = \frac{r_0}{2} \tag{16}$$

und

$$C_1 = 2\,C'. \tag{17}$$

Durch diese Beziehungen wird eine Siebkette auf einen einfachen Schwingungskreis nach Fig. 4 zurückgeführt. Die Dämpfungskonstante eines solchen Kreises ist

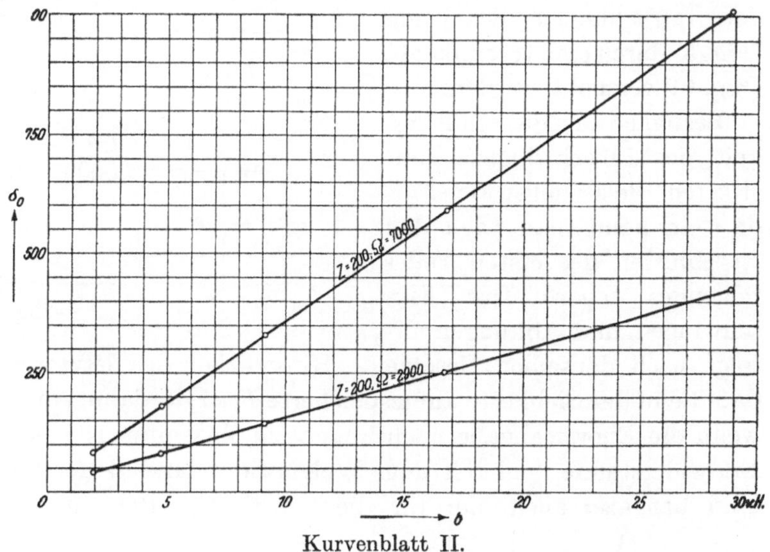

$$\delta_0 = \frac{R + 2\,r_1}{2\,L} \tag{18}$$

Fig. 4.

Die so errechneten Werte stimmen mit den streng gewonnenen überein.

2. Einfluß der Lochbreite b auf δ_0 bei gegebenem Ω (2900 resp. 7000) und Z. Diesen Einfluß zeigen die Kurvenblätter 1 und 2. Danach hat ein Verdoppeln der relativen Lochbreite ungefähr ein Halbieren der günstigsten Einschwingzeit zur Folge. Ketten mit kleiner Lochbreite haben also gegenüber solchen mit großer Lochbreite lange Einschwingvorgänge.

3. Die Abhängigkeit des günstigsten Dämpfungsfaktor δ_0 von Ω bei verschiedenen Lochbreiten b und gegebenem $Z = 200$ zeigt ebenfalls Kurvenblatt 2. Danach verhalten sich die günstigsten δ-Werte zweier Ketten mit gleicher Lochbreite und gleichem Wellenwiderstand wie die Frequenzen.

Kurvenblatt II.

4. Ketten mit gleicher Lochbreite, gleichem Ω, aber verschiedenem Wellenwiderstand haben in den behandelten Fällen nach Kurvenblatt 1 gleiches δ_0.

Zur Veranschaulichung der Einflüsse der Lochbreite und der Belastungswiderstände auf die Einschwingzeit wurde der Strom im Ausgangswiderstand der Kette oszillographisch aufgenommen. Oszillogramme 1 bis 3 zeigen den Einschwingvorgang einer eingliedrigen Kette von 9 vH Lochbreite, $Z = 200$ und $\Omega = 2900$ für verschiedene Belastungswiderstände $r = 50$, $r = r_0 = 200$ und $r = 400$ Ohm. Man sieht deutlich, daß die Kette bei 200 Ohm schnell auf seinen maximalen Wert eingeschwungen ist, während der Einschwingvorgang bei 50 resp. 400 Ohm wesentlich langsamer vor sich geht in Übereinstimmung mit Kurvenblatt 1. Oszillogramme 4 bis 6 zeigen den Einschwingvorgang einer eingliedrigen Kette von 2 vH Lochbreite, $Z = 200$, $\Omega = 2900$ für verschiedene Belastungswiderstände $r = 50$, $r = r_0 = 200$ und $r = 400$ Ohm. Auch hier ist die Abhängigkeit der Einschwingvorgänge von den Belastungswiderständen zu bemerken, bei $r = 200$ Ohm sind diese am kürzesten, bei 50 und 400 Ohm sehr lang. Der Vergleich der Oszillogramme 2 und 5 zeigt die günstigstenfalls zu erreichenden Einschwingvorgänge für Ketten mit 9 vH und 2 vH Lochbreite. Die Oszillogramme bestätigen die Rechnung, daß nämlich Ketten mit kleiner Lochbreite wesentlich längere Zeit zum Einschwingen brauchen als solche mit großer Lochbreite. Auch die errechneten δ-Werte stimmen mit den aus den Oszillogrammen zu ermittelnden überein.

Die zweigliedrige Siebkette.

Ein Generator mit einer sinusförmigen EMK $E \cdot \sin \omega t$ mit einem inneren Ohmschen Widerstand r wird zur Zeit $t = 0$ an eine zweigliedrige Siebkette (s. Fig. 5) gelegt. Es soll der Verlauf des Stromes in einem am Kettenende angeschlossenen Ohmschen Widerstand r berechnet werden. Da die strenge Durchführung auf Schwierigkeiten stößt, soll hier der für eingliedrige Siebketten als statthaft erkannte Ersatz der tatsächlichen Schaltung (Fig. 5) durch eine vereinfachte (Fig. 6) versucht werden.

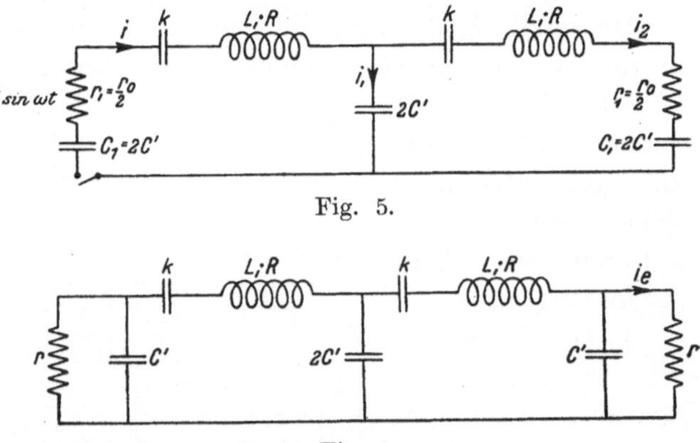

Fig. 5.

Fig. 6.

Bezüglich der für Schnelligkeit des Einschwingens günstigsten Belastungswiderstände r an kann man nach den Ergebnissen des ersten Teiles folgendes sagen: Das Einschwingen und Abklingen erfolgt nach denselben Gesetzen. Hinsichtlich des letzteren kann man aber sagen, daß die in der Siebkette aufgespeicherte Energie dann am schnellsten verzehrt wird, wenn die Energieabgabe nach außen ein Maximum ist. Das tritt aber ein, wenn die Endwiderstände r gleich dem Wellenwiderstand Z der Siebkette gewählt werden. Man hat also auch hier für die günstigsten Belastungswiderstände r den Wert

$$r_0 = Z = \frac{1}{\omega C'} \text{ zu nehmen.}$$

Dann gilt für den äquivalenten Widerstand $r_1 = \dfrac{r_0}{2}$ und für die äquivalente Kapazität $C_1 = 2\,C'$. Dann hat man analog den Ergebnissen bei eingliedrigen

Ketten den gleichen Verlauf der Ströme i_e in Fig. 5 wie i_2 in Fig. 6 zu erwarten.

Denkt man sich also einen Generator mit einem inneren Widerstand r_1 und einer EMK $E \cdot \sin \omega t$ durch Einschalten des in Fig. 6 gezeigten Schalters plötzlich an das Siebgebilde gelegt, so soll der Stromverlauf i_2 nach Einschalten im zweiten Siebkettenglied bestimmt werden. Beide Kreise sollen die gleichen Kapazitäten, Selbstinduktionen und Widerstände haben.

Es müssen folgende Beziehungen gelten (vgl. Fig. 6):

$$\mathfrak{E} - \mathfrak{J}\left[\left(R + \frac{r_0}{2}\right) + pL; + \frac{1}{p}\left(\frac{1}{2\,C'} + \frac{1}{K}\right)\right] = \mathfrak{J}_1 \cdot \frac{1}{2\,p\,C'} \tag{19}$$

$$\mathfrak{J}_1 \frac{1}{2\,p\,C'} = \mathfrak{J}_2\left[\left(R + \frac{r_0}{2}\right) + pL + \frac{1}{p}\left(\frac{1}{2\,C'} + \frac{1}{K}\right)\right] \tag{20}$$

$$\mathfrak{J} = \mathfrak{J}_1 + \mathfrak{J}_2 \tag{21}$$

Eliminiert man aus diesen drei Gleichungen $\mathfrak{J}_2$, so erhält man:

$$\mathfrak{E} = \mathfrak{J}_2\left[R + \frac{r_0}{2} + pL + \frac{1}{p}\left(\frac{1}{2\,C'} + \frac{1}{K}\right)\right]\left[2 + 2pC'\left\{R + \frac{r_0}{2} + pL + \frac{1}{p}\left(\frac{1}{2\,C'} + \frac{1}{K}\right)\right\}\right] = \mathfrak{J}_2\mathfrak{Z}_1(p) \tag{22}$$

Für $\mathfrak{Z}_1(p) = 0$ ergeben sich die Eigenwerte p_x. Zwei Wurzeln der Gleichung $\mathfrak{Z}_1(p) = 0$ liefert die Gleichung

$$R + \frac{r_0}{2} + pL + \frac{1}{p}\left(\frac{1}{2\,C'} + \frac{1}{K}\right) = 0 \quad \text{oder} \quad p^2 + p\,\frac{R + \frac{r_0}{2}}{L} + \frac{2\,C' + K}{2\,L\,C'\,K} = 0.$$

Hieraus ergibt sich

$$p_{1,2} = \pm \sqrt{\left(\frac{R + \frac{r_0}{2}}{2\,L}\right)^2 - \frac{2\,C' + K}{2\,L\,C'\,K}} - \frac{R + \frac{r_0}{2}}{2\,L}. \tag{23}$$

Die Werte p_3 und p_4 ergeben sich, wenn man die zweite eckige Klammer in Gleichung $\mathfrak{Z}_1(p) = 0$ setzt. Es ist also

$$2 + 2pC'\left\{R + \frac{r_0}{2} + pL + \frac{1}{p}\left(\frac{1}{2\,C'} + \frac{1}{K}\right)\right\} = 0 \text{ oder } p^2 + p\,\frac{R + \frac{r_0}{2}}{L} + \frac{2\,C' + 3\,K}{2\,L\,C'\,K} = 0.$$

Hieraus ergibt sich

$$p_{3,4} = \pm \sqrt{\left(\frac{R + \frac{r_0}{2}}{2\,L}\right)^2 - \frac{2\,C' + 3\,K}{2\,L\,C'\,K}} - \frac{R + \frac{r_0}{2}}{2\,L}. \tag{24}$$

Da für die hier in Betracht kommenden Fälle die Ausdrücke unter den Wurzeln in Gleichung (23) und (24) beide negativ sind, so ist p_1, p_2, p_3 und p_4 komplex. Man kann die Lösungen dann schreiben:

$$p_{1,2} = -\delta + j\omega_1 \quad \text{und} \quad p_{3,4} = -\delta \pm j\omega_2,$$

wo

$$\delta = \frac{R + \frac{r_0}{2}}{2\,L} \qquad \omega_1 = \sqrt{\frac{2\,C' + K}{2\,L\,C'\,K} - \delta^2} \quad \text{und} \quad \omega_2 = \sqrt{\frac{2\,C' + 3\,K}{2\,L\,C'\,K} - \delta^2}$$

ist. Daraus folgt, daß das erste und zweite Summenglied gedämpfte Schwingungen von der Frequenz ω_1, das dritte und vierte solche von der Frequenz ω_2 sind, die nach ein und derselben e-Funktion abklingen.

Die Glieder der Summe haben die Form:

1. Glied: $E \cdot a_1 \cdot e^{-\delta t}[\cos(\omega_1 t + \alpha_1) + j\sin(\omega_1 t + \alpha_1)],$

2. Glied: $E \cdot a_2 \cdot e^{-\delta t}[\cos(-\omega_1 t + \alpha_2) + j\sin(-\omega_1 t + \alpha_2)],$

3. Glied: $E \cdot a_3 \cdot e^{-\delta t}[\cos(\omega_2 t + \alpha_3) + j\sin(\omega_2 t + \alpha_3)],$

4. Glied: $E \cdot a_4 \cdot e^{-\delta t}[\cos(-\omega_2 t + \alpha_4) + j\sin(-\omega_2 t + \alpha_4)].$

Die Größen a_x und α_x ergeben sich aus der Gleichung

$$\frac{1}{(p_x - j\omega)\left(\dfrac{d\mathfrak{Z}_1}{dp}\right)_{p=p_x}} = a_x \cdot e^{j\alpha_x},$$

wo

$$\frac{d\mathfrak{Z}_1}{dp} = \left[2\,C'\left\{\left(R + \frac{r_0}{2}\right)^2 + L\left(\frac{1}{2\,C'} + \frac{1}{K}\right)\right\}\right] + L\left(3 + \frac{2\,C'}{K}\right) + 8\,L\,C'\,p\left(R + \frac{r_0}{2}\right)$$

$$+ 6\,L\,C'\,p^2 - \frac{\left(\dfrac{1}{K} + \dfrac{1}{2\,C'}\right)\left(3 + \dfrac{2\,C'}{K}\right)}{p^2}.$$

In den untersuchten Fällen ist a_2 klein gegen a_1 und a_4 klein gegen a_3. Dann besteht der Summenausdruck nur aus dem ersten und dritten Gliede. Da nun

$$\mathfrak{Z}_1(j\omega) = \left[R + \frac{r_0}{2} + j\left\{\omega L - \frac{1}{\omega}\left(\frac{1}{K} + \frac{1}{2\,C'}\right)\right\}\right]\left[3 + \frac{2\,C'}{K} - 2\omega^2 L\,C' + j\,2\omega C'\left(R + \frac{r_0}{2}\right)\right]$$

so kann man für $\dfrac{1}{\mathfrak{Z}_1(j\omega)}$ in Gleichung 1 den Wert $a_0 \cdot e^{j\varphi_1}$ setzen.

Gleichung (1) lautet mit diesen Werten

$$J_2 = a_0 \cdot E \cdot [\cos(\omega t + \varphi_1) + j\sin(\omega t_1 + \varphi)] + a_1 \cdot E \cdot e^{-\delta t} \cdot [\cos(\omega_1 t + \alpha_1)$$
$$+ j\sin(\omega_1 t + \alpha_1)] + a_3 \cdot E \cdot e^{-\delta t} \cdot [\cos(\omega_2 t + \alpha_3) + j\sin(\omega_3 t + \alpha_3)].$$

Wir brauchen aus dieser Gleichung nur die imaginäre Komponente zu berücksichtigen, um den wirklichen Stromverlauf i_2 zu erhalten. Es ist dann

$$i_2 = a_0 \cdot E \cdot \sin(\omega t + \varphi_1) + E \cdot e^{-\delta t} \cdot [a_1 \cdot \sin(\omega_1 t + \alpha_1) + a_3 \cdot \sin(\omega_2 t + \alpha_3)] \quad (25)$$

Nach dieser Gleichung verläuft der Einschaltvorgang einer zweigliedrigen Kette.

Diskussion des Einschaltvorganges.

Die Gleichung (25) sagt, daß der freie Strom [also die Glieder in der eckigen Klammer in Gleichung (25)] aus zwei voneinander verschiedenen Frequenzen besteht, die man zu einer Schwebung zusammensetzen kann. Sie klingt nach einer e-Funktion ab. Je größer bei gegebenem τ, Ω und Z die Lochbreite b, d. h. $\dfrac{K}{C}$ ist, um so weiter liegen ω_1 und ω_2 auseinander [vgl. Gleichung (23) und (24)]: Großer Lochbreite entspricht also feste Kopplung. Die Schwebungen werden also bei größerer Lochbreite schneller aufeinander folgen, sie werden aber auch schneller abklingen, da δ_0 mit wachsender Lochbreite wächst und die L- und C'-Werte bei gegebenem τ, Ω und Z, fallen. Für einige Fälle wurde $i_2 = F(t)$ einer zweigliedrigen Kette mit $\omega = 2900$, $Z = 120$, $\Omega = 2900$ für 16 vH Lochbreite errechnet und graphisch aufgetragen. Kurvenblatt 3 Kurve 1 zeigt diese Abhängigkeit. Von den beiden entstehenden Eigenfrequenzen ist die eine größer als die eingeprägte Frequenz ($\omega = 2900$) und zwar 3055, und die andere kleiner als diese, und zwar 2774. Der δ-Wert, der im Falle der eingliedrigen Kette unter gleichen Verhältnissen die Größe 280 hatte, ist bei der zwei-

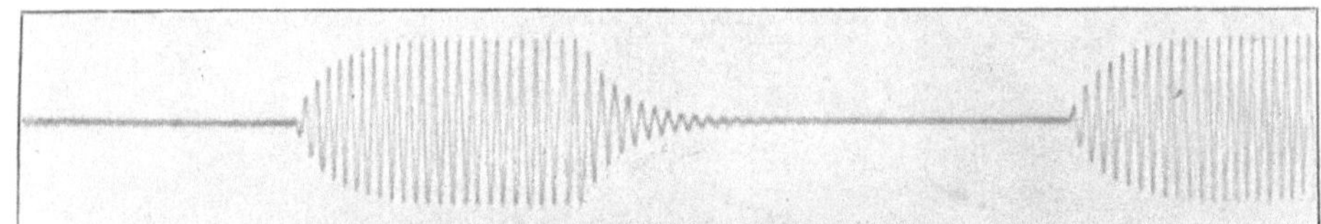

Oszillogramm 1.

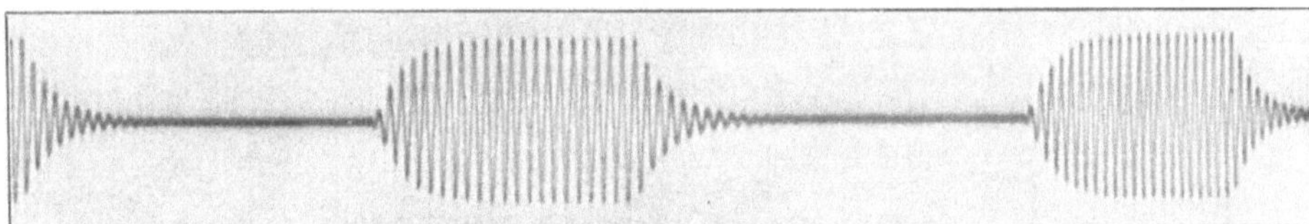

Oszillogramm 2.

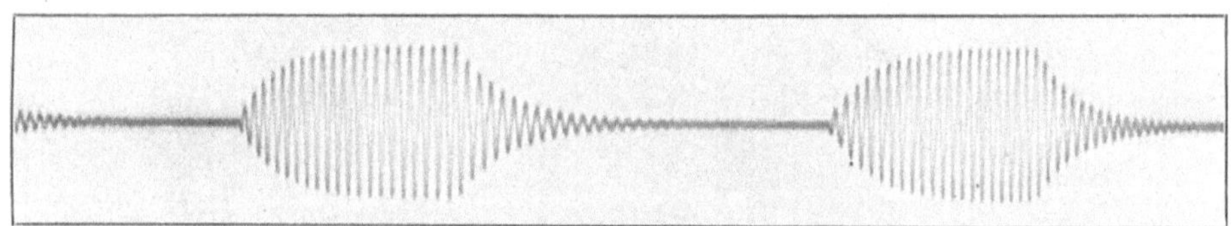

Oszillogramm 3.

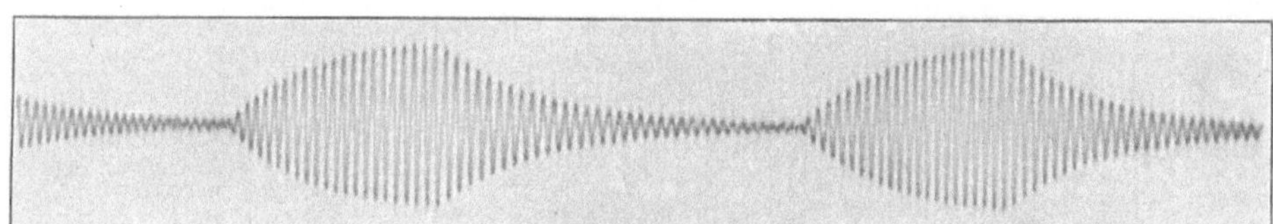

Oszillogramm 4.

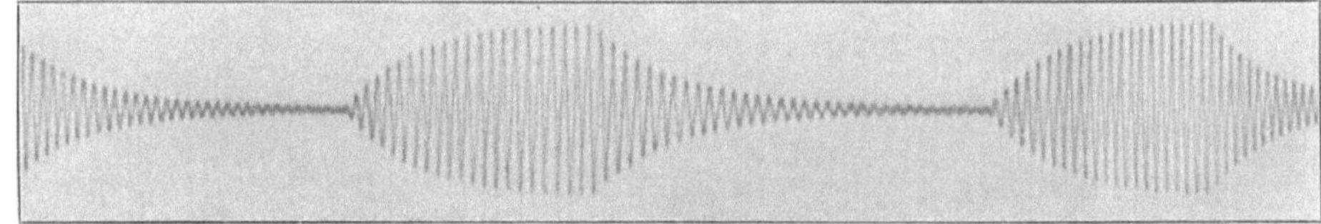

Oszillogramm 5.

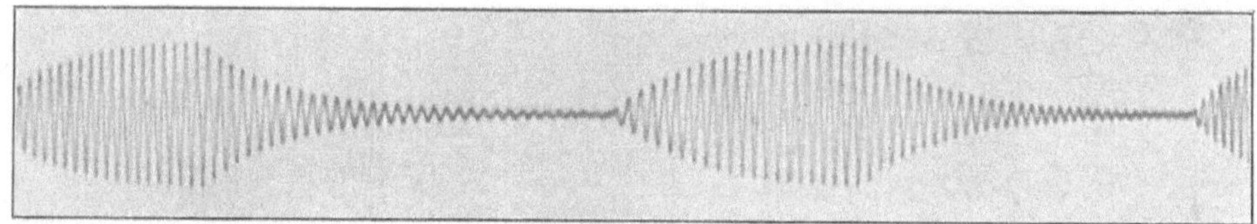

Oszillogramm 6.

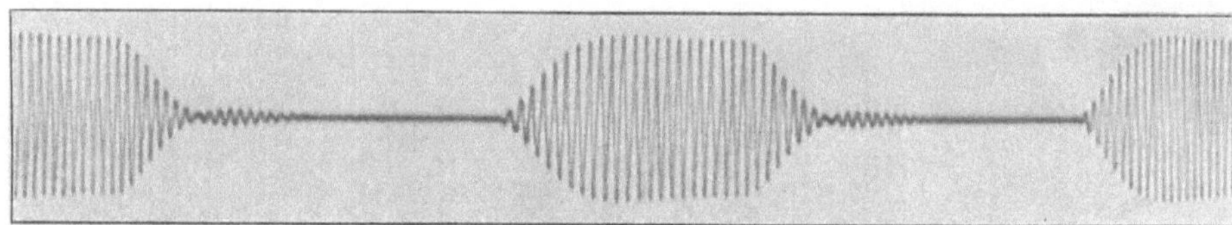

Oszillogramm 7.

gliedrigen Kette nur 143. Man sieht, daß der Einschwingvorgang nicht nach einer einfachen e-Funktion zunimmt, sondern langsamer. Die Amplitudenkurve der entsprechenden eingliedrigen Kette $i = 7,5 \cdot 10^{-3}(1 - e^{-143 \cdot t})$ ist zum Vergleich mit dem wirklichen Einschaltvorgang der zweigliedrigen Kette mit in das Kurvenblatt III als Kurve 2 eingetragen. Beim Ausschaltvorgang ist bei einer zweigliedrigen Kette ein sofortiges Abfallen der Schwingung nach einer e-Funktion zu bemerken, bei der zweigliedrigen Kette bleibt die Schwingung nach dem Abschalten noch kurze Zeit in fast voller Stärke bestehen und fällt dann erst ab. Es wird also von der ersten Kette an die dahinterliegende zweite noch Energie nachgeliefert, wodurch die Schwingung nicht sofort abfällt. Oszillogramm 7 zeigt den Einschwingvorgang einer zweigliedrigen Kette mit 9 vH Lochbreite bei $r = r_0 = 200$. Die Nullinie,

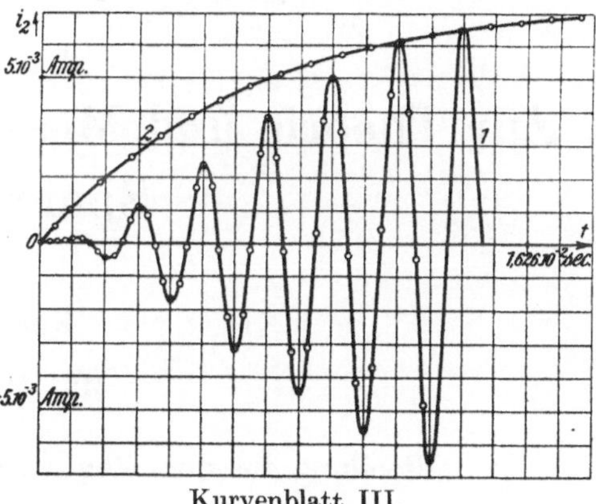

Kurvenblatt III.

die bei eingliedrigen Ketten frei von irgendwelchen Schwingungen ist, zeigt hier Wellenzüge von kleiner Amplitude. Dies ist die schon starkgedämpfte Schwebung, die hier noch deutlich erkennbar ist.

Die nach obiger Theorie berechneten δ-Werte wurden in mehreren Fällen mit den oszilographisch aufgenommenen Werten in Übereinstimmung gefunden.

Zusammenfassung.

Es wurde im Vorstehenden eine strenge Theorie der Einschaltvorgänge für eingliedrige und eine angenäherte Lösung der Einschaltvorgänge für zweigliedrige Ketten gegeben.

Für eingliedrige Ketten ist gezeigt worden, daß der Einschwingvorgang nach einer e-Funktion vor sich geht. Die günstigste Einschwingzeit ist abhängig von der Größe der Belastungswiderstände, der Lochbreite und der Frequenz, auf welche die Kette abgestimmt ist. Es gibt einen günstigsten Belastungswiderstand, mit dem die kürzeste Einschwingzeit zu erreichen ist. Dieser erweist sich in den behandelten Fällen von der Größe des Wellenwiderstandes Z. Ketten mit kleiner Lochbreite haben längere Einschwingvorgänge als solche mit großer Lochbreite. Den Einfluß der Lochbreite auf den Dämpfungsfaktor δ_0 bei konstantem Z und Ω zeigt Kurvenblatt I und II. Die δ-Werte bei II auf verschiedene Frequenzen abgestimmten eingliedrigen Siebketten mit gleicher Lochbreite und gleichem Wellenwiderstand verhalten sich wie die Resonanzfrequenzen. Ketten mit verschiedenem Wellenwiderstand, aber gleicher Lochbreite und gleicher Resonanzfrequenz haben gleiche δ_0-Werte, also auch gleiche Einschwingzeiten.

Der Einschwingvorgang bei zweigliedrigen Ketten stellt sich als Summe einer konstanten Schwingung und einer nach einer e-Funktion abklingenden Schwebung dar. Der Dämpfungsfaktor δ erreicht günstigstenfalls den halben Wert des unter gleichen Bedingungen für eingliedrige Ketten bestimmten. Bei zweigliedrigen Ketten mit größerer Lochbreite ergeben sich schnellere Schwebungen. Zur Erzielung schneller Einschwingvorgänge sind die Widerstände am Ketteneingang und -ausgang wie bei eingliedrigen Siebketten zu bemessen.

Zur Theorie und Messung des Nebensprechens in Spulenleitungen.

Von

Karl Küpfmüller.

Mit 18 Textfiguren.

Mitteilung aus dem Zentral-Laboratorium des Wernerwerkes der
Siemens & Halske A. G.

Eingegangen am 26. September 1921.

1. Allgemeines.

Die Theorie derjenigen Störungen in mehrfachen Fernsprechleitungen, die durch
elektrische und magnetische Kopplung zwischen je zwei Doppelleitungen hervorgerufen werden und die man als Nebensprechen bezeichnet, bildet, entsprechend
der Bedeutung, welche der Frage nach ihrer Beseitigung in der Technik zukommt,
den Gegenstand mehrerer in neuerer Zeit veröffentlichten eingehenden Arbeiten[1]).
Die Mannigfaltigkeit der Umstände jedoch, die bei dieser Art von Induktions-
erscheinungen eine Rolle spielen, ist der Anlaß dazu, daß man, um zu einem durch-
sichtigen analytischen Bild der hierbei auftretenden elektrischen Vorgänge zu gelangen, erhebliche Vereinfachungen und Vernachlässigungen machen muß. Insbesondere sind in allen bis jetzt bekannt gewordenen Untersuchungen über diesen
Gegenstand die Leitungen sowohl hinsichtlich ihrer elektrischen Konstanten als
auch hinsichtlich der das Nebensprechen verursachenden Kopplungen als homogen
vorausgesetzt worden. Bei den für die Sprachübertragung auf große Entfernungen
vor allem in Frage kommenden pupinisierten Leitungen ist schon der erste Teil dieser
Voraussetzung nur in roher Annäherung erfüllt, noch weniger natürlich der zweite.
Es wird im folgenden eine Theorie des Nebensprechens in Spulenleitungen mitgeteilt,
die den wirklichen Verhältnissen dadurch möglichst nahezukommen sucht, daß die
Spulenleitung als Kettenleiter aufgefaßt wird, indem Kapazität und Widerstand des
zwischen je zwei Spulen liegenden Leitungsstückes konzentriert gedacht werden.
Die von K. W. Wagner begründete Theorie solcher Gebilde[2]) ermöglicht es dann,
die Verhältnisse auch in dem vorliegenden Fall zweier gekoppelten Leitungen übersichtlich und mit hinreichender Genauigkeit darzustellen. Unsere Betrachtungen
gelten also folgendem Modell: Zwei Kettenleiter, bestehend aus Längsspulen L_1,
R_1, L_2, R_2 und Querkondensatoren C_1 und C_2[3]), sind nach der in Fig. 1 dargestellten

[1]) Siehe besonders: L. Lichtenstein, Das Nebensprechen in kombinierten Fernsprechkreisen.
J. Springer, Berlin 1920. F. Breisig, ETZ, 1921, S. 933.

[2]) Archiv für Elektrotechnik, Bd 3, 1915, S. 315 u. Bd. 8, 1919, S. 61.

[3]) Die Ableitung bleibt in den folgenden Betrachtungen unberücksichtigt.

Weise durch Kondensatoren k_1, k_2 gekoppelt. Diese Kopplung soll lose sein und zwar derart, daß die Ausbreitung von Wechselströmen auf jeder der beiden Leitungen praktisch so vor sich geht, als ob die andere nicht vorhanden wäre, daß also die Rück-wirkung der induzierten auf die induzierende Leitung vernachlässigt werden darf. Die Zulässigkeit dieser Annahme in den wirklich vorkommenden Fällen hat auch Lichtenstein in der angeführten Arbeit ausge-nützt. Den Ergebnissen Lichtensteins folgend, lassen wir ferner die magnetische Kopplung zwischen den zwei Leitungen außer acht. Für die Rechnung werden die beiden Kondensatoren k_1 und k_2 durch einen einzigen ersetzt, dessen Kapazität k deren Serienkapazität ent-

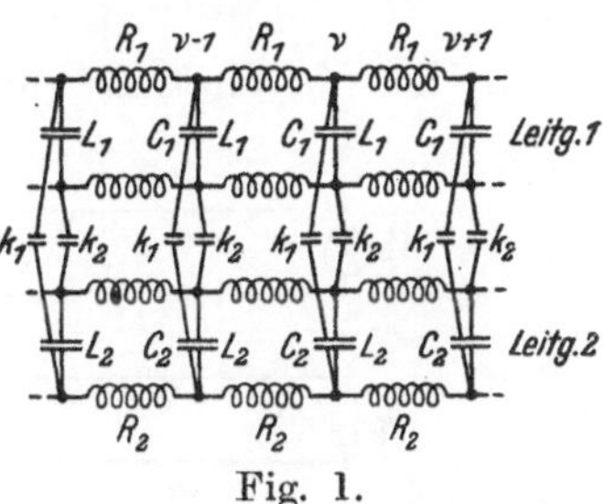

Fig. 1.

sprechen soll. Die Größe k stellt demnach im Modell die gesamte kapazitive Kopplung zweier entsprechenden Glieder dar; da sie von Glied zu Glied im allgemeinen ver-schieden sein wird, kennzeichnen wir sie näher durch k_ν für das νte Glied vom Anfang der Kette aus und betrachten k_ν als willkürliche Funktion von ν. Die Zusammen-fassung der zwischen zwei Spulen liegenden kapazitiven Kopplung durch eine punkt-förmige Kapazität k_ν ist in demselben Maße statthaft wie der Ersatz der Betrieb-kapazitäten der Spulenzwischenstücke durch die Kondensatoren C_1 und C_2; d e r e n Größen sollen übrigens ebenso wie die der Spulen und Widerstände als unabhängig vom Ort, also von ν, vorausgesetzt werden. Eine weitere vereinfachende Annahme machen wir zunächst bezüglich der Leitungslänge; die Dämpfung jeder der beiden Leitungen soll nämlich so groß sein, daß unabhängig von der Belastung am fernen Ende der Scheinwiderstand jeder Leitung wesentlich gleich ihrem Wellenwiderstande ist. Die Betrachtungen gelten daher streng auch für den Fall, daß die fernen Enden durch angepaßte, d. h. den Wellenwiderständen gleiche, Scheinwiderstände abge-schlossen sind. Da das letztere mehr oder weniger praktisch immer zutreffen wird, behalten dann die Ergebnisse auch für Leitungen endlicher Länge weitgehende Gül-tigkeit. Die Voraussetzung loser Kopplung kann man in der Weise zur Vereinfachung der Rechnung benützen, daß man die Wirkung von nur einer einzigen Kopplung k_ν betrachtet. Die Gesamtwirkung entsteht durch ungestörte Überlagerung aller Einzel-wirkungen. Die Berechnung des Stromes, der im Empfänger der Leitung 2 durch eine auf der gleichen Leitungsseite an den Anfang der Leitung 1 gelegte Wechsel-spannung V_a hervorgerufen wird, geschieht daher durch Bildung der Summe $\sum\limits_{\nu} I_{n\nu}$, wobei $I_{n\nu}$ den durch die Kopplung k_ν verursachten Elementarstrom im Empfänger 2 bedeutet. Die Betrachtungen beschränken sich auf sinusförmige Wechselströme und -spannungen der Kreisfrequenz ω; zur Abkürzung wird gesetzt $\omega\sqrt{-1} = \omega j = p$.

2. Berechnung des induzierten Elementarstromes.

In Fig. 2 sind die gekoppelten Kettenleiter *1* und *2* schematisch dargestellt; am Anfang der Leitung *1* liegt ein Wechselstromsender, am Anfang von Leitung *2* der beliebige Scheinwiderstand $\Re$, welcher von dem induzierten Strom I_n durch-flossen wird. Nach den gemachten Voraussetzungen erfolgt die Ausbreitung längs der Leitungen im wesentlichen so, als ob sie unendlich lang wären, d. h. es ist

$$V_1 = V_a e^{-\gamma_1 \nu}, \tag{1}$$

wobei die Fortpflanzungskonstante γ_1 nach der Theorie der Kettenleiter[1]) bestimmt ist durch die Beziehung

$$\mathfrak{Cof}\,\gamma_1 = 1 - 2\left(\frac{\omega}{\omega_1}\right)^2 + \frac{1}{2}\,j\,\omega\,R_1 C_1\,. \tag{2a}$$

ω_1 ist die Grenzfrequenz der Leitung *1*, das ist diejenige Frequenz, oberhalb

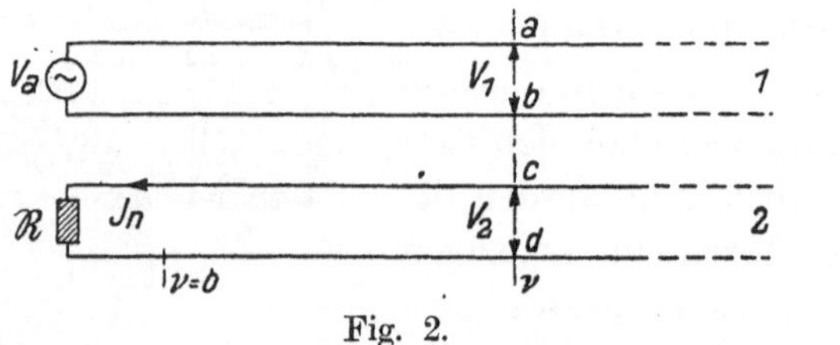

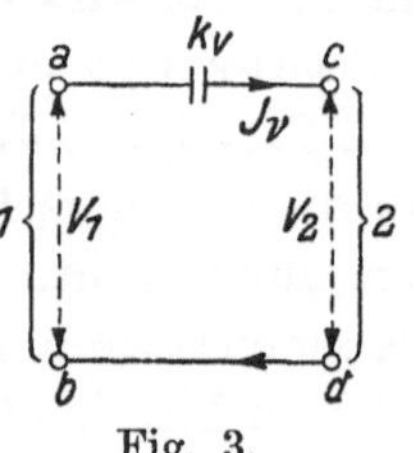

Fig. 2.Fig. 3.

welcher die Leitung für Sprechströme undurchlässig ist; sie wird berechnet nach der Formel

$$\omega_1 = \frac{2}{\sqrt{L_1 C_1}}\,. \tag{2b}$$

Fig. 3 stellt einen Schnitt durch das Modell an der Stelle ν dar. Die Spannung V_1 verursacht den über die Punkte c und d fließenden Strom I_ν. Da der zwischen c und d liegende Scheinwiderstand, der mit $\mathfrak{r}_\nu$ bezeichnet werden soll, klein ist gegen den des Kondensators k_ν, so ist es hinreichend genau, wenn man setzt

$$I_\nu = V_1\,k_\nu\,p\,,$$

oder mit Gleichung (1)

$$I_\nu = V_a\,k_\nu\,p\,e^{-\gamma_1\nu}\,. \tag{3}$$

Damit wird die Spannungsdifferenz zwischen c und d

$$V_2 = I_\nu\,\mathfrak{r}_\nu = V_a\,\mathfrak{r}_\nu\,k_\nu\,p\,e^{-\gamma_1\nu}\,. \tag{4}$$

Es handelt sich nun zunächst darum, die Größe $\mathfrak{r}_\nu$ zu berechnen. Für den ν-gliedrigen Kettenleiter zwischen $\nu = 0$ und cd, Fig. 4, gelten wie bei homogenen Leitungen die bekannten Beziehungen

Fig. 4.

$$\left.\begin{aligned} V_2 &= V_{n\nu}\,\mathfrak{Cof}\,\gamma_2\,\nu + I_{n\nu}\,\mathfrak{Z}_2\,\mathfrak{Sin}\,\gamma_2\,\nu, \\ I_2 &= I_{n\nu}\,\mathfrak{Cof}\,\gamma_2\,\nu + \frac{V_{n\nu}}{\mathfrak{Z}_2}\,\mathfrak{Sin}\,\gamma_2\,\nu, \end{aligned}\right\} \tag{5}$$

wobei jedoch

$$\left.\begin{aligned} \mathfrak{Z}_2 &= \sqrt{\frac{R_2 + j\,\omega\,L_2}{j\,\omega\,C_2}}\;\frac{1}{\mathfrak{Cof}\,\dfrac{\gamma_2}{2}}, \\[2mm] \mathfrak{Cof}\,\gamma_2 &= 1 - 2\left(\frac{\omega}{\omega_2}\right)^2 + \frac{1}{2}\,j\,\omega\,R_2 C_2, \\[2mm] \omega_2 &= \frac{2}{\sqrt{L_2 C_2}}\,. \end{aligned}\right\} \tag{6}$$

Setzt man $\dfrac{V_2}{I_2} = \mathfrak{r}'_\nu$, so ergibt sich mit Gleichung (5) und der Beziehung $V_{n\nu} = \mathfrak{R}\,I_{n\nu}$,

$$\mathfrak{r}'_\nu = \mathfrak{Z}_2\,\frac{\mathfrak{R}\,\mathfrak{Cof}\,\gamma_2\,\nu + \mathfrak{Z}_2\,\mathfrak{Sin}\,\gamma_2\,\nu}{\mathfrak{Z}_2\,\mathfrak{Cof}\,\gamma_2\,\nu + \mathfrak{R}\,\mathfrak{Sin}\,\gamma_2\,\nu} \tag{7}$$

---

[1]) Siehe K. W. Wagner a. a. O.

als Scheinwiderstand des zwischen cd und dem Anfang liegenden Teiles vom Kettenleiter *2*. Nach Fig. 2 liegt rechts von cd der unendlich lange Kettenleiter (bzw. die durch einen angepaßten Widerstand abgeschlossene Leitung von endlicher Länge) mit dem Scheinwiderstand $\mathfrak{r}_\nu''$. Man bemerkt, daß

$$\mathfrak{r}_\nu'' = \mathfrak{Z}_2\,. \tag{8}$$

Aus $\mathfrak{r}_\nu'$ und $\mathfrak{r}_\nu''$ folgt $\mathfrak{r}_\nu$ durch Parallelschaltung:

$$\mathfrak{r}_\nu = \frac{\mathfrak{r}_\nu'\,\mathfrak{r}_\nu''}{\mathfrak{r}_\nu' + \mathfrak{r}_\nu''}\,.$$

Hieraus ergibt sich mittels der Gleichungen (7) und (8)

$$\mathfrak{r}_\nu = \frac{\mathfrak{Z}_2{}^2\,\dfrac{\mathfrak{R}\,\mathfrak{Cof}\,\gamma_2\nu + \mathfrak{Z}_2\,\mathfrak{Sin}\,\gamma_2\nu}{\mathfrak{Z}_2\,\mathfrak{Cof}\,\gamma_2\nu + \mathfrak{R}\,\mathfrak{Sin}\,\gamma_2\nu}}{\mathfrak{Z}_2 + \mathfrak{Z}_2\,\dfrac{\mathfrak{R}\,\mathfrak{Cof}\,\gamma_2\nu + \mathfrak{Z}_2\,\mathfrak{Sin}\,\gamma_2\nu}{\mathfrak{Z}_2\,\mathfrak{Cof}\,\gamma_2\nu + \mathfrak{R}\,\mathfrak{Sin}\,\gamma_2\nu}}\,,$$

oder nach einer einfachen Umformung

$$\mathfrak{r}_\nu = \frac{\mathfrak{Z}_2}{\mathfrak{R}+\mathfrak{Z}_2}\,e^{-\gamma_2\nu}\,[\mathfrak{R}\,\mathfrak{Cof}\,\gamma_2\nu + \mathfrak{Z}_2\,\mathfrak{Sin}\,\gamma_2\nu]\,.$$

Dadurch kann man nach Gleichung (4) die zwischen den Punkten c und d hervorgerufene Spannungsdifferenz V_2 ermitteln zu

$$V_2 = V_a\,\frac{\mathfrak{Z}_2}{\mathfrak{R}+\mathfrak{Z}_2}\,k_\nu\,p\,[\mathfrak{R}\,\mathfrak{Cof}\,\gamma_2\nu + \mathfrak{Z}_2\,\mathfrak{Sin}\,\gamma_2\nu]\,e^{-(\gamma_1+\gamma_2)\nu}\,. \tag{9}$$

In dem ν-gliedrigen Kettenleiter (Fig. 4) besteht in bekannter Weise die Beziehung

$$V_2 = V_{n\nu}\,\mathfrak{Cof}\,\gamma_2\nu + I_{n\nu}\,\mathfrak{Z}_2\,\mathfrak{Sin}\,\gamma_2\nu\,,$$

oder

$$V_2 = I_{n\nu}\,[\mathfrak{R}\,\mathfrak{Cof}\,\gamma_2\nu + \mathfrak{Z}_2\,\mathfrak{Sin}\,\gamma_2\nu]\,,$$

$$I_{n\nu} = \frac{V_2}{\mathfrak{R}\,\mathfrak{Cof}\,\gamma_2\nu + \mathfrak{Z}_2\,\mathfrak{Sin}\,\gamma_2\nu}\,. \tag{10}$$

$I_{n\nu}$ ist der durch die Kopplung k_ν verursachte Elementarstrom im Empfänger der induzierten Leitung; nach den Gleichungen (9) und (10) ergibt er sich zu

$$I_{n\nu} = V_a\,\frac{\mathfrak{Z}_2}{\mathfrak{R}+\mathfrak{Z}_2}\,k_\nu\,p\,e^{-(\gamma_1+\gamma_2)\nu}\,. \tag{11}$$

3. Die Größe des Nebensprechens.

Wegen der vernachlässigbaren Rückwirkung der in Leitung *2* induzierten Ströme und Spannungen auf die Stromverteilung in Leitung *1* superponieren sich die einzelnen Elementarströme $I_{n\nu}$ nach dem Gesetz

$$I_n = \sum_{\nu=0}^{\nu=n} I_{n\nu}\,;$$

n ist dabei die Anzahl der Leitungsglieder einer Leitung. Unter Benutzung von Gleichung (11) wird daher

$$I_n = V_a\,\frac{\mathfrak{Z}_2}{\mathfrak{R}+\mathfrak{Z}_2}\,\sum_\nu k_\nu\,p\,e^{-(\gamma_1+\gamma_2)\nu} \tag{12}$$

Die hier auftretende Summe, die sich dann auswerten läßt, wenn die Funktion k_ν in ihrer Abhängigkeit von ν bekannt ist, ist kennzeichnend für die Wirkung der kapazitiven Kopplung der beiden Leitungen; wir setzen abkürzend

$$\sum_\nu k_\nu\, p\, e^{-(\gamma_1+\gamma_2)\,\nu} = \psi; \tag{13}$$

ψ ist für eine gegebene Leitung eine bestimmte Funktion der Frequenz. Um ein Bild über den Verlauf dieser Funktion zu erhalten, betrachten wir einige einfachen Fälle.

1. Es sei k_ν für alle ν konstant gleich k, d. h. es werde der Fall betrachtet, auf den sich die früheren Untersuchungen beschränkten. Die Leitungen sollen in der Mitte eines Spulenzwischenstückes beginnen und enden; es muß daher für $\nu = 0$ $k_\nu = {}^1/_2\, k$ gesetzt werden. Die Funktion k_ν hat etwa den durch Fig. 5 vorgeschriebenen Verlauf. Es handle sich um das Übersprechen von Stamm auf Stamm in einem Kabelvierer, sodaß also

$$\gamma_1 = \gamma_2 = \gamma, \ \ 3_1 = 3_2 = 3$$

gesetzt werden kann. Es wird dann nach Gleichung (13)

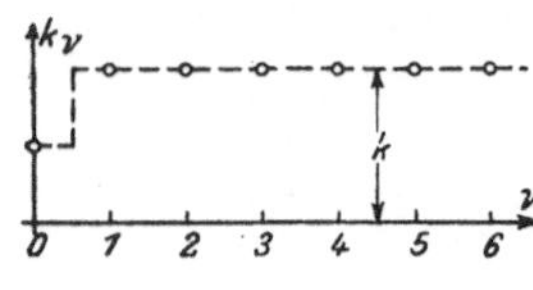

Fig. 5.

$$\psi = \frac{k}{2}\,p + k\,p \sum_{\nu=1}^{\nu=n} e^{-2\gamma\nu}.$$

Die Summierung der geometrischen Reihe liefert

$$\psi = k\,p \left[\frac{1 - e^{-2\gamma(n+1)}}{1 - e^{-2\gamma}} - \frac{1}{2}\right],$$

oder

$$\psi = \frac{k\,p}{2}\left[\frac{1 + e^{-2\gamma}}{1 - e^{-2\gamma}} - 2\,\frac{e^{-2\gamma(n+1)}}{1 - e^{-2\gamma}}\right],$$

$$\psi = \frac{k\,p}{2}\left[\mathfrak{Cotg}\,\gamma - 2\,\frac{e^{-2\gamma(n+1)}}{1 - e^{-2\gamma}}\right].$$

Setzen wir der Einfachheit halber Leitungen voraus, deren Gesamtdämpfung so groß ist, daß hier der Beitrag des zweiten Gliedes gegen das erste praktisch verschwindet, so ergibt sich

$$\psi = \frac{k\,p}{2}\,\mathfrak{Cotg}\,\gamma.$$

Da der Ohmsche Leitungswiderstand im allgemeinen eine untergeordnete Rolle spielt, kann man ihn zunächst vernachlässigen und Gleichung (2a) einsetzen. Damit wird

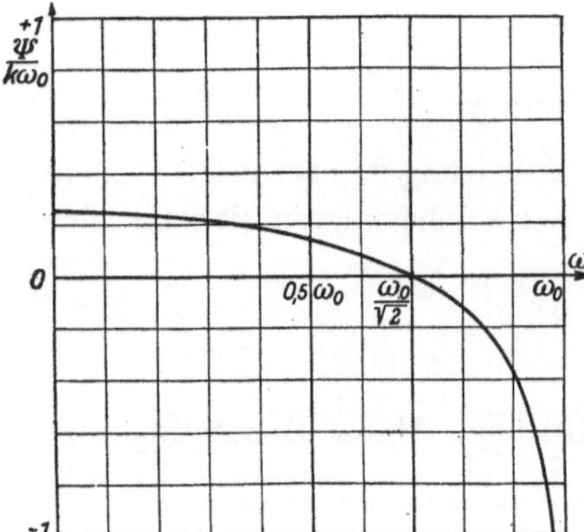

Fig. 6a.

$$\psi = \frac{k\,\omega_0}{4}\,\frac{1 - 2\left(\dfrac{\omega}{\omega_0}\right)^2}{\sqrt{1 - \left(\dfrac{\omega}{\omega_0}\right)^2}} \qquad \left(\omega_0 = \frac{2}{\sqrt{LC}}\right). \tag{13a}$$

Diese Beziehung gilt mit großer Annäherung. Der Verlauf von ψ ist in Fig. 6a aufgezeichnet. An der Stelle $\omega = \dfrac{\omega_0}{\sqrt{2}}$ ist das Winkelmaß α der Leitung gleich $\dfrac{\pi}{2}$, daher heben sich die Wirkungen aller Kopplungskondensatoren auf, an der Stelle

$\omega = \omega_0$ ist $\alpha = \pi$, die Elementarströme liegen alle in gleicher Phase. Berücksichtigt man den Ohmschen Widerstand, also die Dämpfung β, so besitzt ψ einen im allgemeinen kleinen imaginären Anteil, ferner bleibt diese Größe für $\omega = \omega_0$ endlich. Im einzelnen ist dann für

$$\omega = \frac{\omega_0}{\sqrt{2}} \qquad \psi \approx j\,\frac{\omega_0}{2\sqrt{2}}\,k\,\mathfrak{Tg}\,\beta,$$

$$\omega = \omega_0 \qquad \psi \approx j\,\frac{\omega_0}{2\sqrt{2}}\,k\,\mathfrak{Cotg}\,\beta.$$

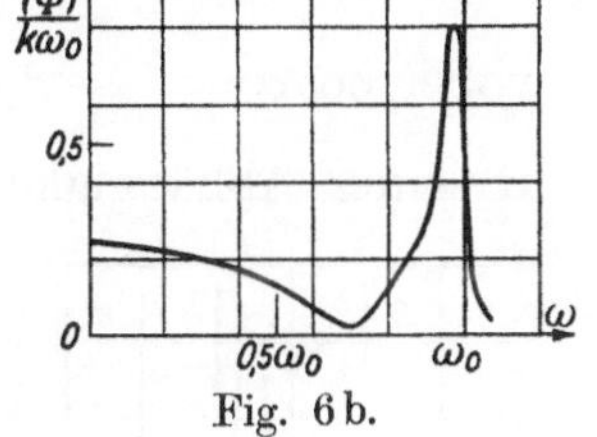

Fig. 6b.

Der Verlauf des Betrages von ψ ist bei Berücksichtigung der Verluste in Fig. 6b aufgezeichnet.

2. Die Kopplung k_ν sei nach einem Gesetz verteilt, das in Fig. 7 dargestellt ist. Es sei demnach:

$$k_\nu = +\,k \quad \text{für geradzahlige } \nu,$$
$$k_\nu = -\,k \quad \text{für ungeradzahlige } \nu,$$
$$k = \tfrac{1}{2}\,k \quad \text{für } \nu = 0.$$

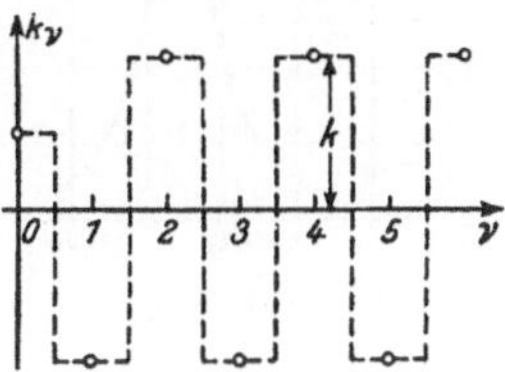

Fig. 7.

Nach Gleichung (13) ist wieder unter der vereinfachenden Annahme zweier gleichen Leitungen von großer Länge:

$$\psi = k\,p\,[1 - e^{-2\gamma} + e^{-4\gamma} - \;.\;.\;.\;.\;.\; - \tfrac{1}{2}],$$

$$\psi = k\,p\left[\frac{1}{1 + e^{-2\gamma}} - \frac{1}{2}\right] = \frac{1}{2}\,k\,p\,\mathfrak{Tg}\,\gamma.$$

Unter Benützung von Gleichung (2a) folgt hieraus bei Vernachlässigung der Verluste

$$\psi = -\,k\,\omega_0\left(\frac{\omega}{\omega_0}\right)^2 \frac{\sqrt{1 - \left(\dfrac{\omega}{\omega_0}\right)^2}}{1 - 2\left(\dfrac{\omega}{\omega_0}\right)^2}. \tag{13b}$$

Der Verlauf dieser Funktion ist in Fig. 8a dargestellt. Man hat hier wieder die beiden kritischen Frequenzen ω_0 und $\dfrac{\omega_0}{\sqrt{2}}$; nunmehr unterstützen sich die Wirkungen jedoch in der Umgebung von $\omega = \dfrac{\omega_0}{\sqrt{2}}$, sie kompensieren sich für $\omega = \omega_0$. Auch hier erhält man bei diesen Frequenzstellen endliche Werte von ψ, wenn man die Verluste nicht vernachlässigt. Man findet leicht für

$$\omega = \frac{\omega_0}{\sqrt{2}} \qquad \psi \approx j\,\frac{k\,\omega_0}{2\sqrt{2}}\,\mathfrak{Cotg}\,\beta,$$

$$\omega = \omega_0 \qquad \psi \approx j\,\frac{k\,\omega_0}{2\sqrt{2}}\,\mathfrak{Tg}\,\beta.$$

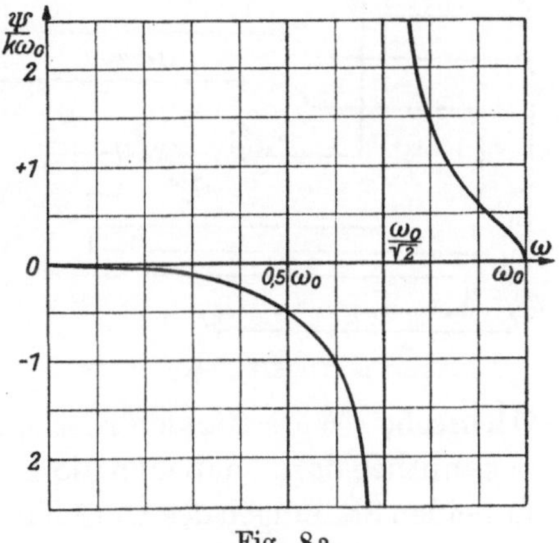

Fig. 8a.

Fig. 8b zeigt wiederum den Verlauf des Betrages von ψ bei Berücksichtigung der Verluste in den Leitungen.

3. Für die zweigliedrige Leitung nach Fig. 9 sei $k_2 = k_0$, $k_1 = 3\,k_0$. Aus Gleichung (13) folgt bei Vernachlässigung der Verluste

$$\psi = k_0\,\omega_0 \left(\frac{\omega}{\omega_0}\right)[(1 + 3\cos 2\alpha + \cos 4\alpha)\,j + 3\sin 2\alpha + \sin 4\alpha],$$

wobei $\cos\alpha = 1 - 2\left(\frac{\omega}{\omega_0}\right)^2$. In Fig. 10 ist der hieraus berechnete Betrag von ψ in seiner Abhängigkeit von ω aufgezeichnet. Schon bei zwei Gliedern ist also ein

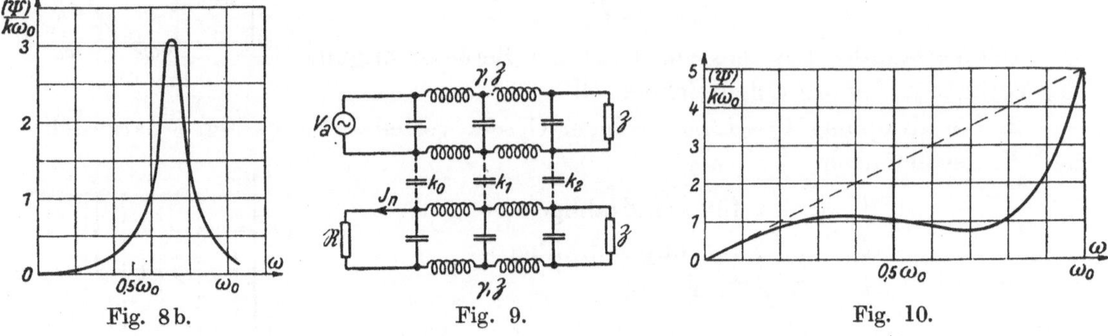

Fig. 8 b.   Fig. 9.   Fig. 10.

beträchtlicher Einfluß der Spulen auf das Nebensprechen bemerkbar. Die erhöhte Induktivität bewirkt im allgemeinen eine Verminderung des Nebensprechens. Die Funktion ψ würde bei der nicht pupinisierten Leitung gleicher Länge und gleicher Kopplung so verlaufen, wie es die gestrichelte Kurve andeutet.

4. Die Messung der „Dämpfungszahl β_n des Nebensprechens".

Aus den soeben behandelten einfachen und wichtigen Fällen ersieht man, daß die Funktion ψ und damit die Stromstärke des Nebensprechens in ihrer Frequenzabhängigkeit den mannigfachsten Verlauf aufweisen kann. Dieser Verlauf ist wesentlich abhängig von der Art der Verteilung der k_ν längs der Leitung, die natürlich ganz willkürlich sein kann. Daraus geht hervor, daß die Nachbildung der Verzerrung des Nebensprechens in langen Spulenleitungen, wie sie zur Anwendung der bekannten Methode der vergleichenden Dämpfungsbestimmung[1]) zwecks lauttreuer Wiedergabe der Sprache erforderlich wäre, in einfacher Weise nicht möglich ist, und daß man daher auf die Messung mit Sinusströmen angewiesen ist. Für eine solche Messung, deren Anordnung in Fig. 11 dargestellt ist, kann man dann die bekannten sog. verzerrungsfreien Eichleitungen verwenden, die aus

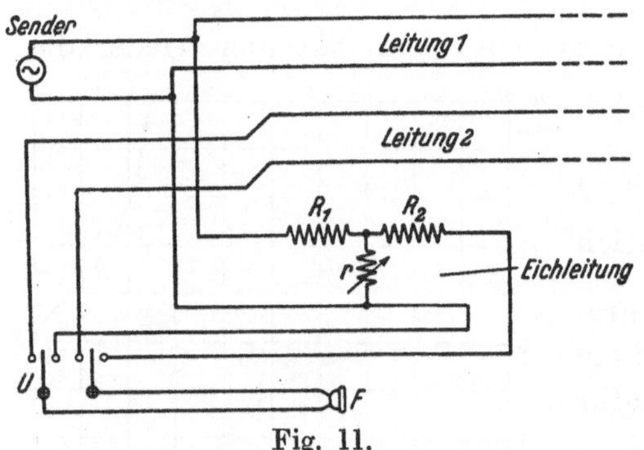

Fig. 11.

Ohmschen Widerständen r, R_1, R_2 zusammengesetzt sind. Die Meßmethode besteht bekanntlich darin, daß man die Eichleitung in ihrer Dämpfung solange verändert, bis in beiden Stellungen des Umschalters U im Fernhörer F gleiche Lautstärke wahrnehmbar ist. Die Dämpfung β_0 der Eichleitung wird dann als Maß für die Stärke des Nebensprechens angesehen. Es ist durch die früheren Untersuchungen bekannt geworden,

---

1) F. Breisig, Verh. d. Deutsch. Phys. Ges., 1910, Nr. 5.

daß die Angabe der Eichleitung in hohem Maße abhängig ist von ihrer Dimensionierung; diese Untersuchungen haben gezeigt, daß zur Erzielung einer einwandfreien Messung die Eingangswiderstände der Eichleitung übereinstimmen müssen mit denen der beiden Leitungen *1* und *2*, daß also etwa für den vorliegenden Fall $R_1 = \mathfrak{Z}_1$ und $R_2 = \mathfrak{Z}_2$ sein müssen. Wegen der Frequenzabhängigkeit des Wellenwiderstandes bei Spulenleitungen sind hier diese Bedingungen nicht einfach zu erfüllen. Es bietet sich indessen ein einfacher Ausweg, den man auffindet, wenn man den Fehler berechnet, der sich einstellt, wenn die Scheinwiderstände der Eichleitung verschieden von denjenigen der Leitung sind. Dazu ist folgende kleine Betrachtung nötig.

Zunächst muß die „Dämpfungszahl des Nebensprechens" β_n, an Hand der gewonnenen Beziehungen definiert werden. Nach den Gleichungen (12) und (13) ist

$$I_n = V_a \frac{\mathfrak{Z}_2 \psi}{\mathfrak{R} + \mathfrak{Z}_2}, \tag{14}$$

ferner besteht die Beziehung $\mathfrak{R} = \dfrac{V_n}{I_n}$. In Gleichung (14) eingesetzt, ergibt das

$$V_n + I_n \mathfrak{Z}_2 = V_a \mathfrak{Z}_2 \psi,$$

oder
$$\left.\begin{aligned} V_a &= \frac{1}{\mathfrak{Z}_2 \psi} V_n + \frac{1}{\psi} I_n, \\ \text{ferner} \quad I_a &= \frac{1}{\mathfrak{Z}_1 \psi} I_n + \frac{1}{\mathfrak{Z}_1 \mathfrak{Z}_2 \psi} V_n. \end{aligned}\right\}^{1)} \tag{15}$$

In der herkömmlichen Weise definiert man nun β_n durch den Ansatz[2]

$$\frac{1}{2} e^{\beta_n} \approx \left| \sqrt{\mathfrak{A}_1 \mathfrak{A}_2} \right| = \left| \frac{1}{\psi \sqrt{\mathfrak{Z}_1 \mathfrak{Z}_2}} \right|. \tag{16}$$

Wir wollen zunächst den Fall zweier Leitungen mit gleichen Eigenschaften ins Auge fassen; hierfür wird

$$\frac{1}{2} e^{\beta_n} = \left| \frac{1}{\psi \mathfrak{Z}} \right|; \quad e^{-\beta_n} = \left| \frac{\psi \mathfrak{Z}}{2} \right|. \tag{17}$$

Diese Beziehung, in Gleichung (14) eingesetzt, liefert

$$\left| I_n \right| = \left| V_a \right| \frac{2 e^{-\beta_n}}{|\mathfrak{R} + \mathfrak{Z}|}. \tag{18}$$

Für die Dämpfungszahl β_0 der Eichleitung (Fig. 12) gilt ferner wegen der hier vorkommenden großen Dämpfungen genügend genau

$$\frac{1}{2} e^{\beta_0} = 1 + \frac{R}{r}.$$

Die Spannung V_a hat am Ende der Eichleitung einen Strom I_e zur Folge von der Größe

$$I_e = V_a \frac{r}{(r + R)(\mathfrak{R} + R)}$$

oder

$$I_e = V_a \frac{2 e^{-\beta_0}}{\mathfrak{R} + R}.$$

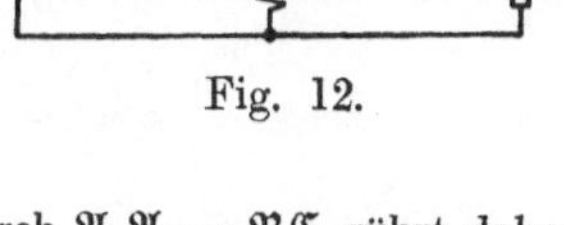

Fig. 12.

---

[1] Daß hier die bekannte Beziehung $\mathfrak{A}_1 \mathfrak{A}_2 = 1 + \mathfrak{B}\mathfrak{C}$ ersetzt ist durch $\mathfrak{A}_1 \mathfrak{A}_2 = \mathfrak{B}\mathfrak{C}$, rührt daher, daß durch die gemachten Vernachlässigungen bereits die Relation $\mathfrak{B}\mathfrak{C} \gg 1$ berücksichtigt wurde.
[2] Siehe F. Breisig, Theoretische Telegraphie, 1910, S. 297.

Dabei ist r gegen $\Re + R$ vernachlässigt. Macht man gemäß der Meßmethode $|I_e| = |I_n|$, so wird nach Gleichung (18):

$$\frac{e^{-\beta_n}}{|\Re + \mathfrak{Z}|} = \frac{e^{-\beta_0}}{|\Re + R|} \,; \qquad e^{\beta_n} = \left|\frac{\Re + R}{\Re + \mathfrak{Z}}\right| e^{\beta_0} \,.$$

Im allgemeinen ist $R = \mathfrak{Z} + z$; dann wird

$$e^{\beta_n} = e^{\beta_0} \left|\left(1 + \frac{z}{\Re + \mathfrak{Z}}\right)\right|. \tag{19}$$

Die Messung des Dämpfungsfaktors in der vorausgesetzten Weise liefert also nicht nur in dem bekannten Falle, daß $z = 0$, $R = \mathfrak{Z}$, richtige Werte, sondern auch dann, wenn $\Re$ sehr groß ist. Da die erste dieser beiden Möglichkeiten bei Spulenleitungen nur schwer zu erfüllen ist, empfiehlt es sich daher, zur Messung Empfangsapparate mit möglichst hohem Scheinwiderstand (hochohmige Telephone, Verstärker) zu benützen. Läßt man einen Fehler in der Bestimmung von β_n von höchstens 0,2 zu, so ergibt sich aus Gleichung (19), daß es genügt, R kleiner als $2|\mathfrak{Z}|$ und $|\Re|$ etwa gleich viermal $|\mathfrak{Z}|$ zu machen. Die Verwendung der üblichen verzerrungsfreien Eichleitungen und Sinusströmen liefert unter Beachtung dieser Regel einwandfreie Resultate beim Messen des Übersprechens.

Der Fall, daß $\mathfrak{Z}_1$ von $\mathfrak{Z}_2$ verschieden ist, macht eine besondere Betrachtung erforderlich. Es wäre erwünscht, daß man hierbei, beispielsweise wenn es sich um die Bestimmung des Mitsprechens in Kabelvierern handelt, ebenfalls Eichleitungen nach Fig. 12, bei denen also $R_1 = R_2$ ist, verwenden könnte. Das ist in der Tat möglich. An Hand der Gleichung (15) definieren wir zwei verschiedene Größen β_{n1} und β_{n2}, die das Nebensprechen von Leitung *1* auf Leitung *2* bzw. von Leitung *2* auf Leitung *1* charakterisieren sollen, vermittels der Ansätze

$$\frac{1}{2}\, e^{\beta_{n1}} = \frac{1}{|\mathfrak{Z}_2\, \psi|} \,, \tag{20}$$

$$\frac{1}{2}\, e^{\beta_{n2}} = \frac{1}{|\mathfrak{Z}_1\, \psi|} \,. \tag{21}$$

Nach Gleichung (14) läßt sich dann $|I_n|$ darstellen durch

$$|I_n| = |V_a|\, \frac{2\, e^{-\beta_{n1}}}{|\Re + \mathfrak{Z}_2|} \,; \tag{22}$$

ganz entsprechend natürlich für das Nebensprechen *2* auf *1*. Hieraus ersieht man, daß für die Größen β_{n1} und β_{n2} genau das gleiche gilt, was oben für die Messung von β_n ermittelt wurde. Es genügt, eine in weiten Grenzen willkürlich dimensionierte Eichleitung zu verwenden, wenn man darauf achtet, daß das Empfangsorgan einen im Vergleich zu den Wellenwiderständen $\mathfrak{Z}_1$ und $\mathfrak{Z}_2$ hohen Scheinwiderstand besitzt. Für das Mitsprechen bekommt man in diesem Falle also zwei verschiedene Dämpfungszahlen. Aus diesen läßt sich in einfachster Weise die wie üblich definierte Dämpfungsgröße β_n, Gleichung (16), berechnen. Nach den Gleichungen (20) und (21) ist nämlich:

$$\frac{1}{4}\, e^{\beta_{n1} + \beta_{n2}} = \left|\frac{1}{\mathfrak{Z}_1 \mathfrak{Z}_2\, \psi^2}\right| \,, \qquad\qquad \frac{1}{2}\, e^{\frac{\beta_{n1} + \beta_{n2}}{2}} = \left|\frac{1}{\psi \sqrt{\mathfrak{Z}_1 \mathfrak{Z}_2}}\right| \,;$$

oder
$$\beta_n = \frac{\beta_{n1} + \beta_{n2}}{2} \,. \tag{23}$$

Man hat also aus den beiden gemessenen Werten das arithmetische Mittel zu bilden.

Wegen der in Abschnitt 3 dargelegten komplizierten Frequenzabhängigkeit der Größen β_n empfiehlt es sich, die Messungen bei mindestens drei Frequenzen vorzunehmen, etwa bei $\omega = 3000,\ 5000$ und 8000.

5. Die Störwirkung des Nebensprechens.

Maßgebend für die Wirkung des Nebensprechens auf den Empfänger der induzierten Leitung ist zunächst die Stärke des Stromes I_n, der gemäß Gleichung (22) hervorgebracht wird durch die am Anfange der sendenden Leitung tätige Wechsel-EMK V_a:

$$|I_n| = |V_a|\,\frac{2}{|\Re + \mathfrak{Z}_2|}\,e^{-\beta_{n1}}.$$

Aus dieser Beziehung ist ersichtlich, daß hierbei neben dem Dämpfungsexponenten β_n auch die Größe des Wellenwiderstandes $\mathfrak{Z}_2$ eine wesentliche Rolle spielt; je größer $\mathfrak{Z}_2$ ist, um so kleiner wird I_n. Da die Störwirkung indessen durch das Verhältnis der Stärke des Störstromes zur Stärke des ankommenden Sprechstromes bestimmt wird, ist dieser Einfluß nur ein scheinbarer. Die folgende kleine Rechnung gibt darüber Aufschluß.

Eine am entfernten Ende der begrenzten Leitung _2_ mit dem Dämpfungsmaß $\beta_2 l$ vorhandene Sendespannung V_a erzeugt nach den bekannten Ausbreitungsgesetzen im Empfänger $\Re$ unter den angenommenen Grenzbedingungen einen Strom von der Stärke:

$$|I_0| = |V_a|\,e^{-\beta_2 l}\frac{2}{|\Re + \mathfrak{Z}_2|};$$

daher wird mit Gleichung (22)

$$\frac{|I_n|}{|I_0|} = e^{-(\beta_{n1}-\beta_2 l)}. \tag{24}$$

Die Größe der Störwirkung des Nebensprechens von Leitung _1_ auf Leitung _2_ ist also nur bestimmt durch die Differenz der durch Gleichung (20) definierten und meßbaren Dämpfungszahl β_{n1} des Nebensprechens von Leitung _1_ auf Leitung _2_ und der Dämpfung der Leitung _2_ selbst. Diese Differenz werde mit η_1 bezeichnet,

$$\eta_1 = \beta_{n1} - \beta_2 l.$$

Ihre Kenntnis ist notwendig und reicht hin zur Beurteilung der Güte einer Leitung in bezug auf das Nebensprechen. Es ist bemerkenswert, daß den Größen β_{n1} und β_{n2} hier eine tiefere physikalische Bedeutung zukommt, als ihrem sonst gebräuchlichen arithmetischen Mittelwert.

6. Eichleitung zum Messen hoher Dämpfungszahlen.

Es wurde gezeigt, daß die Bestimmung der Stärke des Nebensprechens in Spulenleitungen mit verzerrungsfreien Eichleitungen unter Verwendung von Sinusströmen erfolgen kann, wenn man darauf achtet, daß die Eingangswiderstände der Eichleitung grob angenähert gleich sind dem Wellenwiderstande der induzierten Leitung, und der Scheinwiderstand des Empfangsorgans groß gegen diesen gewählt wird. Als Eichleitungen kommen dann die beiden gleichwertigen Formen Fig. 13 und 14 in Frage. Wegen der hier vorkommenden großen Dämpfungszahlen stellt sich jedoch beim Bau solcher Eichleitungen eine Schwierigkeit heraus. Es ist bekanntlich angenähert für große β_0

$$\frac{1}{2} e^{\beta_0} = \frac{R}{r},$$

beispielsweise für:

$$\beta_0 = 8 \qquad \frac{R}{r} = 1490,$$

$$\beta_0 = 10 \qquad \frac{R}{r} = 11\,015.$$

Fig. 13.

Fig. 14.

Handelt es sich etwa um Leitungen mit einem mittleren Wellenwiderstand von $\mathfrak{Z} = 1000\,\Omega$, so muß für die Eichleitung (Fig. 13) sein $R = 1000\,\Omega$. Hieraus für:

$$\beta_0 = 8 \qquad r = 0{,}675\,\Omega,$$

$$\beta_0 = 10 \qquad r = 0{,}09\,\Omega.$$

Da r veränderlich gemacht werden muß, also Kontakte vorhanden sind, eignen sich diese Werte ihrer Kleinheit wegen schlecht zur praktischen Ausführung.

Für die Eichleitung (Fig. 14) folgt $r = 1000\,\Omega$, ferner für:

$$\beta_0 = 8 \qquad R = 1\,490\,000\,\Omega,$$

$$\beta_0 = 10 \qquad R = 11\,015\,000\,\Omega.$$

Hier werden die Werte für R unausführbar groß.

Um diese Unzulänglichkeiten zu beseitigen, wird im folgenden eine Schaltung beschrieben, die zu praktisch ausführbaren Werten führt und allgemein in den Fällen

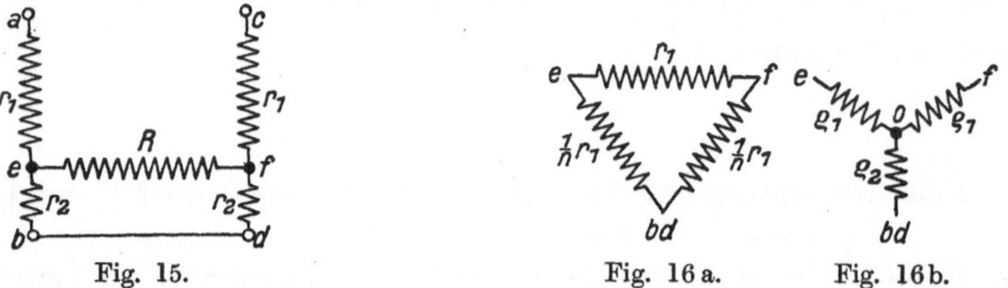

Fig. 15.   Fig. 16 a.   Fig. 16 b.

verwendet werden kann, wo es sich um die Nachbildung hoher Dämpfungszahlen handelt. Sie beruht darauf, daß die Widerstände r in der Eichleitung (Fig. 13) unterteilt sind und der Widerstand R zwischen die Teilpunkte gelegt wird (Fig. 15). Dabei muß r_2 klein gegen r_1 gemacht werden. Um ein Bild von der Wirkung dieser Anordnung zu bekommen, setze man R gleich r_1, $r_1 = n r_2$, wobei n groß gegen 1. Dann verwandle man das Dreieck $efbd$ (Fig. 16a) in den sog. widerstandstreuen Stern[1]) (Fig. 16b). Dessen Schenkel ergeben sich in bekannter Weise zu:

$$\varrho_1 = \frac{r_1 \dfrac{1}{n} r_1}{\dfrac{2}{n} r_1 + r_1}, \text{ oder da } n \gg 1, \qquad \varrho_1 \approx \frac{r_1}{n};$$

$$\varrho_2 \approx \frac{r_1}{n^2}.$$

---

[1]) Siehe z. B. Herzog u. Feldmann, Die Berechnung elektr. Leitungsnetze, Berlin 1903, S. 205.

Die Eichleitung kann also ersetzt gedacht werden durch die Schaltung nach Fig. 17. Hierfür gilt aber der bekannte Ansatz:

$$\frac{1}{2} e^{\beta_0} \approx \frac{r_1}{r_1/n^2} = n^2. \tag{25}$$

Dadurch, daß die Zahl n sich hier als gleich der Quadratwurzel von $\frac{1}{2} e^{\beta_0}$ erweist, erhält man für die Widerstände praktisch ausführbare Werte, deren Größenordnungen sich ergeben zu:

$$r_1 \approx |\mathfrak{Z}|, \qquad R \approx |\mathfrak{Z}|,$$
$$r_2 = |\mathfrak{Z}| \sqrt{2 e^{-\beta_0}}.$$

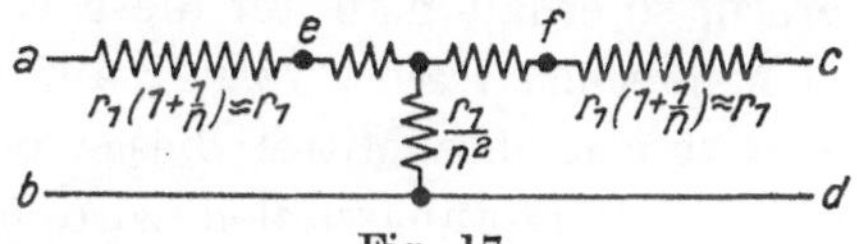

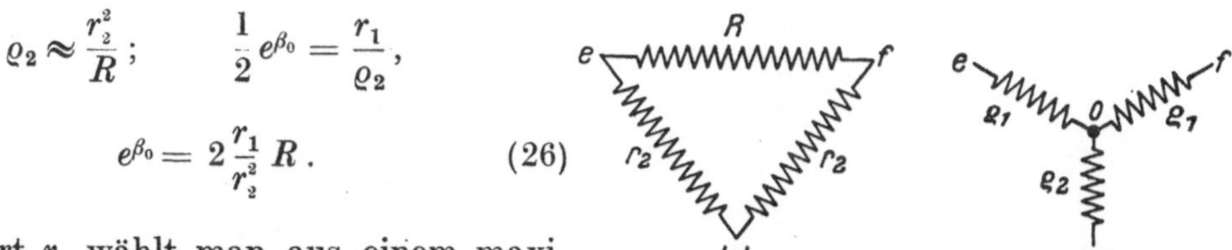

Fig. 17.

Beispielsweise ist in dem obenbetrachteten Fall:

$$|\mathfrak{Z}| \approx r_1 \approx R = 1000\,\Omega,$$

und für:

$$\beta_0 = 8 \qquad r_2 = 26\,\Omega,$$
$$\beta_0 = 10 \qquad r_2 = 9{,}5\,\Omega.$$

Zweckmäßig macht man r_2 fest und R veränderlich. Dann gilt nach Fig. 18:

$$\varrho_2 \approx \frac{r_2^2}{R}; \qquad \frac{1}{2} e^{\beta_0} = \frac{r_1}{\varrho_2},$$

$$e^{\beta_0} = 2 \frac{r_1}{r_2^2} R. \tag{26}$$

Den Wert r_2 wählt man aus einem maximalen β_0 nach der Beziehung

$$r_2 = r_1 \sqrt{2}\, e^{-\frac{1}{2}\beta_0} \tag{27}$$

und macht

$$r_1 \approx |\mathfrak{Z}|.$$

Fig. 18.

Die Dämpfung berechnet sich dann aus den beiden angenommenen Größen r_1 und r_2 nach Gleichung (26) in ihrer Abhängigkeit von der Veränderlichen R. Macht man etwa für das obige Beispiel $r_1 = 1000\,\Omega$, so ergibt sich für $\beta_0 = 10$ beispielsweise $r_2 = 10\,\Omega$. Daher gilt nach Gleichung (26) die Beziehung:

$$e^{\beta_0} = 2 \frac{2000}{400} R; \qquad \beta_0 = \ln R + 4{,}6.$$

7. Zusammenfassung.

Eine den wirklichen Verhältnissen nahekommende Theorie des Nebensprechens in Spulenleitungen, die sich der Darstellung der Leitung durch einen Kettenleiter bedient, ergibt, daß es wegen der komplizierten Frequenzabhängigkeit der induzierten Ströme notwendig ist, Messungen des Nebensprechens an solchen Leitungen mit sinusförmigen Strömen vorzunehmen, womöglich bei mehreren Frequenzen, mindestens etwa bei $\omega = 3000$, 5000 und 8000. Die bisher übliche Methode der Dämpfungsbestimmung durch Vergleich mit verzerrungsfreien Eichleitungen kann

dann mit genügender Genauigkeit angewendet werden, wenn man darauf achtet,
daß der Scheinwiderstand des Empfangsorganes (Fernhörer, Verstärker) groß ist
gegen den Wellenwiderstand der Leitungen. Die fernen Enden der Leitungen sollen
während der Messung durch Widerstände abgeschlossen sein, die angenähert gleich
den Wellenwiderständen der Leitungen sind; je größer die Dämpfung der Leitungen
ist, um so weniger schadet hierbei eine Ungenauigkeit. Handelt es sich um Leitungen
ungleicher Eigenschaften, wie etwa beim Bestimmen des Mitsprechens in Kabelvierern, so erhält man auf diese Weise zwei verschiedene Dämpfungszahlen für das
Nebensprechen *1* auf *2* bzw. *2* auf *1*; die gesuchte Dämpfungszahl ergibt sich streng
als arithmetisches Mittel dieser beiden Werte. Eine verzerrungsfreie Eichleitung
für hohe Dämpfungszahlen wird beschrieben.

Primäre und sekundäre Rekristallisation.

Von

Georg Masing.

Mit 1 Tafel.

Mitteilung aus dem ehemaligen Glühlampenwerk der Siemens & Halske A. G.

1.

In einer vor kurzem veröffentlichten Arbeit[1]) war darauf hingewiesen worden, daß, wenn ein Metall in hohem Maße einer gewissen Deformation ausgesetzt gewesen ist und dann einer kleinen, anders gearteten Deformation unterzogen wird, die Rekristallisationserscheinungen dadurch in charakteristischer Weise verändert werden. Man erhält oft ganz abnorm große und außerordentlich schnell anwachsende Kristalle. Aus der Art des Auftretens dieser Kristalle und aus der Abhängigkeit ihrer Entwicklung von den Rekristallisationsbedingungen war geschlossen worden, daß ihre Entstehung durch Kernbildung erfolgt. Um diese Art der Rekristallisation von der normalen primären, nach einer wiederholten einheitlichen Deformation eintretenden zu unterscheiden, wurde sie als sekundäre Rekristallisation bezeichnet. Die weitgehende Deformation, die zur primären Rekristallisation führt, wurde als primäre Deformation, und die geringe anders geartete Deformation, die zur sekundären Rekristallisation führt, als sekundäre Deformation bezeichnet.

Es war auch darauf hingewiesen worden, daß die Erscheinung der sekundären Rekristallisation nicht neu und bereits vielfach beobachtet worden war; der Einfluß der sekundären Deformation war jedoch bisher gänzlich übersehen worden, und die auffallenden Erscheinungen der sekundären Rekristallisation wurden meistens einfach als Folge einer geringen Deformation schlechthin, nach welcher das Rekristallisationskorn ja bekanntlich viel größer ist als nach starker Deformation, gedeutet.

In der angeführten Arbeit des Verfassers war zwar der positive experimentelle Beweis erbracht worden, daß eine sekundäre Deformation die sekundäre Rekristallisation hervorruft[2]). Es fehlte jedoch — abgesehen von einer indirekten Beobachtung von Robin[3]) — der sichere experimentelle Nachweis, daß die Wirkung einer sekundären Deformation, wie sie sich in der sekundären Rekristallisation äußert, tatsächlich für eine sekundäre, d. h. einer primären folgenden, Deformation charakteristisch und nicht vielleicht ebenso auch mit einer der sekundären Deformation ähnlichen geringen primären, d. h. also an einem Gußstück ausgeführten Deformation identisch ist.

Dieser Nachweis soll nunmehr erbracht werden.

---

[1]) Wissenschaftliche Veröffentlichungen aus dem Siemens-Konzern, I. Bd., 2. Heft, S. 96; Zeitschrift für Metallkunde **12**, 457. 1920.

[2]) Diese tritt unter gewissen Bedingungen auf, die zum Teil noch nicht geklärt sind.

[3]) Robin, Revue de Métallurgie **11**, 489, 1914.

2.

Es wurde eine Reihe kleiner Gußplatten durch Ausgießen geringer Mengen reinen Zinnes auf Glasplatten hergestellt. Die Dicke der Platten betrug ca. 0,5 mm. Alle diese Platten wurden etwa in der Mitte mit einem konisch zugespitzten Stahl gelocht und dann gemeinsam einer von 90° an stetig steigenden Temperatur ausgesetzt. Der Temperaturanstieg ist in der Tabelle I angegeben. Bei den angeführten Temperaturen wurde aus dem Ofen jeweils eine Platte herausgenommen und nach der Ätzung photographiert. Die den Temperaturangaben gegenüberstehenden Zahlen bedeuten die Nummern der Photogramme der bei dieser Temperatur aus dem Ofen entfernten Stücke. Die Erhitzung erfolgte an der Luft.

Als Parallelserie wurde aus einer auf 0,5 mm heruntergewalzten Gußstange Zinn eine Reihe von Stücken geschnitten, diese Stücke alsdann genau wie die Gußstücke gelocht und gemeinsam zur Rekristallisation gebracht. In der Tabelle I sind die Nummern der Photogramme dieser Serie gleichfalls angeführt.

Tabelle I.

Zeit	Temperatur	gegossen	gewalzt
0 Min.	90°		
7 „	100°		
13 „	110°		
20 „	120°		
27 „	131°	Nr. 1	Nr. 5
33 „	140°		
43 „	151°	Nr. 2	Nr. 6
48 „	161°		
54 „	175°	Nr. 3	
59 „	190°		
64 „	210°	Nr. 4	

Auf den Photogrammen sieht man folgendes: Die gewalzte und auf 131° erhitzte Platte (Phot. Nr. 5) zeigt um das Loch herum einen charakteristischen Kranz von großen Kristallen, die von den Stellen stärkerer sekundärer Deformation in unmittelbarer Nähe des Loches zu den weiter davon entfernten Stellen geringerer sekundärer Deformation größer werden, um dann in der für sekundäre Rekristallisation charakteristischen Weise unvermittelt durch die normale feinere primäre Kristallstruktur ersetzt zu werden. Die gewalzte und auf 151° erhitzte Platte (Phot. Nr. 6) zeigt dieselben Erscheinungen in verstärktem Maße. Die sekundären Kristalle sind größer und bilden um das Loch herum einen größeren Kranz. Der Schwellenwert der sekundären Deformation, der zur sekundären Rekristallisation führt, sinkt eben mit steigender Temperatur.

Ein gänzlich davon verschiedenes Bild zeigt Phot. Nr. 1 des gegossenen und auf 131° erhitzten Stückes. Die stattgehabte Lochdeformation markiert sich in der Umgebung des Loches in Gestalt von zahlreichen Deformationszwillingen, die die primären Gußkristalle durchsetzen. Von einer Entstehung neuer größerer Kristalle ist noch nichts wahrzunehmen. Allerdings ist die allernächste Umgebung des Loches der Beobachtung nicht zugänglich.

Da beim Zinn sich keine Rekristallisationszwillinge bilden, so beweisen die vorhandenen Zwillinge, daß die von ihnen durchsetzten Kristalle ursprüngliche Gußkristallite sind.

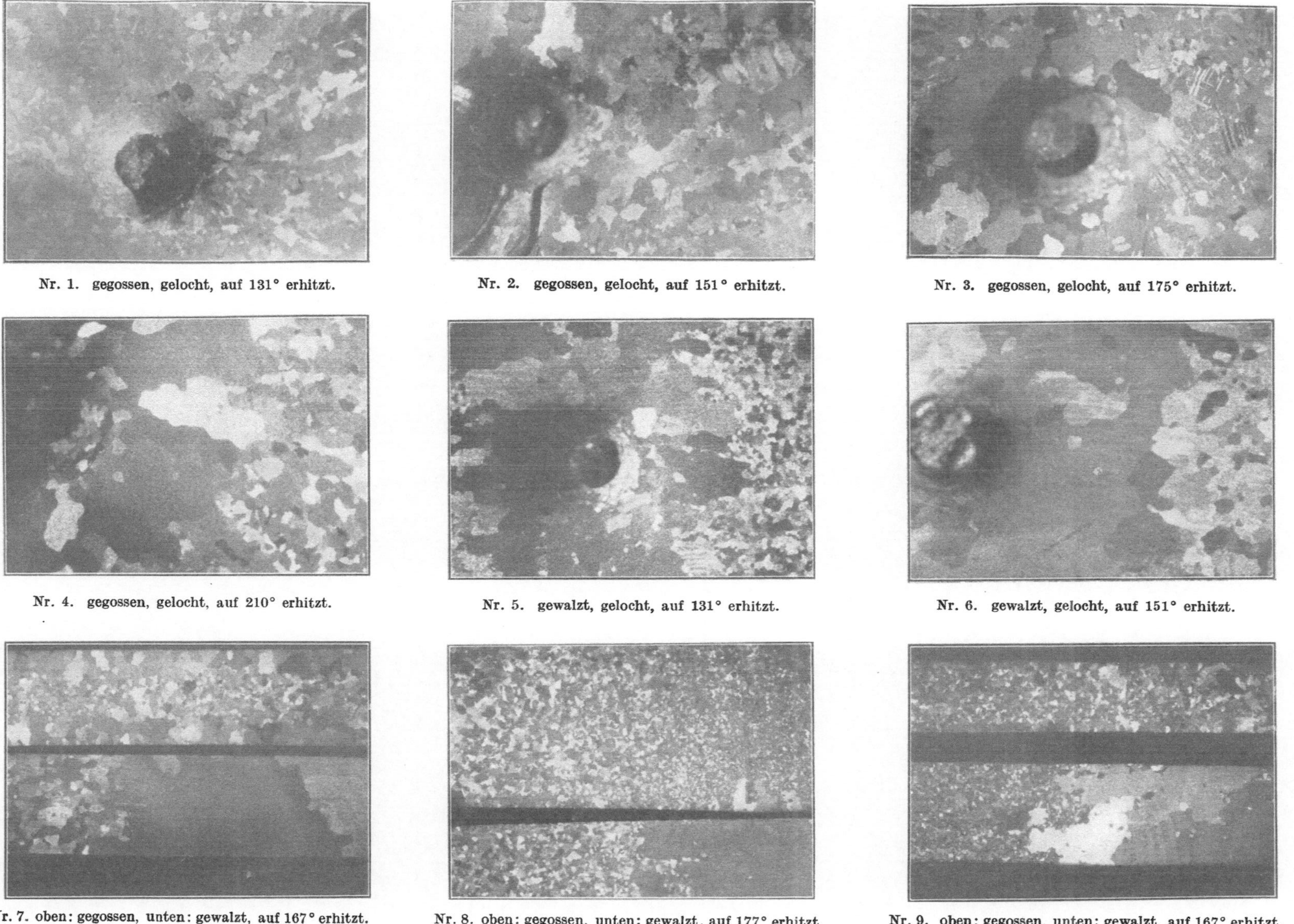

Nr. 1. gegossen, gelocht, auf 131° erhitzt.
Nr. 2. gegossen, gelocht, auf 151° erhitzt.
Nr. 3. gegossen, gelocht, auf 175° erhitzt.
Nr. 4. gegossen, gelocht, auf 210° erhitzt.
Nr. 5. gewalzt, gelocht, auf 131° erhitzt.
Nr. 6. gewalzt, gelocht, auf 151° erhitzt.
Nr. 7. oben: gegossen, unten: gewalzt, auf 167° erhitzt.
Nr. 8. oben: gegossen, unten: gewalzt, auf 177° erhitzt.
Nr. 9. oben: gegossen, unten: gewalzt, auf 167° erhitzt.

Auf einem gelochten Zinnstück, das nachträglich auf 151° erhitzt wurde (Phot. Nr. 2), sieht man, daß unmittelbar um das Loch herum die Zwillinge verschwunden sind. Es findet sich hier ein Kranz etwas größerer Kristalle, als es der Gußstruktur entspricht. Um diesen engen Kranz herum, in dem die durch die Lochdeformation hervorgerufene Rekristallisation die Zwillinge bereits aufgezehrt hat, findet sich ein weiterer Ring von Deformationszwillingen, innerhalb dessen die Wirkung der Lochdeformation zwar ausgereicht hat, um zu Deformationszwillingen zu führen, aber noch nicht, um durch Rekristallisation dieselben zu beseitigen. An diesen grenzt das unveränderte Gußgefüge.

Mit Erhöhung der Rekristallisationstemperatur (Phot. Nr. 3 und 4, 175° und 210°) wird der innere Kranz, innerhalb dessen durch Rekristallisation größere Kristalle ohne Zwillinge entstanden sind, immer weiter, während die Zone der Zwillinge zu geringereren Deformationswerten zurückweicht und schließlich ganz verschwindet (bei 210°). Gleichzeitig werden die Kristalle des inneren Kranzes immer größer.

Auf eine vergleichende Aufnahme der gewalzten, gelochten und auf die höheren Temperaturen (175 bis 210°) erhitzten Platten ist verzichtet worden, weil auf diesen nichts prinzipiell Neues zu sehen ist. Der Kranz der sekundären Kristalle wird immer größer und würde den Rahmen der Platte überschreiten. Seine Grenze nähert sich allmählich der Grenze der plastischen Deformation.

Der verschiedene Empfindlichkeitsgrad der Gußstruktur und einer verlagerten Walzstruktur geringeren Deformationen gegenüber tritt deutlich hervor. Noch charakteristischer tritt dieser Unterschied in der folgenden Versuchsserie auf, bei der Guß- und Walzplättchen von ca. 0,1 mm Stärke um einen Durchmesser von 2 mm zusammengerollt, wieder aufgerollt und dann erhitzt wurden.

Gußplatten dieser und ähnlicher Stärken erhält man leicht, indem man eine Zinnstange in die Flamme eines Bunsenbrenners hält und die Schmelztropfen aus verschiedener Höhe (20 bis 40 cm) auf Unterlagen aus Glas oder Metall fallen läßt. Die so erhaltenen Gußplättchen wurden mit der Schere in Blättchen von 2 bis 4 mm Breite geschnitten und dann gebogen. Die gewalzten Vergleichsstücke wurden vor dem Biegen einer primären Rekristallisation bei 100° während 5 Minuten unterworfen. Sie wurden dann jeweils zusammen mit den Vergleichsgußplättchen, die immer etwas stärker gewählt wurden, als die Walzstücke, um somit sicher zu sein, daß die letzteren nicht eine größere Biegedeformation erlitten hatten als die Gußstücke, langsam auf 165 bis 180°, etwa nach dem Schema der Tabelle I, erhitzt und geätzt.

Auf den Photogrammen Nr. 7, Nr. 8 und Nr. 9 sieht man derartige Vergleichspaare. Die Photographien sind in allen Fällen so hergestellt, daß nur ein Teil des Plättchens gebogen worden war und daß die Grenze, bis zu der das geschehen war, sich ungefähr in der Mitte der Photographie befand. Auf der Walzplatte sieht man an dieser Stelle den unvermittelten Übergang von der feinen primären zur enorm groben sekundären Struktur, während auf den Gußplättchen sich an den betreffenden Stellen gar keine auffallenden Erscheinungen zeigen. Die auf den Gußplatten am Rande wahrnehmbaren größeren Kristalle rühren von der Deformation des Abschneidens her. — Man sieht, daß, während auf den Walzplättchen die Biegung und die darauffolgende Erhitzung auf 165 bis 180° die üppigste sekundäre Rekristallisation hervorgerufen haben, auf den Gußplatten sich unter denselben Bedingungen noch überhaupt keine Rekristallisation zeigt. Die Deformation des Biegens war zu gering, um die Entstehung von Zwillingen auf den Gußplatten hervorzurufen, hat aber auf den gewalzten Plättchen bereits eine außerordentliche Kornvergröberung zur Folge gehabt.

Aus diesen Versuchen geht hervor, daß die in der angeführten Arbeit vertretene Ansicht über den Zusammenhang der sekundären Deformation sich voll aufrecht erhalten läßt. Die sekundäre Rekristallisation verläuft anders und mit einer Lebhaftigkeit, die bei der primären Rekristallisation niemals angetroffen wird.

Es sei auf die außerordentliche Ähnlichkeit der Rekristallisationsbilder der Phot. Nr. 5 resp. 6 und Nr. 4 hingewiesen. Die Bilder, die hier die sekundäre und die normale primäre Rekristallisation liefern, sind sich zum Verwechseln ähnlich. Hieraus darf jedoch nicht die Identität beider Rekristallisationsvorgänge gefolgert werden. Erstens sind beide Strukturen bei ganz verschiedenen Bedingungen entstanden. Zweitens ist bereits in der angeführten Arbeit darauf hingewiesen worden, daß die unmittelbare Beobachtung eines Strukturbildes noch keinen sicheren Aufschluß über seine Entstehung bieten kann, und daß insbesondere die Frage der Kernbildung bei der Rekristallisation nur auf indirektem Wege durch Verfolgung der Abhängigkeit der Rekristallisation von den Bedingungen erforscht werden kann. — Diese Ähnlichkeit des äußeren Bildes beider Rekristallisationsarten hat vermutlich viel zu ihrer bisherigen Verwechselung beigetragen.

Wenn die Bedingtheit der sekundären Rekristallisation durch eine vorangegangene sekundäre Deformation somit völlig sicher erwiesen erscheint, so bedarf die schwierige Frage der Entwicklung der sekundären Rekristallisation in Abhängigkeit von den Bedingungen noch eines weiteren eingehenden Studiums.

Berichtigung.

In der Arbeit des Verfassers „Über die Rekristallisation bei kalt gerecktem Zinn", Wissenschaftliche Veröffentlichungen aus dem Siemens-Konzern, 1. Bd., 2. Heft, S. 96, findet sich der Satz:

„Im Gegensatz zu den Feststellungen von Czochralski muß darauf hingewiesen werden, daß das kalt gewalzte Zinn bereits bei gewöhnlicher Temperatur rekristallisiert."

Auf Wunsch von Herrn Czochralski wird darauf hingewiesen, daß in seiner zitierten Arbeit (Int. Z. f. Met. VIII, 1, 1916) sich die Stelle findet:

„Ob die untere Rekristallisationstemperatur des Zinns noch unterhalb der hier angegebenen Grenze (bei 30° wurde nach 1700 Minuten noch keine Rekristallisation wahrgenommen. Masing) herabgedrückt werden kann, erscheint immerhin nicht unwahrscheinlich. Bei 20 bis 25° konnte nach dreimonatiger Versuchsdauer bei sehr stark gestauchtem Metall (Höhenabnahme 98 vH) eine Rekristallisation noch eben beobachtet werden."

Zwischen meinen Feststellungen und den seinigen besteht demnach prinzipiell kein Gegensatz. Die quantitativ nicht unbeträchtlichen Unterschiede in den Versuchsergebnissen lassen sich vermutlich durch die verschiedene Art der Kaltreckung erklären.

Über Stromaufnahme in Metallrohrleitungen und verwandte Erdungsfragen.

Von

Fritz Noether.

Mit 4 Textfiguren.

Mitteilung aus der Zentral-Werksverwaltung der Siemens-Schuckertwerke G. m. b. H.

Eingegangen am 29. August 1921.

In der elektrotechnischen Praxis spielen vielfach Aufgaben der Fortleitung von Strömen — seien es Betriebströme oder Kapazitätströme — durch die Erde eine große Rolle, ohne daß noch eine theoretisch befriedigende Behandlungsweise dieser Fragen vorliegt. Gerade in diesem Gebiet aber ist, wie wir sehen werden, die Erfassung der Vorgänge auf Grund der Vorstellungen der theoretischen Elektrizitätslehre nicht zu entbehren. Die praktischen Gesichtspunkte, die wir dabei im Auge haben, sind u. a. folgende: Der Weg des aus den Schienen elektrischer Bahnen oder geerdeter Leitungsanlagen austretenden Stromes wird in der Erde mitbestimmt durch die in der Erde sonst vorhandenen Metallmassen, wie Wasserleitungsrohre und andere. Der Übertritt des Stromes hat einerseits eine Gefährdung dieser Anlagen zur Folge und verdient deshalb Beachtung, andererseits beeinflußt er auch rückwärts die Verhältnisse an den Stromaustrittstellen, den Erdungen der Leitungen bzw. der Schienen. Für die Güte der Erdungen ist es z. B. günstig, wenn durch nahe vorbeiziehende Rohrstränge der „Erdwiderstand" der Erdung herabgesetzt wird. Eine ähnliche Wirkung hat es, wenn absichtlich, wie dies neuerdings vorgeschlagen wird, die zu erdenden Masten mit im Boden verlegten Eisenbändern verbunden werden. Man kann damit eine erhebliche Herabsetzung der im Erdschlußfall im Mast verbleibenden Spannung „gegen Erde", die als Gefahrenspannung bei Berührung in Betracht kommt, erreichen[1]).

Die Fragen des Stromübertrittes aus Schienen sind theoretisch behandelt z. B. von R. Ulbricht[2]) und in einem anregenden Buch von C. Michalke[3]) nach folgendem Ansatz: Der aus einer Elektrode in die Erde übertretende Strom erzeugt primär eine gewisse Spannungsverteilung in der Erde (gemessen gegen entfernte Punkte der letzteren), die von dem sog. „Übergangswiderstand" der Elektrode (Erdungsplatte oder Schiene) abhängt. Hier entsteht schon die Frage, was in jedem Falle

---

[1]) Vgl. L. Lichtenstein, Erdstromfragen in Theorie und Praxis, E. T. Z. 1921. Die dort mitgeteilten ziffernmäßigen Resultate sind zum Teil mit Hilfe der im vorliegenden Aufsatz ausgearbeiteten Methoden berechnet worden.

[2]) Gefährdungen von Metallrohrleitungen durch elektrische Bahnen, E. T. Z. 23 (1902).

[3]) Die vagabundierenden Ströme elektrischer Bahnen (Elektrotechnik in Einzeldarstellungen IV). Braunschweig 1904.

unter dem Übergangswiderstand zu verstehen ist. Den in der Erde liegenden Rohren wird nun wegen ihrer großen Ausdehnung die Spannung o (gegen entfernte Punkte der Erde) zugeschrieben und an jeder Stelle der Rohroberfläche der übertretende Strom bestimmt aus dem Unterschied der primär von der Elektrode erzeugten Spannung gegen diese Spannung o einerseits und dem „Übergangswiderstand" des Rohres andererseits nach dem Ohmschen Gesetze. Dieser Übergangswiderstand wird hierbei als eine bestimmte meßbare Größe, die der Längeneinheit des Rohres zukommt, aufgefaßt. Hier entsteht wieder die Frage, wie er eigentlich zu definieren und zu messen ist. Am nächsten läge es, ihn theoretisch aus dem Fall eines sehr (unendlich) langen Rohres, das überall gleichmäßig Strom aufnimmt, zu bestimmen. Das ist aber in Wahrheit ein unmöglicher Strömungsfall, ebenso wie das Feld eines unendlich langen zylindrischen Leiters, mit einem endlichen Spannungsabfall gegen „unendlich" gar nicht möglich ist. Um einen endlichen Widerstand pro Längeneinheit zu erhalten, müßte man das Rohr von bestimmter endlicher Länge annehmen und ihn dann theoretisch oder durch eine entsprechende Messung bestimmen. So wird aber die Länge Einfluß auf das Resultat gewinnen, während es sich doch, der ganzen Überlegung nach, um eine von der Rohrlänge unabhängige Größe handeln soll. Ein einfaches Beispiel möge eine Konsequenz dieser Schwierigkeit erläutern.

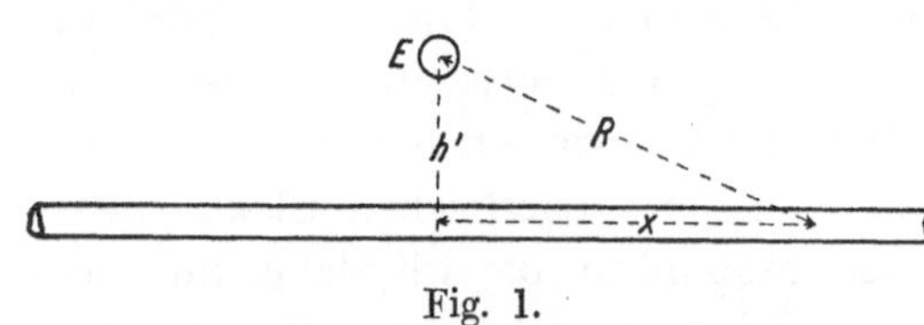

Fig. 1.

Im homogenen Erdreich soll aus der kugelförmigen Elektrode E der Strom J austreten. Er erzeugt primär die Potentialverteilung

$$V = \frac{kJ}{R},$$

wo R den Abstand eines beliebigen Punktes P von der Elektrode E bezeichnet. Im Abstand h' von der Elektrode liege ein Leitungsrohr, längs dessen die Koordinate x gemessen werde. Längs des Rohres ist also

$$R = \sqrt{h'^2 + x^2}.$$

Ist W der als konstant angenommene „Übergangswiderstand" pro Längeneinheit, so ist nach dem oben formulierten Ansatz die Stromaufnahme im Element der Länge dx des Rohres:

$$di = \frac{V}{W}\,dx,$$

also die ganze Stromaufnahme des Rohres, wenn dieses die Länge $2l$ hat (E in der Mitte angenommen):

$$i = \int_{-l}^{+l} \frac{V}{W}\,dx = \frac{kJ}{W}\int_{-l}^{+l} \frac{dx}{\sqrt{h^2 + x^2}} = \frac{kJ}{W}\, 2\,\mathfrak{Ar}\,\mathfrak{Sin}\,\frac{l}{h}.$$

Dieser Strom i wächst mit wachsender Länge l beständig (allerdings nur logarithmisch) und überschreitet für unendliche l alle Grenzen, während er doch in Wirklichkeit sicher nur ein Bruchteil des aus der Elektrode austretenden Stromes J sein kann. Es muß sich in Wirklichkeit im Grenzfalle eines unendlich langen Rohres ein bestimmter endlicher Grenzwert für den aufgenommenen Strom ergeben, und das ist gerade der Wert, der auch für endliche, sehr lange Rohre in Betracht kommen wird. Der besprochene Ansatz kann also auch für Rohre endlicher Länge nicht zu einem richtigen Resultat führen.

Die eben gestellte einfache Frage, noch erweitert durch Berücksichtigung der Erdoberfläche, hat aber große Bedeutung deshalb, weil sie die Grundlage für die Behandlung des Stromübertrittes aus Schienen in Rohrnetze sein muß. Die unmittelbare Betrachtung ausgedehnter Schienenanlagen, für die man den Stromaustritt etwa gleichmäßig annimmt, würde auf ähnliche Schwierigkeiten, wie die oben skizzierten, stoßen. Man muß vielmehr die Verteilung des Stromaustrittes aus den Schienen zunächst näherungsweise ermitteln und dann den übertretenden Strom aus den aus kleinen Stücken der Schienen austretenden Strömen zusammensetzen. Als Vorbereitung auf solche kompliziertere Aufgaben soll daher die obige Frage exakter formuliert und gelöst werden, und weitere verwandte Fragen besprochen werden, die sich im Anschlusse daran ergeben. Wir stellen uns dabei auf den Standpunkt, daß es nicht nötig ist, einen besonderen „Übergangswiderstand" einzuführen; daß es sich vielmehr um den räumlichen Ausbreitungswiderstand in der Erde handelt, der nur in der Nähe der Metalleitungen wegen der Konzentrierung der aus- oder eintretenden Stromfäden und der geringen spezifischen Leitfähigkeit der Erde, nicht wegen besonderer physikalischer Eigenschaften einer Übergangsschicht, hohe Werte annimmt. Unmittelbare Bedeutung hat die Aufgabe insbesondere auch für die oben genannten Erdungsprobleme.

Vom mathematischen Gesichtspunkt ist es von Interesse, daß einer der in der Physik nicht seltenen Fälle vorliegt, deren Behandlung unmittelbar auf eine Integralgleichung führt, und daß diese Gleichung hier explizite gelöst werden kann, da ihre Eigenwerte und Eigenfunktionen sich angeben lassen[1]).

1. Der allgemeine Ansatz.

Der Strom trete an der Stelle O der Erdoberfläche in die Erde über. In der Tiefe h unter der Erdoberfläche, und solchem seitlichen Abstand von O, daß der senkrechte Abstand h' ($\geqq h$) wird, liegt das Leitungsrohr (äußerer Radius ϱ, innerer ϱ_1, Metallquerschnitt $f = 2\pi(\varrho - \varrho_1)$. Die Tiefe h sei zunächst erheblich neben den Abmessungen der Elektrode angenommen.

Dann ist die von dem austretenden Strome J_0 primär erzeugte Potentialverteilung in den für uns in Betracht kommenden Gebieten als praktisch unabhängig von der Form der Elektrode anzusehen, nämlich, mit Berücksichtigung der Wirkung der Erdoberfläche, der zufolge die „Potentialflächen" Halbkugeln um O sind:

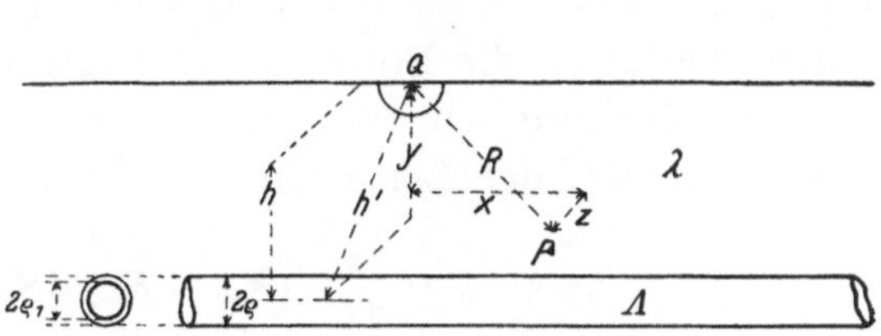

Fig. 2.

$$(1) \qquad V_0 = \frac{J_0}{2\pi\lambda R}.$$

$R = \sqrt{x^2 + y^2 + z^2}$ ist der Abstand eines beliebigen Punktes P von O, λ die

---

[1]) Es liegt in der Natur dieser Aufgaben, daß sie nicht ohne etwas weitergehende mathematische Hilfsmittel gelöst werden können. Um die Schwierigkeiten, die sich daraus für den Leser ergeben, herabzusetzen, sind im folgenden die (innerhalb der physikalischen Voraussetzungen) strengen mathematischen Ableitungen in den §§ 2 und 3 abgeschlossen behandelt, und können vielleicht von dem vorwiegend technisch interessierten Leser übergangen werden. Die aus den strengen Lösungen abzuleitenden Näherungen, die erst zu technisch handlichen Formeln führen, sind dann in §§ 4, 5 getrennt ausgeführt, während die physikalischen Voraussetzungen und die Bedeutung der Bezeichnungen, soweit sie nicht noch später wiederholt werden, aus § 1 zu ersehen sind.

elektrische Leitfähigkeit des als homogen angenommenen Erdbodens. Die Richtung x
(bzw. als Integrationsvariable ξ) ist parallel dem Rohre gerechnet, y vertikal, z hori-
zontal senkrecht zum Rohr. Der einfache Ansatz (1) trifft natürlich nicht mehr zu,
wenn die Dimensionen der Elektrode nicht mehr klein neben der Tiefe h sind, (z. B.
kann eine Rohrerdung unter Umständen bis zur üblichen Tiefe der Wasserleitungsrohre eingetrieben sein), oder wenn es sich um ein Erdungsband handelt, das unmittelbar an einen Mast angeschlossen ist. Auf solche Fälle werden wir weiter unten
noch zurückkommen. Für den Fall des Stromaustrittes aus Schienen kommt es uns
im allgemeinen nur darauf an, daß die Schienenhöhe klein ist neben der Tiefe h;
dann treffen die Voraussetzungen des Ansatzes (1) zu.

Wir betrachten zunächst auch die Leitfähigkeit Λ des Rohres als endlich, wenn
auch sehr groß gegenüber λ. Von der Leitfähigkeit der das Rohrinnere erfüllenden
Substanz sehen wir ab, sie wird immer klein neben Λ (wenn auch nicht neben λ)
sein und wäre übrigens durch eine unwesentliche Abänderung des Querschnittes
zu berücksichtigen. Wegen des nicht verschwindend angenommenen Rohrwider-
standes für die Längeneinheit $w = 1/\Lambda\mathfrak{f}$ wird das Rohr Spannung gegen sehr ferne
Punkte behalten. Es tritt daher nicht nur Strom in das Rohr ein, sondern im weiteren
Verlauf auch wieder aus. Sowohl Strom als Feldstärke seien positiv gerechnet, wenn
sie nach außen gerichtet sind. Die Summe aus ein- und austretendem Strom sei pro
Längeneinheit i. Sie ist gleich dem über den Umfang der Längeneinheit genommenen
Integral der Normalkomponente der Stromdichte an der Oberfläche.

$$(2) \qquad i = \int i_n \, dS = \lambda \int F_n \, dS \, ,$$

wenn F_n die dort herrschende normale Feldstärke bedeutet. Im Rohr sei $J(x)$
der gesamte den Querschnitt x durchfließende Strom. Zu ihm tragen nur die (wegen
des großen Verhältnisses Λ/λ weit überwiegenden) Längskomponenten bei. Die
quer austretenden Stromkomponenten ergeben in ihrer Gesamtheit:

$$(2') \qquad i = -\frac{dJ}{dx} \, .$$

Andererseits steht wegen der Stetigkeit der normal austretenden Stromkomponenten
an der Oberfläche die Normalkomponente der Feldstärke $F_n^{(i)}$ im Innern in dem bestimmten, übrigens sehr kleinen Verhältnis λ/Λ zu der im Äußern. Es ist daher die
Ladung, die auf der Längeneinheit des Rohres sitzt:

$$(3) \qquad q = \frac{1}{4\pi} \int (F_n - F_n^{(i)}) \, dS = \frac{1 - \lambda/\Lambda}{4\pi} \int F_n \, dS \, .$$

Diese Ladung auf dem Umfange des Rohres erzeugt ihrerseits ein elektrostatisches
Feld, das mit ganz geringfügigem Fehler[1]) so angesetzt werden kann, als
ob q in der Mittellinie des Rohres (an der Stelle ξ) vereinigt wäre. Sein Potential
hätte in der Entfernung R_ξ, falls homogener Erdboden sich nach allen Richtungen
ins Unendliche erstrecken würde, den Wert:

$$(4) \qquad V_1 = \frac{q(\xi)}{R_\xi} \, .$$

---

[1]) Durch Durchführung der Untersuchung, ohne diese Vernachlässigung, habe ich mich überzeugt,
daß es kein Interesse hat, hier an der wahren Ladungsverteilung festzuhalten.

Wegen der Spiegelung an der Erdoberfläehe ist es indessen nach bekannten Sätzen:[1]

$$(4^1) \qquad V_1 = \frac{q(\xi)}{R_\xi} + \frac{q(\xi)}{R'_\xi},$$

worin R'_ξ den Abstand vom Spiegelpunkt des Punktes ξ an der Erdoberfläche, also dem um $2\,h$ höher gelegenen Punkt bedeutet. Im Punkte x der Rohroberfläche ist nach Voraussetzung:

$$R_\xi = \sqrt{(x-\xi)^2 + \varrho^2}\,;$$
$$R'_\xi = \sqrt{(x-\xi)^2 + 4h^2}\,.$$

Das gesamte, aus dem ursprünglichen Strom J_0 und diesen Ladungen gebildete Potentialfeld ist also:

$$(5) \qquad V = V_0 + \int V_1(\xi)\,d\xi = \frac{J_0}{2\pi\lambda R} + \int q(\xi)\left(\frac{1}{R_\xi} + \frac{1}{R'_\xi}\right) d\xi,$$

wobei das Integral längs der Rohraxe zu erstrecken ist.

Die Ladungsverteilung muß sich nun so einstellen, daß diese Spannungsverteilung längs der Oberfläche übereinstimmt mit der durch Ohmschen Spannungsabfall im Rohrinnern erzeugten. Wäre der letztere vernachlässigt (d. h. $\Lambda = \infty$), so handelte es sich einfach um die elektrostatische Aufgabe, die Ladungsverteilung $q(\xi)$ zu berechnen, die im Rohre dem von außen gegebenen Potentialfeld V_0 Gleichgewicht hält, d. h. $V = 0$ erzeugt. Wenn $q(\xi)$ bekannt ist, so ist damit nach (2), (3) auch die Stromaufnahme pro Längeneinheit $i(\xi) = 4\pi\lambda q(\xi)$ bestimmt. Dies ist die richtige Formulierung für die Frage der Stromaufnahme in dem Leitungsrohr, die sich hiernach auf das ganze Rohr verteilt, aber keineswegs nach dem einfachen in der Einleitung besprochenen Ansatz. Will man dagegen auch den Wiederaustritt des Stromes in die Erde[2] finden, so darf man den Ohmschen Spannungsabfall nicht vernachlässigen (Λ endlich). Er ist pro Längeneinheit:

$$(6) \qquad \frac{\partial V}{\partial \xi} = -w\,J(\xi) = -\frac{J(\xi)}{\Lambda f}.$$

Nach (2), (2′), (3), (6) wird, (wenn man in (3) das neben 1 belanglose Glied λ/Λ der Einfachheit halber vernachlässigt).

$$(3') \qquad q(\xi) = \frac{1}{4\pi\lambda}\,i(\xi) = -\frac{1}{4\pi\lambda}\frac{\partial J}{\partial \xi} = \frac{\Lambda f}{4\pi\lambda}\frac{\partial^2 V}{\partial \xi^2}.$$

Statt (5) erhält man dann die Gleichung:

$$(5') \qquad V(x) - \frac{\Lambda f}{4\pi\lambda}\int \frac{\partial^2 V}{\partial \xi^2}\left(\frac{1}{R_\xi} + \frac{1}{R'_\xi}\right) d\xi = \frac{J_0}{2\pi\lambda R(x)}.$$

Das ist eine lineare Integrodifferentialgleichung für die Spannungsverteilung längs des Leiters. In den für Erdungszwecke hauptsächlich interessierenden Fällen konzentriert sich der Stromeintritt auf eine kurze Strecke des Leiters und Gleichung (5′) mit (6) und (2′) regelt dann hauptsächlich den Wiederaustritt des

---

[1] Bei Anwendung der Spiegelung sind die für technische Wechselstromperioden sehr kleinen Ströme vernachlässigt, die der Erzeugung der an der Erdoberfläche sitzenden Ladungen entsprechen.

[2] Es handelt sich nicht etwa um den Rücktritt des Stromes in die Schienen an einem negativen Schienenspeisepunkt (dieser wäre genau entsprechend dem obigen Ansatz, nur mit umgekehrtem Vorzeichen von J_0 zu behandeln), sondern um den längs des Leiters verteilten Übertritt in die Erde, wie er besonders bei Erdungsfragen eine Rolle spielt.

Stromes in die Erde. Daß wir den Leiter als unendlich lang annehmen werden, macht praktisch keinen Fehler, wenn der Leiter nur hinreichend lang ist, daß am Ende nur noch sehr wenig Strom fließt. Wenn diese Voraussetzung, was aber wohl nicht in Betracht kommt, nicht zulässig wäre, so müßte man noch den konzentrierten Stromaustritt am Ende berücksichtigen, an Stelle der Gleichung (5′) tritt dann eine ähnliche aber „belastete" inhomogene Integrodifferentialgleichung.

2. Stromeintritt in ein Leitungsrohr [1]).

Wir betrachten das Rohr als unendlich lang (im Vergleich zum Abstand h' von der Elektrode). Nach der physikalischen Formulierung des § 1 ist dann die Ladungsverteilung aus der elektrostatischen Gleichung (Integralgleichung 1. Art):

$$(5'') \qquad \int\limits_{-\infty}^{+\infty} q(\xi)\left(\frac{1}{\sqrt{(x-\xi)^2+\varrho^2}} + \frac{1}{\sqrt{(x-\xi)^2+4h^2}}\right) d\xi = -\frac{J_0}{2\pi\lambda\sqrt{x^2+h'^2}}$$

zu ermitteln. Wir führen ein:

$$\frac{x}{\varrho} = s; \qquad \frac{\xi}{\varrho} = \sigma; \qquad \frac{h}{\varrho} = \eta; \qquad \frac{h'}{\varrho} = \eta'$$

und erhalten, wenn wir etwa $q(\xi) = \bar{q}(\sigma)$ setzen:

$$(7) \qquad \int\limits_{-\infty}^{+\infty} \bar{q}(\sigma)\left(\frac{1}{\sqrt{(s-\sigma)^2+1}} + \frac{1}{\sqrt{(s-\sigma)^2+4\eta^2}}\right) d\sigma = -\frac{J_0}{2\pi\lambda\varrho\sqrt{s^2+\eta'^2}}.$$

Eine inhomogene Integralgleichung 1. Art, wie sie hier vorliegt, ist, wie sich zeigen wird, lösbar, wenn die Funktion auf der rechten Seite gewisse Bedingungen hinsichtlich Stetigkeit und Verhalten im Unendlichen erfüllt. Wir suchen zu diesem Zwecke die Lösungen der allgemeinen, homogenen Integralgleichung (2. Art):

$$(8) \qquad \psi(s) - k\int\limits_{-\infty}^{+\infty} K(\sigma - s)\,\psi(\sigma)\,d\sigma = 0,$$

worin $K(\sigma - s)$ zur Vereinfachung den aus (7) ersichtlichen Kern bezeichnet. Als **Eigenlösungen** unserer Aufgabe sind solche Lösungen von (8) zu bezeichnen (die bekanntlich nicht für alle k existieren werden), die überall, auch im Unendlichen der reellen Variablen s, endlich bleiben.

Da der Kern (8) nur von $(\sigma - s)^2$ abhängt, und die Integrationsgrenzen $-\infty$ bis $+\infty$ sind, so verhalten sich alle Werte s in bezug auf die Gleichung (8) gleichwertig, (d. h. wenn $\varphi(s)$ eine Lösung ist, so ist auch $\varphi(s + c)$ eine solche für beliebige c). Man kann dann zeigen, daß jede Lösung sich aus solchen der Form

$$\sin\tau s, \qquad\qquad \cos\tau s$$

zusammensetzt und braucht nur Eigenlösungen dieser Form zu suchen (analog der Differentialgleichung mit konstanten Koeffizienten). Wir fordern demnach, indem wir zugleich $\sigma - s = \zeta$ setzen:

$$\begin{Bmatrix}\sin\tau s\\ \cos\tau s\end{Bmatrix} = k\int\limits_{-\infty}^{+\infty} K(\zeta)\begin{Bmatrix}\sin\tau(\zeta+s)\\ \cos\tau(\zeta+s)\end{Bmatrix} d\zeta$$

$$= k\begin{Bmatrix}\sin\tau s\\ \cos\tau s\end{Bmatrix}\int\limits_{-\infty}^{+\infty} K(\zeta)\cos\tau\zeta\,d\zeta + \begin{Bmatrix}\cos\tau s\\ -\sin\tau s\end{Bmatrix}\int\limits_{-\infty}^{+\infty} K(\zeta)\sin\tau\zeta\,d\zeta.$$

---

[1]) Zu diesem Paragraph vergleiche die Fußnote am Schlusse der Einleitung.

Mit Rücksicht darauf, daß $K(\zeta)$ eine **gerade** Funktion ist, verschwindet das letzte Integral, und beide Fälle geben übereinstimmend:

$$(9) \qquad 1 = k \int_{-\infty}^{+\infty} K(\zeta) \cos \tau \zeta \, d\zeta.$$

Diese Gleichung bestimmt zu jedem τ eindeutig einen Parameter k. Für $\tau = 0$ ist das Integral unendlich; wie wir gleich zeigen werden, nimmt es ständig ab, wenn τ wächst und konvergiert (wie schon aus (9) unmittelbar zu sehen ist), für $\tau = \infty$ gegen 0. Somit ist umgekehrt auch τ eindeutig durch k bestimmt, wenn k von 0 bis ∞ geht. **Es gibt also zu jedem zwischen 0 und ∞ gelegenen Parameter k gerade zwei Eigenlösungen unserer Integralgleichung.**

Der Nachweis der monotonen Abnahme des Integrals in (9) folgt im vorliegenden Falle am leichtesten aus einer Umformung, die es weiterhin durch bekannte Funktionen (Hankelsche) von τ darstellen läßt.

Nach (7) besteht $K(\zeta)$ aus 2 Teilen. Der erste sei $p(\tau)$ genannt. Er ergibt in dem Integral in (9):

$$p(\tau) = \int_{-\infty}^{+\infty} \frac{\cos \tau \zeta}{\sqrt{\zeta^2 + 1}} \, d\zeta = \int_{-\infty}^{+\infty} \frac{e^{i\tau\zeta}}{\sqrt{\zeta^2 + 1}} \, d\zeta.$$

Der Integrationsweg ist der in Fig. 3 mit I bezeichnete reelle Weg. Wir können ihn in den mit II bezeichneten komplexen Weg überführen und bekommen so (Einführung der Integrationsvariabeln $\zeta = -i\zeta$) wieder die reelle Form:

$$p(\tau) = 2 \cdot \int_{1}^{\infty} \frac{e^{-\tau\zeta}}{\sqrt{\zeta^2 - 1}} \, d\zeta$$

oder, mittels der Substitution $\zeta = 2\zeta + 1$:

$$p(\tau) = 2 e^{-\tau} \int_{0}^{\infty} \frac{e^{-2\tau\zeta}}{\sqrt{\zeta(\zeta + 1)}} \, d\zeta.$$

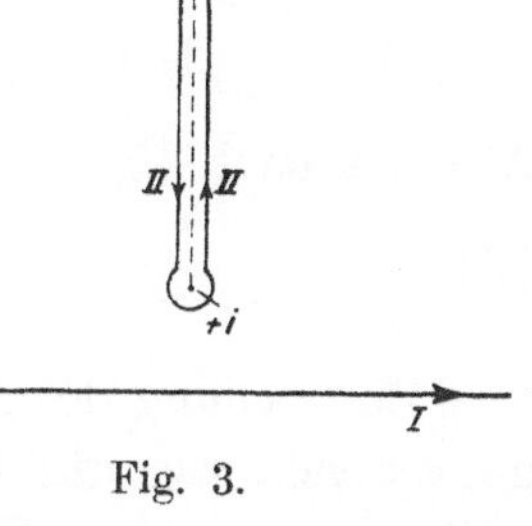

Fig. 3.

Aus dieser Form, in der der Integrand nicht mehr oszillierend ist, ist schon die monotone Abnahme von $p(\tau)$ deutlich.

Das Integral hat jetzt die Normalform des ersten Hankelschen Integrals 0ter Ordnung. Es ist (vgl. Nielsen, Handbuch der Zylinderfunktionen, § 57, S. 152, und setze dort $\Gamma\left(-\tfrac{1}{2}\right) = \sqrt{\pi}$):

$$\int_{0}^{\infty} \frac{e^{-2\tau\zeta}}{\sqrt{\zeta(1 + \zeta)}} \, d\zeta = \frac{\pi}{2} e^{\tau} i H_0^{(1)}(i\tau),$$

also:

$$(10) \qquad p(\tau) = \pi i H_0^{(1)}(i\tau).$$

Für $H_0^{(1)}$ gilt die **Potenzreihenentwicklung**, die bei kleinem τ rasch konvergiert (vgl. Jahnke-Emde, Funktionentafeln S. 95):

$$p(\tau) = -2\left[Y_0(i\tau) + \ln\frac{\gamma}{2i} J_0(i\tau) \right]$$

$$= -2\left[J_0(i\tau) \ln(i\tau) + P_0(i\tau) + \ln\frac{\gamma}{2i} J_0(i\tau) \right]$$

$$= -2\left[J_0(i\tau)\,ln\left(\frac{\gamma}{2}\,\tau\right) + P_0(i\tau)\right]$$

$(ln\,\gamma = 0{,}577 = \text{Eulersche Konstante}, ln\,\dfrac{\gamma}{2} = -0{,}116)$.

$$J_0(i\tau) = 1 + \frac{(\tau/2)^2}{(1!)^2} + \frac{(\tau/2)^4}{(2!)^2} + \frac{(\tau/2)^6}{(3!)^2} + \cdots$$

$$P_0(i\tau) = -\left[\left(\frac{\tau}{2}\right)^2 + \left(1 + \frac{1}{2}\right)\frac{(\tau/2)^4}{(2!)^2} + \left(1 + \frac{1}{2} + \frac{1}{3}\right)\frac{(\tau/2)^6}{(3!)^2} + \cdots\right]$$

Also

(10′)
$$p(\tau) = -2\,ln\frac{\gamma}{2}\,\tau\cdot\left(1 + \frac{(\tau/2)^2}{(1!)^2} + \frac{(\tau/2)^4}{(2!)^2} + \frac{(\tau/2)^6}{(3!)^2}\right) + \cdots$$
$$- \left[\left(\frac{\tau}{2}\right)^2 + \left(1 + \frac{1}{2}\right)\frac{(\tau/2)^4}{(2!)^2} + \left(1 + \frac{1}{2} + \frac{1}{3}\right)\frac{(\tau/2)^6}{(3!)^2}\right] + \cdots$$

Für große τ dagegen ist die asymptotische Entwicklung zweckmäßig (Jahnke-Emde, S. 100):

(10″)
$$p(i\tau) = \pi i H_0^{(1)}(i\tau) = \sqrt{\frac{2\pi}{\tau}}\,e^{-\tau}\left(1 - \frac{1}{8\tau} + \frac{9}{2!\,(8\tau)^2} + \cdots\right)$$

Der zweite Teil des Kernes nach (7) ergibt durch Einführung von $\zeta/2\eta$ als Integrationsvariable an Stelle von ζ:

$$\int\limits_{-\infty}^{+\infty}\frac{\cos\tau\zeta}{\sqrt{\zeta^2 + 4\eta^2}}\,d\zeta = p(2\eta\tau).$$

Also ist nach (9):

(9′)
$$\frac{1}{k} = p(\tau) + p(2\eta\tau).$$

Zur Lösung der Integralgleichung (7) haben wir nun ihre rechte Seite nach den gefundenen Eigenfunktionen zu entwickeln. Das kommt ersichtlich darauf hinaus, daß wir die rechte Seite als Fouriersches Integral nach den Funktionen $\cos\tau s$ darstellen. Wir haben zu setzen:

(11)
$$\frac{1}{\sqrt{s^2 + \eta'^2}} = \int\limits_0^\infty A(\tau)\cos\tau s\,d\tau$$

mit

(11′)
$$A(\tau) = \frac{1}{\pi}\int\limits_{-\infty}^{+\infty}\frac{\cos\tau s}{\sqrt{s^2 + \eta'^2}}\,d\tau.$$

Hier haben wir es wieder mit dem nämlichen Hankelschen Integral zu tun, das schon im vorstehenden besprochen war, nämlich:

(11″)
$$A(\tau) = \frac{1}{\pi}\,p(\eta'\tau).$$

Unsere Integralgleichung lautet somit:

(7′)
$$\int\limits_{-\infty}^{+\infty}\bar{q}(\sigma)\,K(\sigma - s)\,d\sigma = -\frac{J_0}{2\pi^2\lambda\varrho}\int\limits_0^\infty p(\eta'\tau)\cos\tau s\,d\tau.$$

Die Lösung suchen wir gleichfalls nach unseren Eigenfunktionen zu entwickeln, also in der Form:

$$(12) \qquad \bar{q}\,(s) = \int\limits_0^\infty B\,(\tau)\cos\tau s\,d\tau$$

zu bestimmen. Setzt man dies in (7′) ein, so erhält man links nach Vertauschung der Integrationsordnung (daß dies erlaubt ist, folgt aus der sich ergebenden Konvergenz):

$$\int\limits_0^\infty B\,(\tau)\,d\tau \int\limits_{-\infty}^{+\infty} K\,(\sigma - s)\cos\tau\sigma\,d\sigma = \int\limits_0^\infty \frac{B\,(\tau)}{k\,(\tau)}\cos\tau s\,d\tau.$$

Also ergibt (7′) die Bestimmung von $B(\tau)$:

$$(12') \qquad B\,(\tau) = -\frac{J_0}{2\,\pi^2\,\lambda\,\varrho}\,k\,(\tau)\,p\,(\eta'\tau).$$

Schließlich ist die Lösung unserer Gleichung:

$$(12'') \quad \bar{q}\,(s) = -\frac{J_0}{2\,\pi^2\,\lambda\,\varrho}\int\limits_0^\infty k\,(\tau)\,p\,(\eta'\tau)\cos\tau s\,d\tau = -\frac{J_0}{2\,\pi^2\,\lambda\,\varrho}\int\limits_0^\infty \frac{p\,(\eta'\tau)}{p\,(\tau)+p\,(2\eta\tau)}\cos\tau s\,d\tau.$$

Für die nachfolgenden technischen Anwendungen handelt es sich darum, diese Lösung für verschiedene Werte des Parameters η und η' zu diskutieren, wobei praktisch etwa Werte von η zwischen 20 und 100 in Betracht kommen werden. Wir wollen zunächst nur bestätigen, daß der gesamte, vom Rohr aufgenommene Strom sich bei unserer Lösung in der Tat als endlich erweist im Gegensatz zu dem in der Einleitung besprochenen elementaren Ansatz, der ihn als unendlich ergab. Dieser Gesamtstrom ist:

$$(13) \qquad J = -\int\limits_{-\infty}^{+\infty} i\,(x)\,dx = -\varrho\int\limits_{-\infty}^{+\infty} \bar{i}\,(s)\,ds = -4\,\pi\,\lambda\,\varrho\int\limits_{-\infty}^{+\infty} \bar{q}\,(s)\,ds.$$

Nun ist die Funktion $\bar{q}\,(s)$ in (11) als ein konvergentes, Fouriersches Integral dargestellt. Für ein solches ist bekanntlich der Grenzwert, dem der Integrand sich für $\tau = 0$ nähert, das $\dfrac{1}{\pi}$ fache des von $-\infty$ bis $+\infty$ erstreckten Integrals der Funktion. Es ist also (vgl. die Entwicklungsformeln 10):

$$\frac{1}{\pi}\int\limits_{-\infty}^{+\infty} \bar{q}\,(s)\,ds = -\frac{J_0}{2\,\pi^2\,\lambda\,\varrho}\lim_{\tau=0}\frac{p\,(\eta'\tau)}{p\,(\tau)+p\,(2\eta\tau)}$$

$$= -\frac{J_0}{2\,\pi^2\,\lambda\,\varrho}\lim_{\tau=0}\frac{2\ln\dfrac{\gamma}{2}\,\eta'\tau}{2\,(\ln\dfrac{\gamma}{2}\,\tau + \ln\dfrac{\gamma}{2}\,2\eta\tau)} = -\frac{J_0}{4\,\pi^2\,\lambda\,\varrho}$$

Somit

$$(13') \qquad J = -4\,\pi\,\lambda\,\varrho\int\limits_{-\infty}^{+\infty} \bar{q}\,(s)\,ds = J_0.$$

Er ist in der Tat endlich. Es könnte paradox erscheinen, daß er gleich dem ganzen aus der Elektrode austretenden Strom J_0 wird. Das rührt aber daher, daß wir die Leitfähigkeit des Rohres als unendlich neben der des Erdbodens betrachtet haben; in dem Fall nimmt in der Tat das Rohr den ganzen Strom auf. Anders natürlich, wenn noch andere Rohre im Boden verlegt sind oder das in Wahrheit endliche Maß der Leitfähigkeit des Rohres beachtet wird. Dann tritt der Strom, wie wir im folgenden sehen werden, auch wieder aus dem Rohre in den Boden aus. Immerhin wird, wenigstens wenn das Rohr nicht sehr weit von der Elektrode entfernt ist, auf gewisse Strecken hin fast der ganze Strom J_0 in dem Rohre fließen. Wir wollen diese Verhältnisse in § 4 näher diskutieren. Zunächst behandeln wir den mathematischen Ansatz (5'), der Stromaus- und -eintritt vereinigt darstellt.

3. Stromaustritt aus einem in Erde verlegten Leiter[1]).

In einem Fall ist die Formel (12'') für die Stromaufnahme von besonders einfacher Gestalt: das ist der Fall $\eta = \tfrac{1}{2}$; $\eta' = 1$. Dann wird nämlich:

$$\bar{i}(s) = 4\pi\lambda q(s) = -\frac{J_0}{\pi\varrho}\int\limits_0^\infty \cos\tau s\, d\tau.$$

Dieses Integral ist die Fourier-Darstellung derjenigen Funktion (Zackenfunktion), die im allgemeinen 0 ist, an der Stelle $s = 0$ aber so unendlich wird, daß ihr Integral von einem negativen zu einem positiven Wert erstreckt endlich und zwar gleich π ist. Wir haben also:

$$J = \varrho \int\limits_{-a}^{+a} \bar{i}(s)\, ds = J_0$$

für beliebiges (nicht verschwindendes) a. Der ganze Strom J_0 wird von dem Rohr aufgenommen, und zwar ist die Aufnahme auf den Punkt $s = 0$ konzentriert. Wir können daher den jetzigen Fall als die analytische Darstellung desjenigen betrachten, in dem das Rohr an der Erdoberfläche liegt und die Elektrode dem Rohr unmittelbar benachbart ist oder auch metallische Verbindung mit ihm hat. Daß die Lage an der Erdoberfläche, für die unsere Einführung der Tiefe h nicht mehr möglich ist, gerade auf den Kern (7) mit $\eta = \tfrac{1}{2}$ führt, läßt sich auch durch unmittelbare neue Ableitung der Integralgleichung bestätigen. Man muß dabei beachten, daß der Stromübertritt zwischen Rohr und Erde nur durch die untere Rohrhälfte erfolgt. Dagegen ist für die zweite Besonderheit der Lage, die unmittelbare Nähe der Elektrode, das Primärpotential V_0, nicht leicht unmittelbar abzuleiten; die voranstehenden analytischen Betrachtungen zeigen, daß es so aufzustellen wäre, als ob der ganze Strom aus der Elektrode in dem Punkt der metallischen Berührung mit dem Rohr austräte. Auf den Fall, daß der Leiter in bestimmter Tiefe h liegt, aber gleichwohl metallische Verbindung mit der Elektrode hat, kommen wir weiter unten noch zurück. Wir fragen nun, wie nach der konzentrierten Aufnahme der Wiederaustritt des Stromes in die Erde erfolgt. Diese Frage ist von unmittelbarer Wichtigkeit für die „Banderdung" von Leitungsmasten. Nach dem am Ende des § 2 gefundenen Ergebnis (13') kommt es bei einer solchen Erdung nicht sehr wesentlich darauf an, ob das Band metallische Verbindung mit dem Mast hat oder nur sehr nahe an ihm vorbeigeführt ist.

Wir gehen wieder aus von dem allgemeinen Fall ($\eta' > 1$, $\eta > \tfrac{1}{2}$), um die analytische Lösung aufzustellen. Erst in der Diskussion (§ 5) kehren wir zu dem vorliegenden speziellen zurück. Eine gewisse Schwierigkeit, die sich bei seiner unmittel-

---

[1]) Vgl. die Fußnote am Ende der Einleitung.

baren Behandlung ergeben würde, wird so umgangen. In der allgemeinen Lösung dieses Paragraphen ist also Stromeintritt und -wiederaustritt enthalten, nur in der Diskussion beschränken wir uns auf Betrachtung des letzteren. Unsere Grundlage ist jetzt die Integrodifferentialgleichung (5′):

$$(5') \qquad V(x) - \frac{\Lambda\, f}{4\pi\,\lambda} \int\limits_{-\infty}^{+\infty} \frac{\partial^2 V}{\partial\,\xi^2}\left(\frac{1}{R_\xi} + \frac{1}{R_\xi^1}\right) d\,\xi = \frac{J_0}{2\pi\,\lambda\,R(x)}$$

$$R_\xi = \sqrt{(x-\xi)^2 + \varrho^2}\,;\quad R_\xi' = \sqrt{(x-\xi)^2 + 4h^2}\,;\quad R(x) = \sqrt{x^2 + h'^2}\,.$$

Wir führen wieder ein:

$$s = \frac{x}{\varrho}\,;\quad \eta = \frac{h}{\varrho}\,;\quad \eta' = \frac{h'}{\varrho}\,;\quad \sigma = \frac{\xi}{\varrho}\,.$$

Ferner sei $\varphi(s)$ das Verhältnis des Potentials V zu dem primär an der Stelle x erzeugten V_0:

$$(14) \qquad \varphi(s) = V(s) \cdot \frac{2\pi\,\lambda\,h'}{J_0}$$

und $\varkappa^2$ ein unbenannter, positiver, praktisch immer großer Parameter:

$$(15) \qquad \varkappa^2 = \frac{\Lambda}{\lambda}\,\frac{f}{4\pi\,\varrho^2}\,.$$

Dann ist:

$$(5'') \qquad \varphi(s) - \varkappa^2 \int\limits_{-\infty}^{+\infty} \frac{\partial^2\varphi}{\partial\,\sigma^2}\left(\frac{1}{\sqrt{(s-\sigma)^2 + 1}} + \frac{1}{\sqrt{(s-\sigma)^2 + 4\eta^2}}\right) d\sigma = \frac{\eta'}{\sqrt{s^2 + \eta'^2}}\,.$$

Genau wie oben suchen wir die „Eigenlösungen" der zu (5″) gehörigen homogenen Integrodifferentialgleichung, deren Definition genau analog zu der oben auf S. 40 für die Gleichung (5′) ist und entwickeln nach diesen zunächst die rechte Seite von (5″) und sodann auch $\varphi(s)$. Es handelt sich also um die Lösungen von:

$$(16) \qquad \psi(s) - k \int\limits_{-\infty}^{+\infty} K(\sigma - s)\cdot\frac{\partial^2\psi}{\partial\,\sigma^2}\, d\sigma = 0\,,$$

worin $K(\sigma - s)$ aus (5″) ersichtlich ist. Wir suchen sie wieder in der Form

$$\psi(s) = \begin{Bmatrix} \cos\tau s \\ \sin\tau s \end{Bmatrix},$$

die wie oben die allgemeinsten Eigenlösungen enthalten muß. Als Integrationsvariable führen wir wieder $\zeta = \sigma - s$ ein und bekommen genau wie dort (vgl. den Übergang von (8) zu (9)) eine Bestimmungsgleichung für τ (bzw. k):

$$(17) \qquad 1 + k\tau^2 \int\limits_{-\infty}^{+\infty} K(\zeta)\cos\tau\zeta\, d\zeta = 0\,.$$

Sie unterscheidet sich von (9) nur durch das Vorzeichen vor k und den Faktor τ^2 vor dem Integral. Wir stellen jetzt fest: Gleichung (17) bestimmt zu jedem τ eindeutig einen Parameter k. Um umzukehren, führen wir den oben schon berechneten Wert des Integrals in (17) ein (vgl. 9′). Es wird:

$$(17') \qquad \frac{1}{k} = -\tau^2\,[p(\tau) + p(2\eta\tau)]\,.$$

Die Eigenwerte k sind demzufolge immer negativ. Da $p(\tau)$ und $p(2\eta\tau)$ bei $\tau=0$ nur logarithmisch unendlich werden, ist $\frac{1}{k}=0$ für $\tau=0$ (in dieser Hinsicht verhält sich unsere Integrodifferentialgleichung wie eine Differentialgleichung). Für große τ geht aber der zweite Faktor in (17′) zufolge der asymptotischen Formeln (10″) zu 0 und zwar exponentiell. Für große τ wird also $1/k$ wieder 0. (In dieser Hinsicht verhält sich die Integrodifferentialgleichung wie eine Integralgleichung.) Der Betrag von $1/k$ nimmt somit einen Maximalwert zwischen $\tau=0$ und $\tau=\infty$ an. Mittels unserer Näherungsformeln (oder nach den Tafeln) kann man ihn numerisch berechnen, wobei das zweite Glied $p(2\eta\tau)$ wesentlichen Einfluß nur hat, wenn 2η gleich oder wenig größer als 1 ist. Im Fall $2\eta=1$ ist $1/k=-2\tau^2 p(\tau)$; das Maximum von $-1/k$ wird für $\tau=1{,}6$ zu annähernd $1{,}9$ gefunden. Es ergibt sich immer ungefähr für diesen Wert von τ, wird aber bei größerem η kleiner und für große η gleich $0{,}95$. **Also: Alle Eigenwerte k sind negativ und stetig verteilt zwischen $-\infty$ und einer oberen Grenze, die, je nach Größe von η zwischen etwa -1 und $-\frac{1}{2}$ liegt.** Zu jedem Eigenwert k gehören 2 verschiedene Werte τ, zu jedem τ 2 Eigenfunktionen, zu jedem k also 4 Eigenfunktionen. Die erste Reihe von Eigenfunktionen ($\tau<1{,}6$) kann als „differentialgleichungsartig", die zweite Reihe ($\tau>1{,}6$) als „integralgleichungsartig" aufgefaßt werden. Nach allgemeinen Regeln folgt dann: **Die inhomogene Integrodifferentialgleichung (5″) hat mit positivem Parameter immer eine überall, auch im Unendlichen der reellen Variabeln s, endliche Lösung.** (Positive Eigenwerte von (16) wären ein Widerspruch gegen das Energieprinzip. Sie bedeuteten einen stationären Stromzustand mit Ohmschem Widerstand, aber ohne Eniergiezufuhr.) Nachdem die Eigenfunktionen ψ als rein harmonische Funktionen bekannt sind, können wir die Lösung φ von (5″) wieder direkt in Fourierscher Darstellung angeben. Die rechte Seite von (5′) sei wieder geschrieben:

$$(18) \qquad F(s)=\int_0^\infty A(\tau)\cos\tau s\, d\tau.$$

Dabei ist nach (11′) in unserem speziellen Fall:

$$(18') \qquad A(\tau)=\frac{\eta'}{\pi}\,p(\eta'\tau).$$

Es sei gesetzt:

$$(19) \qquad \varphi(s)=\int_0^\infty B(\tau)\cos\tau s\, d\tau,$$

so daß (5″) die Gestalt annimmt:

$$(20) \qquad \int_0^\infty B(\tau)\cos\tau s\, d\tau+\varkappa^2\int_{-\infty}^{+\infty}K(\sigma-s)\int_0^\infty \tau^2 B(\tau)\cos\tau\sigma\, d\tau\, d\sigma=\int_0^\infty A(\tau)\cos\tau s\, d\tau.$$

Durch die Vertauschung der Integrationsordnung in dem Doppelintegral (daß dies erlaubt ist, folgt aus der Konvergenz der sich ergebenden Reihe) wird nach (16):

$$-\int_{-\infty}^{+\infty}K(\sigma-s)\int_0^\infty \tau^2 B(\tau)\cos\tau\sigma\, d\tau\, d\sigma=\int_0^\infty \frac{B(\tau)}{k(\tau)}\cos\tau s\, d\tau;$$

also ergibt gliedweise Vergleichung in (20):

$$(19') \qquad B(\tau) = \frac{A(\tau)}{1 - \dfrac{\varkappa^2}{k(\tau)}} = \frac{A(\tau)}{1 + \varkappa^2 \tau^2 [p(\tau) + p(2\eta\tau)]}.$$

Es ist beachtenswert, daß die Konvergenz der in (19) gefundenen Darstellung nicht unabhängig von dem Charakter der Funktion $F(s)$ ist, sondern die Konvergenz der Integraldarstellung (18) voraussetzt. Denn für große τ wird der Nenner in (19') zu 1, die Darstellung (19) konvergiert daher in gleicher Weise wie (18). Dagegen ist die Darstellung der Funktion $\varphi(s) - F(s)$ an viel weniger Voraussetzungen gebunden. Es wird nämlich:

$$\varphi(s) - F(s) = -\varkappa^2 \int\limits_0^\infty A(\tau) \frac{\tau^2 [p(\tau) + p(2\eta\tau)] \cos \tau s \, d\tau}{1 + \varkappa^2 \tau^2 [p(\tau) + p(2\eta\tau)]},$$

wegen des asymptotischen Verhaltens des Zählers konvergent, wenn nur $A(\tau)$ nicht exponentiell zunimmt. Setzen wir hier für $A(\tau)$ seine Entwicklung:

$$A(\tau) = \frac{1}{\pi} \int\limits_{-\infty}^{+\infty} F(\sigma) \cos \tau \sigma \, d\sigma$$

ein, so wird, wegen des asymptotischen Verhaltens von $p(\tau)$ und $p(2\eta\tau)$, die Integrationsordnung vertauschbar, und es ergibt sich

$$(21) \qquad \varphi(s) = F(s) - \varkappa^2 \int\limits_{-\infty}^{+\infty} G(\sigma - s) F(\sigma) \, d\sigma.$$

Darin ist:

$$(21') \qquad G(\sigma - s) = \frac{1}{\pi} \int\limits_0^\infty \frac{\tau^2 [p(\tau) + p(2\eta\tau)]}{1 + \varkappa^2 \tau^2 [p(\tau) + p(2\eta\tau)]} \cos \tau (\sigma - s) \, d\tau$$

für unseren Fall der „lösende Kern"[1]).

Für jeden positiven endlichen Parameter $\varkappa^2$ ist diese Darstellung konvergent. Sowohl die Darstellung (19) als auch (21) hat für die Anwendung ihre eigentümlichen Vorzüge.

Aus der Darstellung (21) leiten wir hier noch am unmittelbarsten die Potentialverteilung in großer Entfernung (große s) ab. Hier muß der ganze übergetretene Strom aus dem Rohre wieder ausgetreten, der Einfluß des Rohres auf die Potentialverteilung daher verschwunden sein. Das heißt, das Potentialfeld muß das des Primärstromes, es muß $\varphi(s) = F(s)$ sein.

In der Tat: In (21') ist der „lösende Kern" $G(\zeta)$ durch seine Fouriersche Integraldarstellung gegeben, deren Koeffizient den gleichen Charakter hat wie die oben diskutierte Funktion $\dfrac{1}{k(\tau)}$: er ist 0 für $\tau = 0$, wächst zu einem Maximum an und geht bei großem τ wieder zu 0.

Die so dargestellte Funktion $G(\zeta)$ ist, wie man leicht überlegt, eine überall endliche oszillierende Funktion abnehmender Amplitude. Die Oszillations-

[1]) Vgl. z. B. A. Kneser, Die Integralgleichungen. Braunschweig 1911, S. 56.

zahl hängt mit der Lage des Maximums zusammen. Wesentlich für uns ist, daß aus dem Grenzwert des Koeffizienten für $\tau = 0$ folgt:

$$(22) \qquad \int\limits_{-\infty}^{+\infty} G(s - \sigma)\, ds = 0.$$

Wir bilden nun aus (21)

$$\int\limits_{-\infty}^{+\infty} \varphi(s)\, ds = \int\limits_{-\infty}^{+\infty} F(s)\, ds - k^2 \int\limits_{-\infty}^{+\infty} ds \int\limits_{-\infty}^{+\infty} G(\sigma - s)\, F(\sigma)\, d\sigma.$$

Wegen des angegebenen Verhaltens des Kernes $G(\sigma - s)$ und der monotonen Abnahme von $F(\sigma)$ können wir hier in dem Doppelintegral die Grenzen $\mp \infty$ mit beliebig kleinem Fehler durch endliche Grenzen ersetzen. Die Integrationsordnung kann dann vertauscht werden, also folgt mittels (22):

$$(22') \qquad \int\limits_{-\infty}^{+\infty} \varphi(s)\, ds = \int\limits_{-\infty}^{+\infty} F(s)\, ds.$$

Da $F(s)$ für große s sich verhält wie $\dfrac{\eta}{s}$, ist hier das Integral der rechten Seite aber unendlich. Die Beziehung (22') kann also nur bestehen, wenn asymptotisch für große s:

$$\varphi(s) = F(s),$$

was zu zeigen war. Man könnte auch direkt zeigen, daß in (21) rechts der **zweite Teil klein** wird neben dem ersten. Bevor wir auch, durch entsprechende Näherungen, den Stromaustritt längs des Rohres verfolgen, ist eine allgemeine Bemerkung zu machen zu dem Fall, den wir als den des „konzentrierten" Stromeintrittes festgestellt haben:

In dem Fall haben wir, nach der jetzt zweckmäßigen Darstellung (19), (19'):

$$(23) \qquad \varphi(s) = \int\limits_{0}^{\infty} \frac{A(\tau)\cos \tau s}{1 + 2\varkappa^2 \tau^2 p(\tau)}\, d\tau = \frac{1}{\pi} \int\limits_{0}^{\infty} \frac{p(\tau)}{1 + 2\varkappa^2 \tau^2 p(\tau)} \cos \tau s\, d\tau.$$

Da wir den Stromeintritt auf einen Punkt konzentriert voraussetzten, erwartet man, daß der Spannungsabfall, der dem Strom proportional ist, an dieser Stelle unstetig von positiven zu negativen Werten übergeht. Eine gleiche Unstetigkeit sollte $\dfrac{d\varphi}{ds}$ haben. Das wäre der Fall, wenn in der Fourierdarstellung (23) die Koeffizienten für große τ mit $\dfrac{1}{\tau^2}$ zu Null gingen. Das ist mit $\varkappa^2 = \infty$ nach (23) in der Tat so für die Funktion $\varkappa^2 \varphi(s)$. Wenn aber $\varkappa^2$ wohl sehr groß, aber endlich ist, so haben die Koeffizienten für ein gewisses Gebiet in τ annähernd dieses Verhalten, aber für unendliche τ gehen sie wegen der asymptotischen Werte des Zählers $p(\tau)$ exponentiell zu 0. $\dfrac{d\varphi}{ds}$ hat dann bei $s = 0$ einen raschen, aber **stetigen** Übergang von positiven zu negativen Werten. **Wir schließen, daß mit Rücksicht auf den Wiederaustritt des Stromes die konzentrierte Stromaufnahme nicht streng erfüllbar ist**[1]).

---

[1]) Beim direkten Ausgang vom Problem der konzentrierten Stromaufnahme müßte man als Randbedingung fordern, daß $\varphi'(+\alpha) - \varphi'(-\alpha)$, für eine kleine Größe α, einen vorgeschriebenen Wert habe. Da aber die resultierende Lösung in Wirklichkeit stetig ist, bliebe zunächst unbestimmt, wie groß α zu wählen ist. Das ist die oben erwähnte Schwierigkeit, die wir durch den Ausgang von dem Problem der verteilten Stromaufnahme umgangen haben.

Immerhin wird sich bei großem $\varkappa^2$ das Übergangsgebiet so klein erweisen, daß praktisch von einer konzentrierten Stromaufnahme gesprochen werden kann. Mit entsprechender Näherung werden wir (23) diskutieren.

4. Stromaufnahme in einem Leitungsrohr; Diskussion.

Im § 2 war die strenge Lösung für das Problem des Stromübertrittes aus einer Einzelelektrode in ein (unendlich langes) Leitungsrohr gegeben. Im Gegensatz zu dem elementaren, in der Einleitung erwähnten Ansatz, der auf einen offenbaren Widerspruch führt — nämlich Unendlichwerden des gesamten aufgenommenen Stromes —, gibt die Lösung einen bestimmten endlichen Gesamtwert. Daß er gleich dem ganzen aus der Elektrode austretenden Strom ausfiel, lag daran, daß wir in diesem Paragraphen noch den Wiederaustritt des Stromes in die Erde unberücksichtigt gelassen haben. Man könnte daran denken, auf Grund der strengen Resultate den „Übergangswiderstand" zu bestimmen, der der elementaren Methode zugrunde liegt, dessen Wert aber dort unbekannt bleibt. Aus obigem wesentlichen Unterschied der Resultate geht aber hervor, daß eine solche Bestimmung nur formalen, keinen praktischen Nutzen hätte. Der an der Stelle s des Rohres pro Längeneinheit übertretende Strom ergab sich in der Form:

$$i(s) = -4\pi\lambda\bar{q}(s),$$

worin $\bar{q}(s)$ die in (12'') angegebene Funktion von $s = x/\varrho$ bedeutet. Nach dem elementaren Ansatz sollte er als $i = \dfrac{V_0}{W}$ durch die primäre Potentialverteilung V_0 und den „Übergangswiderstand" W berechnet sein. Es wäre also formal:

$$W = -\frac{V_0}{4\pi\lambda\bar{q}(s)}$$

zu definieren. Diese Größe ist aber so stark von der Lage des Rohres und der Lage auf dem Rohr abhängig, daß es nicht möglich ist, den etwa an einem Rohr gewonnenen Wert auf ein anderes, oder eine andere Stelle des gleichen Rohres zu übertragen. Am deutlichsten ist das in dem schon erwähnten Grenzfall sehr kleinen Abstandes zwischen Elektrode und Rohr: Die Stromaufnahme ergab sich dort nahezu auf einen Punkt konzentriert, während sie bei konstantem W entsprechend dem Abfall des Primärpotentials auf das ganze Rohr verteilt sein müßte. Damit entfällt überhaupt die Berechtigung, den Begriff des „Übergangswiderstandes" einzuführen.

Von größtem Interesse ist aber praktisch die Frage, wie sich die Stromaufnahme in jedem Falle längs des Rohres verteilt. Mit der in (10') und (10'') durch Entwicklungsformeln dargestellten Funktion $p(\tau)$ war die Stromaufnahme pro Längeneinheit des Rohres $\left(\eta = \dfrac{h}{\varrho},\ \eta' = \dfrac{h'}{\varrho},\ s = \dfrac{x}{\varrho}\right)$ nach (12'') gegeben zu

$$(24) \qquad -i(s) = \frac{2J_0}{\pi\varrho}\int_0^\infty \frac{p(\eta'\tau)}{p(\tau) + p(2\eta\tau)}\cos\tau s\,d\tau.$$

Die Verteilung der Stromaufnahme läßt sich im gegebenen Fall hiernach, etwa durch graphische Integration, berechnen, und durch nochmalige Integration findet sich auch der gesamte, in einem bestimmten Stück des Leiters aufgenommene Strom. Für technische Zwecke kommt es aber meist weniger auf eine solche ausführliche zahlenmäßige Bestimmung an (die schon im Hinblick auf die Unkenntnis anderer Verhältnisse zu mühsam erscheint), sondern mehr auf einen allgemeinen, wenn auch weniger genauen Überblick über die Abhängigkeit der fraglichen Größe von den vorkommenden Parametern. Einen solchen Überblick ergibt schon unmittelbar die Integraldarstellung (24) der Lösung. Es besteht nämlich ein gewisser **Parallelismus** zwischen den Koeffizienten der Integraldarstellung und dem uns interessierenden Integral der Stromaufnahme in einem Teil des Rohres, etwa zwischen den Grenzen $s = \pm a$. Dieser fragliche Strom ist:

$$(25) \qquad J_a = - \varrho \int_{-a}^{+a} i(s)\, ds .$$

$- i(s)$ liegt nun in (24) vor in der Form einer Fourierentwicklung (die Koeffizienten seien mit $\beta(\tau)$ bezeichnet). Nach bekannten Regeln ist also:

$$(26) \qquad \beta(\tau) = - \frac{1}{\pi} \int_{-\infty}^{+\infty} i(s) \cos \tau s\, ds .$$

Aus physikalischer Überlegung (die sich auch nach (24) mathematisch begründen ließe) wissen wir nun, daß $- i(s)$ eine mit wachsendem s ständig **abnehmende** Größe ist (die Stromaufnahme pro Längeneinheit um so kleiner, je größer die Entfernung von der Elektrode). Wir wissen außerdem aus (24), daß die Koeffizienten $\beta(\tau)$ sämtlich **positiv** sind (da die Funktion $p(\tau)$ durchweg positiv ist bei positivem τ). Teilen wir nun den Koeffizienten $\beta(\tau)$ in der Darstellung (26) in 2 Teile:

$$(26') \qquad \beta(\tau) = \frac{2}{\pi} \int_{0}^{\infty} - i(s) \cos \tau s\, ds = \frac{2}{\pi} \int_{0}^{\pi/2\tau} - i(s) \cos \tau s\, ds + \int_{\pi/2\tau}^{\infty} - i(s) \cos \tau s\, ds .$$

Der erste Teil ist sicher **positiv**, da sein Integrand immer positiv ist. Der zweite Teil ist **negativ**, da er eine Summe von abwechselnd negativen und positiven Teilen abnehmender absoluter Größe ist (nämlich das Integral von $\frac{\pi}{2\tau}$ bis $\frac{3\pi}{2\tau}$, $\frac{3\pi}{2\tau}$ bis $\frac{5\pi}{2\tau}$ usw. Da die ganze Summe positiv ist, ist sie daher ihrem Betrage nach **kleiner** als der erste Teil, d. h.:

$$\beta(\tau) < - \frac{2}{\pi} \int_{0}^{\pi/2\tau} i(s) \cos \tau s\, ds$$

oder auch

$$\beta(\tau) = - \frac{1}{\pi} \int_{-\frac{\varepsilon\pi}{2\tau}}^{+\frac{\varepsilon\pi}{2\tau}} i(s) \cos \tau s\, ds ,$$

worin ε einen echten Bruch bedeutet. Soweit sind unsere Folgerungen noch streng. Der richtige Wert von ε läßt sich nun nur im einzelnen Fall ermitteln. Wie sich zeigen wird, kommt es aber praktisch nicht sehr wesentlich auf den genauen Wert an. Für einen Überschlag, der sich für Funktionen vom Charakter der vorliegenden kontrollieren läßt, schlage ich auf Grund näherer Überlegung vor, $\varepsilon = \frac{1}{2}$ zu wählen. In dem so abgebrochenen Integral ist dann immer $\cos \tau s$ um weniger als 0,3 kleiner als 1, und außerdem kommen, wegen der Abnahme von $- i(s)$ hauptsächlich Integrationsgebiete in Betracht, in denen $\cos \tau s$ noch weniger von 1 abweicht. Wir benutzen daher die weitere Näherung (deren Fehler sich unschwer abschätzen läßt):

$$\beta(\tau) = -\frac{1}{\pi} \int\limits_{-\frac{\varepsilon\pi}{2\tau}}^{+\frac{\varepsilon\pi}{2\tau}} i(s)\, ds.$$

Der Koeffizient $\beta(\tau)$ gibt also einen Näherungswert für den uns interessierenden Strom J_0 nach (25), wenn $\frac{\varepsilon\pi}{2\tau} = a$ gewählt wird. Es wird nämlich

$$(25') \qquad J_a = \varrho\,\pi\,\beta(\tau) = J_0 \frac{2\,p(\eta'\tau)}{p(\tau) + p(2\eta\tau)}, \qquad \tau = \frac{\varepsilon\pi}{2a}.$$

Dieser Näherungswert ist leicht tabellarisch in Abhängigkeit von η, η' und a zu berechnen. Er ist natürlich immer kleiner als J_0 und wird nur im Grenzfall $a = \infty$ ($\tau = 0$) gleich J_0. Eine Ausnahme bildet nur der schon erwähnte Fall der konzentrierten Stromaufnahme (unmittelbare Berührung von Elektrode und Rohr, das dann an der Erdoberfläche liegt), der durch $\eta' = 1$, $\eta = \frac{1}{2}$ charakterisiert ist. In dem Falle ergibt (25'), wie es sein muß, immer:

$$J_a = J_0.$$

Numerisches Beispiel.

Es sei angenommen: $\eta = \eta' = 100$, entsprechend etwa einem in 2 m Tiefe verlegten Gasrohr von $\varrho = 2$ cm Halbmesser, das gerade unter der Elektrode durchläuft. Für ε wählen wir $\frac{1}{2}$. Formel (25) ist dann, wenn man die Entwicklungsformeln (10') benutzt (oder nach den Tafeln von Jahnke-Emde, S. 135) ohne Mühe zu berechnen. Für die praktisch interessierenden Grenzen der Entfernung $a\varrho$ ist es völlig ausreichend, das erste Entwicklungsglied

$$p(\tau) = 2\,ln\frac{1}{\tau} + 0{,}23$$

zu benutzen; führt man noch zur bequemeren Rechnung Briggsche Logarithmen (log) ein, so wird:

$$(25'') \qquad J_a = J_0 \frac{\log a - \log \eta' + 0{,}1}{\log a - \frac{1}{2}\log \eta + 0{,}15} = J_0 \frac{\log 1{,}25\dfrac{a}{\eta'}}{\log 1{,}4\dfrac{a}{\eta} + \frac{1}{2}\log \eta}.$$

Diese Näherungsform kann angewendet werden, solange etwa $\dfrac{a}{\eta}$ und $\dfrac{a}{\eta'} > 2$ (Fehler 10 vH). Unsere willkürliche Wahl $\varepsilon = \frac{1}{2}$ hat in dieser Form nur auf die ohnehin unbedeutenden Zusatzglieder 0,1, 0,15 im Zähler bzw. Nenner Einfluß. Bemerkenswert ist, daß bei festem Verhältnis $\dfrac{a}{\eta'}$ und $\dfrac{a}{\eta}$ der Wert $\dfrac{J_a}{J_0}$ um so kleiner ausfällt, je größer η ist. Die Strecke $x = a\varrho$, auf der ein bestimmter Bruchteil des Gesamtstromes aufgenommen wird, wächst also mit wachsender Tiefe nicht proportional der Tiefe, sondern stärker. Die Stromaufnahme ist nicht nur absolut, sondern auch relativ um so langsamer, je tiefer der Leiter liegt. Für den angenommenen Fall $\eta = \eta' = 100$ wird numerisch:

$$a = 100 \qquad 200 \qquad 400 \qquad 1000 \qquad 10\,000$$

$$\frac{J_a}{J_0} = 0{,}22 \qquad 0{,}37 \qquad 0{,}48 \qquad 0{,}59 \qquad 0{,}73\,.$$

$\frac{3}{4}$ des gesamten Stromes würde also erst bei $a = 10\,000$, also $x = 200$ m aufgenommen sein. Auf diese Strecke kann aber schon ein merklicher Teil des Stromes wieder in die Erde übergetreten sein. Zur Vervollständigung des Bildes muß also auch der Wiederaustritt des Stromes eingehend diskutiert werden.

Vorher sei noch der im bisherigen noch nicht enthaltene Fall angeführt, der bei Erdungen eine Rolle spielt, daß der Leiter zwar in der Tiefe h unter der Erdoberfläche liegt, aber doch mit der Elektrode metallische Verbindung hat oder wenigstens nahezu von ihr berührt wird. In diesem Falle wird der Stromaustritt aus der Elektrode merklich auf den Berührungspunkt zusammengedrängt, der also wie eine Stromquelle wirkt. Ihr Potential ergibt sich durch Hinzunahme ihres Spiegelbildes an der Erdoberfläche jetzt zu

$$(26) \qquad V_0 = \frac{J_0}{4\pi\lambda}\left(\frac{1}{\sqrt{x^2 + \varrho^2}} + \frac{1}{\sqrt{x^2 + 4h^2}}\right).$$

Die der früheren ganz analoge Durchführung gibt dann die Stromaufnahme

$$J_a = J_0\,\frac{p(\tau) + p(2\eta\tau)}{p(\tau) + p(2\eta\tau)} = J_0,$$

also in der Tat Konzentration des ganzen Stromeintrittes auf den einen Punkt $x = 0$. Auf den entsprechenden Wiederaustritt kommen wir unten noch zurück.

5. Stromaustritt aus einem in der Erde verlegten Leiter; Diskussion.

Wir schließen an die Darstellung (23) des Potentialverlaufes im Rohr an, der auch den Stromaustritt bestimmt; sie gilt für den Fall, daß der Leiter an der Erdoberfläche liegt und unmittelbare oder nahezu unmittelbare Berührung mit der Elektrode hat:

$$(27) \qquad V(s) = \frac{J_0}{2\pi\lambda\varrho}\,\varphi(s); \qquad \varkappa^2 = \frac{\Lambda}{\lambda}\,\frac{f}{4\pi\varrho^2}\,.$$

$$(23) \qquad \varphi(s) = \frac{1}{\pi}\int\limits_0^\infty \frac{p(\tau)}{1 + 2\varkappa^2\tau^2\,p(\tau)}\,\cos\tau s\,d\tau.$$

Wir haben oben schon erwähnt, daß nach dieser Gleichung die Stromaufnahme auf ein gewisses sehr kleines Gebiet um die Stromquelle sich konzentriert. An der Grenze dieses Gebietes muß nun der Leiter den ganzen Strom J_0 (d. h. $\frac{J_0}{2}$ nach jeder Seite) führen. Es muß daher für kleine s der Spannungsabfall nach (6) sein:

$$\frac{\partial V}{\partial x} = -\frac{J_0}{2\Lambda f},$$

also nach (27):

$$\frac{\partial\varphi}{\partial s} = \frac{2\pi\lambda\varrho}{J_0}\,\frac{\partial V}{\partial s} = -\frac{\lambda\pi\varrho^2}{\Lambda f} = -\frac{1}{4\varkappa^2},$$

während sich für kleine negative s der entgegengesetzte Wert ergeben muß. Zur formelmäßigen Bestätigung dieser Forderung aus (23) führen wir zweckmäßig $\vartheta = \varkappa\tau$ als Integrationsvariable ein, also:

$$(28) \qquad \varphi(s) = \frac{1}{\pi\varkappa} \int\limits_0^\infty \frac{p\left(\dfrac{\vartheta}{\varkappa}\right)\cos\dfrac{\vartheta s}{\varkappa}}{1 + 2\,\vartheta^2\,p\left(\dfrac{\vartheta}{\varkappa}\right)}\,d\vartheta.$$

Daraus leiten wir ab:

$$(28') \qquad \frac{\partial\varphi}{\partial s} = -\frac{1}{\pi\varkappa^2} \int\limits_0^\infty \frac{\vartheta\,p\left(\dfrac{\vartheta}{\varkappa}\right)\sin\dfrac{\vartheta s}{\varkappa}}{1 + 2\,\vartheta^2\,p\left(\dfrac{\vartheta}{\varkappa}\right)}\,d\vartheta$$

und beachten nun, daß $\varkappa$ eine sehr große Zahl ($\approx 10^4$) ist. Das Glied $\sin\dfrac{\vartheta s}{\varkappa}$ im Integranden ist hier sehr klein, solange nicht ϑ groß von der Ordnung $\dfrac{\varkappa}{s}$ ist. Wenn z. B. $s = 10$, so heißt das, daß im Integranden erst Werte ϑ von der Ordnung $\dfrac{\varkappa}{10}$ maßgebend sind. Für diese Werte ist aber $p\left(\dfrac{\vartheta}{\varkappa}\right)$ nach den Entwicklungsformeln (10') von der Ordnung 1 oder größer als 1, also im Nenner das zweite Glied stark über das erste überwiegend. Dann ist annähernd

$$(28'') \qquad \frac{\partial\varphi}{\partial s} = -\frac{1}{2\pi\varkappa^2} \int\limits_0^\infty \frac{\sin\dfrac{\vartheta s}{\varkappa}}{\vartheta}\,d\vartheta = -\frac{1}{2\pi\varkappa^2} \int\limits_0^\infty \frac{\sin\alpha}{\alpha}\,d\alpha.$$

Dieses letzte Integral ist aber bekanntlich $= \dfrac{\pi}{2}$. Also wird in der Tat für kleine (nicht verschwindende) s

$$\frac{\partial\varphi}{\partial s} = -\frac{1}{4\,\varkappa^2},$$

wie oben verlangt. Daß in Wirklichkeit $p\left(\dfrac{\vartheta}{\varkappa}\right)$ für große Werte von $\dfrac{\vartheta}{\varkappa}$ wieder exponentiell abnimmt, kommt praktisch (d. h. wenn z. B. Fehler von 5 vH zugelassen werden) nicht in Betracht, da auch das Integral in (28'') mit solchen Fehlern für das Beispiel $s = 10$ etwa bei $\vartheta = \varkappa$ abgebrochen werden kann. Durch genauere numerische Diskussion, die wir hier nur angedeutet haben, kann man schließen, daß mindestens 95 vH der Stromaufnahme auf das Gebiet $s < 10$, d. h. $x < 10\varrho$, konzentriert sind.

Durch entsprechende Näherung läßt sich nun auch für größere s aus (28) oder (28') ein übersichtlicher Ausdruck für $\varphi(s)$ ableiten. Wesentlich ist dabei immer, daß wegen des Gliedes ϑ^2 im Nenner des Integranden, mit geringem (abschätzbarem) Fehler nur Gebiete der Integrationsvariabeln ϑ (etwa $\vartheta < \vartheta'$) in Betracht kommen, für die $\dfrac{\vartheta}{\varkappa}$ sehr klein ist. In diesem Gebiete kann $p\left(\dfrac{\vartheta}{\varkappa}\right)$ durch seinen Näherungswert nach (10'): $2\ln\dfrac{2\varkappa}{\gamma\vartheta}$ ersetzt werden. Andererseits kann mit abschätzbarem kleinen Fehler auch die untere Grenze des Integrals, wegen des Faktors $\vartheta\sin\dfrac{\vartheta s}{\varkappa}$

in (28'), als ein fester kleiner Wert, $\vartheta = \vartheta'' > 0$ festgesetzt werden. In dem so abgegrenzten Gebiet ist nun der Wert und die Veränderlichkeit des Wertes von $\ln \vartheta$ nur klein neben der Größe $\ln \varkappa$. Wir können daher $p\left(\dfrac{\vartheta}{\varkappa}\right)$ in den Integralen durch einen konstanten Mittelwert $\frac{1}{2} b^2$ ersetzen, den wir jetzt noch näher bestimmen wollen. Wir setzen also:

$$(29) \qquad \varphi(s) = \frac{b^2}{2 \pi \varkappa} \int\limits_0^\infty \frac{\cos \dfrac{\vartheta s}{\varkappa}}{1 + b^2 \vartheta^2} \, d\vartheta$$

und betrachten zuerst, da auch $\ln \dfrac{2}{\gamma}$ nur $= 0{,}11$, $4 \ln \varkappa$ als den Mittelwert b^2 (1. Näherung). Durch Umformung des Integrals zwecks komplexer Integration

$$(29') \qquad \varphi(s) = \frac{b^2}{4 \pi \varkappa} \int\limits_{-\infty}^{+\infty} \frac{e^{\dfrac{i \vartheta s}{\varkappa}}}{1 + b^2 \vartheta^2} \, d\vartheta$$

und Residuenbildung erhält man:

$$(30) \qquad \varphi(s) = \frac{b}{4 \varkappa} e^{-\dfrac{s}{b \varkappa}} \quad \text{für } s > 0$$

$$\text{bzw.} \quad \varphi(s) = \frac{b}{4 \varkappa} e^{\dfrac{s}{b \varkappa}} \quad \text{für } s < 0.$$

Um für b noch einen genaueren Näherungswert anzugeben, schätzen wir ab, welcher Teil des Integrationsgebiets etwa 90 vH zum Integralwert beiträgt. Das Resultat hängt von s ab. In Anbetracht der geringen Wichtigkeit der Korrektur geben wir nur die für kleine s sich ergebende Grenze: $\vartheta = \dfrac{6}{b} = \dfrac{3}{\sqrt{\ln \varkappa}}$. Wir bekommen also die zweite Näherung:

$$(30') \qquad b^2 = 4(\ln \varkappa - \ln \vartheta) = 4 \ln \varkappa + 2 \ln \ln \varkappa - 4 \ln 3.$$

Die weitere Fortsetzung des Näherungsverfahrens hätte keinen Vorteil mehr. **Mit (30), (30') ist eine handliche Näherungsformel für den Spannungsverlauf im Leiter gewonnen, die, soweit diese Spannung überhaupt merklich ist, praktisch ausreichend ist.** Außer (30) haben wir oben, S. 48, schon einen weiteren für sehr große s asymptotisch gültigen Näherungsausdruck gefunden, der im vorliegenden Falle ($\eta' = 1$) lautet:

$$\varphi(s) = F(s) = \frac{1}{s}.$$

Man erhält daher leicht ein anschauliches Bild des ganzen Verlaufes, indem man beide Darstellungen, die φ_1, φ_2 heißen mögen, kontinuierlich ineinander überführt. Zu dem Zwecke suchen wir die Schnittpunkte beider Kurven. Schreiben wir $t = \dfrac{s}{\varkappa b}$, so trennen diese Schnittpunkte die Gebiete, in denen

$$e^{-t} \lessgtr \frac{4}{b^2 t}.$$

Zunächst: Wäre $\dfrac{b^2}{4} < e$, so bestände immer das $<$ - Zeichen, es gäbe keine

Schnittpunkte. Wenn $\dfrac{b^2}{4} = e$, so fallen 2 Schnittpunkte bei $t = 1$ zusammen.

Für unseren Fall ist aber nach (30) wegen $\varkappa = 10^4 : \dfrac{b^2}{4} \approx \ln \varkappa \approx 10$, es gibt also

2 Schnittpunkte (vgl. Fig. 4). Als wirklichen Verlauf des Potentials betrachten wir
den der Kurve φ. Sie verläuft bei kleinerem s nach dem Exponentialgesetz etwa
bis zum zweiten Schnittpunkt der Kurven φ_1, φ_2; dann nähert sie sich asymptotisch der Kurve φ_2, die den ungestörten Potentialabfall in großer Entfernung darstellt, wie er auch einer kugelförmigen
Elektrode entspricht, wenn kein ausgedehnter Leiter vorhanden ist. Man
sieht: Durch die Verbindung mit
dem Erdleiter wird das Potential
am Anfang (in der Nähe der Elektrode) stark herabgesetzt; aber es
wird ausgebreitet; in größerer Entfernung, wo es allerdings praktisch schon

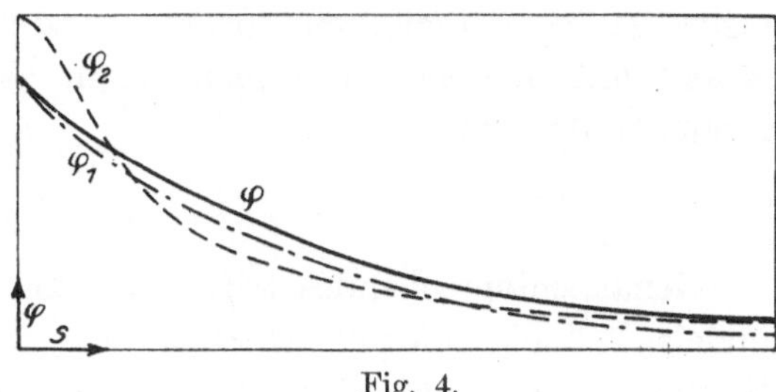

Fig. 4.

Null ist, ist es größer als im Fall der radialen Ausstrahlung. Diese Fragen spielen
für die Praxis der Erdungen eine große Rolle, da von der Höhe der Spannung „gegen
Erde" die Gefahren der Erdung abhängen[1]).

Die annähernd exponentielle Form des Spannungsabfalles läßt sich übrigens
auch durch elementare Betrachtungen, die den in der Einleitung für den Stromübertritt mitgeteilten ähnlich sind, verständlich machen, aber es bleibt auf diesem
Wege die Größe des Exponentialkoeffizienten (Dekrements) aus ähnlichen Gründen
unbestimmbar, aus welchen wir auch die elementare Behandlung des Übertrittsproblems ablehnten. Dagegen kann man auch den Weg einschlagen, den Ansatz

$$\varphi\,(s) = \varphi\,(o) \cdot e^{-u|s|}$$

direkt in die Integrodifferentialgleichung (5″) einzuführen und bei gegebenem
numerischen Wert von $\varkappa$ dann u zu bestimmen. Diese Berechnung ist aber ziemlich
mühsam und wird durch die Formel (30′) unnötig gemacht.

Nachdem das Gesetz der Spannungsverteilung in einfacher Weise bekannt ist,
lassen sich leicht zusammengesetzte Probleme behandeln, z. B. der Fall, daß der
Erdleiter an einer Stelle ($s = -l$) an einen positiven, an einer anderen ($s = +l$)
an einen negativen Pol angeschlossen ist. Die Spannungsverteilung hat dann in dem
Gebiet zwischen beiden Polen die Form

$$(31) \qquad V\,(s) = V\,(e^{-u(s+l)} - e^{-u(l-s)})$$
$$= -2\,V\,e^{-ul}\,\mathfrak{Sin}\,\mathfrak{h}\,u\,s.$$

Die Konstante V bestimmt sich aus der Größe des an den Polen in das verbindende Leitungstück ein- (bzw. aus ihm aus-) tretenden Stromes $\dfrac{J_0}{2}$ mittels (27)
und (30) zu:

$$(31') \qquad V = \frac{J_0\,\varrho}{2\,\varLambda\,f\,u} = \frac{J_0\,b}{4\,\sqrt{\pi\,\varLambda\,\lambda\,f}}.$$

<hr>

[1]) Vgl. H. Behrend, Ladeströme und Schutzerdungen in Überlandzentralen. E. T. Z. 1917, S. 329.

In ähnlicher Weise läßt sich unsere ursprüngliche Aufgabe der kombinierten Stromaufnahme und -abgabe, die in § 3 streng gelöst ist, übersichtlich näherungsweise so behandeln, daß man den Stromeintritt pro Längeneinheit nach den Annäherungsformeln, z. B. (25′) des § 4, ermittelt. Die resultierende Spannungsverteilung ergibt sich dann durch Summierung der diesen einzelnen Stromquellen entsprechenden Verteilungen.

In Gleichung (31′) ist noch bemerkenswert, daß von den Längendimensionen des Leiterquerschnittes unmittelbar nur f, die leitende Fläche, eingeht. Das Verhältnis $\sqrt{\dfrac{f}{\varrho}}$ ist allerdings nach (30′) in b enthalten, da es in $\varkappa$ vorkommt, aber hier, wegen der logarithmischen Form, nur additiv neben größeren Zahlen. Sein Einfluß ist also unbedeutend. Das gleiche gilt auch für den Koeffizienten von x in dem Exponentialgesetz

$$e^{-us} = e^{-\frac{u}{\varrho}x} = e^{-2b\sqrt{\frac{\lambda}{\Lambda}}\sqrt{\frac{\pi}{f}}\,x}.$$

Genau entsprechendes trifft auch zu, wenn es sich nicht um kreisringförmige, sondern beliebig geformte Querschnitte, z. B. bandförmige Leiter, handelt. Die Bestimmung des „Radius" ϱ, der in unsere Grundgleichungen einzuführen wäre, ist hier eine gewisse elektrostatische Aufgabe. Sie ist aber von geringer Wichtigkeit, da im Resultat das Verhältnis $\dfrac{\sqrt{f}}{\varrho}$, also die Gestalt des Querschnittes, nur ganz sekundäre Bedeutung hat. **Wesentlich ist nur die leitende Fläche f des Querschnittes oder auch deren Ersatzradius $\sqrt{\dfrac{f}{\pi}}$.**

Endlich seien noch einige ergänzende Aufgaben erwähnt: In (26) haben wir bereits den Ansatz für den Fall angegeben, daß der Leiter in der Tiefe h liegt, der Strom aber hier konzentriert eintritt. Für die entsprechende Spannungsverteilung hat man zu setzen:

$$V(s) = \varphi(s)\,\frac{J_0}{4\,\pi\,\lambda\,\varrho}$$

und erhält statt (23) die strenge Lösung:

$$\varphi(s) = \frac{1}{\pi}\int\limits_0^\infty \frac{[p(\tau) + p(2\eta\tau)]\cos\tau s}{1 + 2\varkappa^2\tau^2[p(\tau) + p(2\eta\tau)]}\,d\tau.$$

Die Diskussion kann in gleicher Weise wie im früheren Falle erfolgen, nur in der Nähe der Stromquelle ergeben sich die Verhältnisse etwas verändert. Im wesentlichen ist der Spannungsabfall wieder durch das Exponentialgesetz darstellbar; für den Koeffizienten desselben, $\dfrac{b}{\varkappa}$, ergibt sich der gegen (30′) unwesentlich veränderte Wert:

$$b^2 = 4\ln\varkappa + 2\ln\ln\varkappa - 4\ln 3 - 2\ln\eta.$$

Weiter ist bei eisernen Leitern, z. B. bei Banderdungen, nicht nur wie bisher der Ohmsche, sondern auch der induktive Widerstand pro Längeneinheit zu berücksichtigen. Seine Bestimmung ist eine gesonderte Aufgabe, die neben dem Querschnitte die Gestalt des Leiters und die Stromverdrängung berücksichtigen muß. Auf die Behandlung der ganzen Aufgabe wirkt aber der induktive Widerstand nur in dem Sinn, daß der Parameter $\varkappa$ eine komplexe Größe wird. Das bewirkt, daß der Spannungsabfall im Leiter rascher wird, und außerdem, daß Phasenverschiebungen der Spannung eintreten.

Für Meßzwecke ist es auch von Interesse, den Spannungsabfall quer zum Leiter zu kennen. Wenn die Spannung im Leiter nach dem Exponentialgesetz angesetzt wird, ist nach der Gleichung (3′) auf S. 39 auch die Ladung pro Längeneinheit des Rohres durch ein Exponentialgesetz gegeben. Durch Summation der von den Ladungen erzeugten Felder läßt sich dann das Feld in der Erde bestimmen.

Numerisches Beispiel.

Wir behandeln den Fall, daß ein bandförmiger, eiserner Leiter (Querschnitt $f = 2 \times 40$ mm²) unmittelbar an der Erdoberfläche ausgebreitet ist, an eine Elektrode angeschlossen, die den Strom J_0 liefert. Für Eisen ist:

$$\frac{1}{\Lambda} = 1{,}2 \cdot 10^{-5} \text{ Ohm cm} \; (= 1{,}2 \cdot 10^4 \, cgs).$$

Der mittlere spezifische Widerstand des Erdbodens wird zu

$$\frac{1}{\lambda} = 10^4 \text{ Ohm cm} \; (= 10^{13} \, cgs)$$

angenommen. Also $\dfrac{\Lambda}{\lambda} = 8 \cdot 10^8$. Für $\varkappa$ haben wir nach (27)

$$\varkappa = \frac{1}{2} \sqrt{\frac{\Lambda}{\lambda}} \frac{\sqrt{\dfrac{f}{\pi}}}{\varrho} = 1{,}4 \cdot 10^4 \frac{\sqrt{\dfrac{f}{\pi}}}{\varrho}.$$

Für ϱ ergibt sich hier auf elektrostatischem Wege (nämlich durch Behandlung des elektrostatischen Feldes eines bandförmigen Leiters der Länge l und Vergleich desselben mit einem drahtförmigen Leiter gleicher Länge) etwa $^1/_4$ der Breite, also 10 mm; somit wird $\dfrac{\sqrt{\dfrac{f}{\pi}}}{\varrho} = \dfrac{\sqrt{\dfrac{80}{\pi}}}{10} = \dfrac{1}{2}$. Wie wir schon erwähnten, kommt es auf einen genauen Wert dieses Verhältnisses nicht an. Es wird $\varkappa = 0{,}7 \cdot 10^4$. Nach (30′) ist dann

$$b = 2\sqrt{\ln \varkappa + \tfrac{1}{2} \ln \ln \varkappa - \ln 3} = 6.$$

In dem Exponentialgesetz (30) bringen wir zum Ausdruck, daß der „Ersatzradius" $\sqrt{\dfrac{f}{\pi}}$ der für die Verhältnisse wesentlich in Betracht kommende Längenmaßstab ist, indem wir statt s einführen:

$$(32) \qquad s' = \frac{s \, \varrho}{\sqrt{\dfrac{f}{\pi}}} = \frac{x}{\sqrt{\dfrac{f}{\pi}}}.$$

Dann ist nach (30):

$$(33) \qquad V = \frac{J_0}{2\pi \lambda \varrho} \, \varphi(s) = \frac{J_0 b}{4 \sqrt{\Lambda \lambda \pi f}} \, e^{-\frac{2}{b}\sqrt{\frac{\lambda}{\Lambda}}\, s'}$$

$$= J_0 \cdot 0{,}33 \, e^{-1{,}2 \cdot 10^{-5} s'} \text{ (Volt)}.$$

Der erwähnte Schnittpunkt der Exponentialkurve φ_1 mit der asymptotischen Näherungskurve φ_2, bis zu dem das Exponentialgesetz gilt, liegt hier bei $s' = 2{,}5 \cdot 10^5$. Der Abfall des Potentials auf $\dfrac{1}{e}$ seines Anfangswertes ist aber schon bei $s' = 8 \cdot 10^4$. Für $f = 80$ mm², $\sqrt{\dfrac{f}{\pi}} = 5$ mm entspricht dem $x = 400$ m.

Am Anfangspunkt wird die Spannung „gegen Erde":

$$(33') \qquad V(o) = \frac{J_0\, b}{4\sqrt{\Lambda\lambda\pi f}} = 0{,}33\, J_0 \ (\text{Volt}).$$

Träte der gleiche Strom aus einer halbkugelförmigen Elektrode vom Radius r aus, so wäre die Spannung gegen Erde:

$$V(o) = \frac{J_0}{2\pi\lambda r}.$$

Durch die Verbindung mit dem Erdleiter wird sie also im Verhältnis $\dfrac{b}{2}\sqrt{\dfrac{\lambda}{\Lambda}\dfrac{\pi}{f}}\,r$ herabgesetzt. Das ist z. B. für $r = 50$ cm: $3 \cdot \dfrac{50}{\sqrt{8 \cdot 10^8 \cdot 0{,}5}} = 10^{-2}$, also auf den hundertsten Teil. Der Faktor $\dfrac{b}{4\sqrt{\Lambda\lambda\pi f}}$ in $(33')$ muß als „Widerstand" der Erdung aufgefaßt werden. Er ist in unserem Falle nur $\frac{1}{100}$ des Widerstandes der verglichenen halbkugelförmigen Elektrode, nämlich $\frac{1}{3}$ Ohm.

Der bisher nicht berücksichtigte induktive Widerstand des eisernen Leiters ändert die Verhältnisse etwas ab. Unter der Selbstinduktion pro Längeneinheit eines über Erde geschlossenen Leiters von kreisförmigem Querschnitt (Radius ϱ, Länge l) versteht man bekanntlich[1]) einen Ausdruck der Form:

$$2\ln\frac{l}{\varrho} + \frac{\mu}{2} + c.$$

Hierin ist μ die Permeabilität des Leiters, c eine neben den anderen Gliedern immer sehr kleine Konstante, die, da sie vom Verlauf der Stromlinien in der Erde abhängt, nur schwer genau bestimmbar ist. Das Glied $\dfrac{\mu}{2}$, das von der magnetischen Induktion im Innern des Eisenleiters herrührt, ist aber das bei weitem überwiegende, wenn, wie in unserem Falle, eine stromdurchflossene Länge von höchstens einigen 100 Metern in Betracht kommt und die Ströme so klein sind, daß das Eisen praktisch ungesättigt bleibt. Dann ist $\dfrac{\mu}{2}$ etwa 500 bis 1000. Die Bestimmung der entsprechenden Glieder bei einem Eisenbande von der Breite a, Dicke d erfordert die Bestimmung des magnetischen Feldes im Innern, mit Rücksicht darauf, daß die magnetischen Kraftlinien am Umfang des Eisenbandes mit großer Näherung tangential (längs des Umfanges) verlaufen müssen. Die Durchführung, die ich hier nicht im einzelnen mitteilen will, ergibt den Ausdruck: $\dfrac{\mu d}{a}$, solange d klein gegen a ist. Der entsprechende induktive Widerstand pro Längeneinheit, der neben den Ohmschen $\dfrac{1}{\Lambda f}$ tritt, ist bei der Kreisfrequenz ω bekanntlich $\dfrac{\mu\omega d}{a}$. Während bei unserem Querschnitte von

---

[1]) Zum Beispiel F. Breisig, Theoretische Telegraphie (Braunschweig 1910). §§ 119, 120.

$2 \cdot 40$ mm² der Ohmsche Widerstand $\dfrac{1{,}2 \cdot 10^{-5}}{0{,}8} = 1{,}5 \cdot 10^{-5}$ Ohm/cm beträgt, ist dieser induktive für den mittleren Wert $\mu = 1000$ und die Frequenz 50/sk:

$1000 \cdot \dfrac{100\,\pi}{20} = 1{,}57 \cdot 10^{4}(cgs) = 1{,}57 \cdot 10^{-5}$ Ohm/cm, also praktisch von gleicher

Größe wie der Ohmsche. Es ist aber ferner eine sekundäre Wirkung der Induktivität zu berücksichtigen, das ist die Stromverdrängung und die dadurch bewirkte Vergrößerung des Ohmschen Widerstandes. Die Durchführung, die ich hier gleichfalls übergehe, ergibt, daß hauptsächlich nicht die Verdrängung nach den Kanten, sondern nur die vom Innern des Bandes nach der Oberfläche hin in Betracht kommt. Das Verhältnis der Widerstandserhöhung zum Grundbetrag wird:

$$\frac{1}{45}\,\pi^2\,\gamma^2; \qquad \text{mit} \qquad \gamma = \Lambda\,\mu\,\omega\,d^2.$$

Das ergibt für unsere Annahme $\tfrac{1}{4}$. Der Ohmsche Widerstand erhöht sich also auf rund $2 \cdot 10^{-5}$ Ohm/cm. Die Rückwirkung der Stromverdrängung auf den induktiven Widerstand ergibt sich als eine unbedeutende Verringerung, im Verhältnis $\frac{2}{315}\,\pi^2\,\gamma^2 = \frac{1}{14}$, also der ganze induktive Widerstand rund $1{,}5 \cdot 10^{-5}$ Ohm/cm $= \tfrac{3}{4}$ des Ohmschen Widerstandes.

Der Einfluß dieser Korrekturen auf unsere Berechnungen ist der, daß an Stelle von $\dfrac{1}{\Lambda f}$ der komplex zusammengesetzte Widerstand einzusetzen ist, numerisch der Wert (mit $j = \sqrt{-1}$):

$$(2 + j\,1{,}5)\,10^{-5} \text{ Ohm/cm} \qquad \text{statt} \qquad 1{,}5 \cdot 10^{-5} \text{ Ohm/cm.}$$

Der obenberechnete Gesamtwiderstand der Banderdung vergrößert sich damit im Verhältnis

$$\sqrt{\frac{\sqrt{2^2 + 1{,}5^2}}{1{,}5}} = 1{,}3.$$

Gegenüber der halbkugelförmigen Erdung von 50 cm Radius ist er aber immer noch auf den rund 75. Teil herabgesetzt. Das Exponentialgesetz des Spannungsabfalles ist jetzt $e^{-1{,}2 \cdot 10^{-5}(1{,}2 + j\,0{,}4)\,s'}$. Bei der Bestimmung des Wertes b nach (31'), der ja nur in geringerem Maße mit $\varkappa$ veränderlich ist, haben wir hierbei von dem Einfluß der Induktivität abgesehen. Der komplexe Teil des Exponenten bedeutet bekanntlich eine Phasenverschiebung der Spannung längs des Leiters, die aber von geringerer Bedeutung ist. Wichtiger ist der Betrag der Spannungsabfalles, der jetzt durch den reellen Teil des Exponenten bestimmt wird: $e^{-1\,2 \cdot 1\,2 \cdot 10^{-5}\,s'}$. Die oben zu 400 m angegebene Strecke des Abfalles der Spannung auf $\dfrac{1}{e}$ ihres Betrages verkleinert sich damit auf $\dfrac{400}{1{,}2} = 330$ m.

Zusammenfassung.

Die in der technischen Literatur üblichen Ansätze für das Problem des Übertrittes von Strömen aus Schienen in benachbarte Leitungsrohre operieren mit dem Begriff des „Übergangswiderstandes". Die willkürliche Annahme, daß dieser einen bestimmten, der Längeneinheit des Rohres zukommenden Wert habe, führt zu Widersprüchen und macht damit diese Behandlungsweise illusorisch schon in dem einfachen Fall, daß der Strom aus einer Einzelelektrode austritt. Aus der Vorstellung, daß kein gesonderter Übergangswiderstand, sondern nur der räumliche Erdwiderstand existiert, wird das Problem mathematisch formuliert in Gestalt einer Integralgleichung. Diese wird streng gelöst und daraus eine technisch brauchbare Näherungslösung für die Verteilung der Stromaufnahme abgeleitet.

In ähnlicher Weise wird die Frage des Wiederaustrittes des Stromes aus einem in Erde verlegten Leiter behandelt. Seine mathematische Formulierung ist eine Integrodifferentialgleichung, die gleichfalls streng gelöst wird. Einfache Näherungsausdrücke der Lösung gestatten die Behandlung verschiedener technischer Fragen. Am wichtigsten ist die der „Banderdung". In einem numerischen Beispiel zeigt sich, daß eine solche Erdung nur den 75. Teil des Widerstandes einer halbkugelförmigen Erdung gewisser, den technischen Verhältnissen entsprechenden Abmessungen hat. Im gleichen Verhältnis werden die Gefahrenspannungen herabgesetzt.

Über den räumlichen Verlauf von Erdschlußströmen.

Von **Reinhold Rüdenberg**.

Mit 11 Textfiguren.

Mitteilung aus der Rechnungsabteilung des Dynamowerkes der Siemens-Schuckert-Werke G. m. b. H.

Eingegangen am 16. Juni 1921.

Wenn in einer größeren Wechselstrom-Hochspannungsanlage ein Isolator eines eisernen Mastes durchschlägt, so fließt an der Durchschlagsstelle ein Strom vom Transformator her über die Leitung durch den Mast zur Erde, der sich in ihr längs der Leitungsstrecke ausbreitet und von der Erdoberfläche als Verschiebungsstrom zu den ungestörten Leitungen übergeht, um von dort in den Transformator zurückzufließen.

Fig. 1 stellt den Verlauf eines derartigen Fehlerstromes dar. Der speisende Drehstromtransformator wird durch diesen Strom in V-Schaltung unsymmetrisch belastet. Die Stärke des entstehenden Erdschlußstromes läßt sich aus der Erdkapazität der ungestörten Leitungen und dem Widerstande und der Induktanz des Erdschlußkreises berechnen. Im allgemeinen sind Widerstand und Induktanz so klein, daß sie neben der Wirkung der Kapazität keine erhebliche Rolle spielen, so daß diese

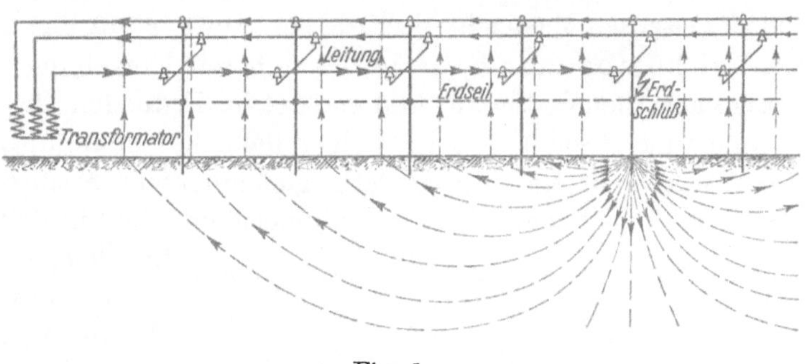

Fig. 1.

allein ausschlaggebend für die Größe des Erdschlußstromes ist. Die Bestimmung der Kapazität ist für die meisten praktisch vorkommenden Leiteranordnungen bekannt, die Größe des Erdschlußstromes soll daher als gegeben angesehen werden[1]. Er ist stets proportional sowohl der Kapazität als auch der Spannung des Netzes. In größeren Verteilungsnetzen kann die Kapazität der Leitungen so groß und die Spannung so hoch sein, daß der Erdschlußstrom sehr beträchtliche Werte annimmt, die bis zu 50 Amp. und darüber betragen können. Dieser Strom fließt an der Durchschlagsstelle vom Mastfuß in die Erde und kann dort gefährliche Stromkonzentrationen hervorrufen. In größeren Entfernungen vom Mastfuß ist die Stromdichte wegen der Ausbreitung des Stromes auf eine große

---

[1]) Vgl. K. Kuhlmann, E. T. Z. 1908, S. 316; H. Behrend, E. T. Z. 1916, S. 114; W. Petersen, E. T. Z. 1916, S. 493.

Fläche nur gering und auch der Verschiebungsstrom von der Erdoberfläche zu den ungestörten Leitungen ist nicht so dicht, daß er direkte Unannehmlichkeiten im Luftraum hervorrufen könnte. Er kann jedoch Störungen in benachbarten Schwachstromleitungen bewirken.

Um die in Fig. 1 dargestellte starke Stromkonzentration zu vermeiden, kann man die eisernen Masten entweder in einzelnen Schutzgebieten streckenweise oder auch sämtlich untereinander durch ein Erdungsseil leitend verbinden, was in Fig. 1 gestrichelt angedeutet ist. Dadurch erhält der Erdschlußstrom mehrere parallele Wege zur Erde, so daß der Strom durch den Erdschlußmast geringer wird. Alle Mastfüße in der Nähe der Erdschlußstelle bilden jetzt zwar Konzentrationspunkte für den Stromeintritt in die Erde und stellen damit Gefahrpunkte dar. Da der Strom des einzelnen Mastes jedoch durch die gemeinsame Verbindung sehr viel kleiner geworden ist, so ist die maximale Gefährdung wesentlich geringer als vorher.

In den letzten Jahrzehnten sind verschiedenartige Mittel entwickelt, um die Erdschlußströme nach Möglichkeit zu unterdrücken[1]). Da dieselben jedoch nicht überall im vollen Maße anwendbar sind, und sie die Ströme natürlich erst nach erfolgtem Durchschlag, also nach mindestens kurzzeitigem Auftreten, verringern können, so dürften die folgenden Ausführungen Interesse bieten, in denen versucht ist, das Maß der Gefährdung zahlenmäßig zu erfassen, die durch den konzentrierten Übertritt des Stromes vom Mast in die Erde hervorgerufen wird.[2])

I. Die Ausbreitung der Erdschlußströme um den Mastfuß.

a) Tiefenwirkung.

Der Erdschlußstrom tritt beim Isolatordurchschlag oder -überschlag durch den Fuß des eisernen Mastes in die Erde ein, so wie es in Fig. 2 dargestellt ist; er breitet sich bei homogener Erde in der näheren Umgebung der Erdschlußstelle gleichmäßig nach allen Seiten aus und erzeugt im Erdboden, der den endlichen spezifischen Leitungswiderstand[3]) ϱ besitzt, ein erhebliches Spannungsgefälle, dessen Verlauf in Fig. 2 dargestellt ist. Bei allseitig gleichmäßiger Ausbreitung des Stromes ist auf jeder Halbkugelfläche, die im Erdinnern um den Eintrittspunkt geschlagen wird, die gleiche Stromdichte $\mathfrak{i}$ vorhanden. Der Gesamtstrom ist daher für jeden Abstand x vom Mastfuß

$$J = 2\pi x^2 \cdot \mathfrak{i}. \qquad (1)$$

Die Stromdichte ist daher

$$\mathfrak{i} = \frac{J}{2\pi x^2} \qquad (2)$$

und die elektrische Feldstärke, das ist die Spannung pro Längeneinheit

$$\mathfrak{e} = \varrho\,\mathfrak{i} = \frac{\varrho J}{2\pi x^2}. \qquad (3)$$

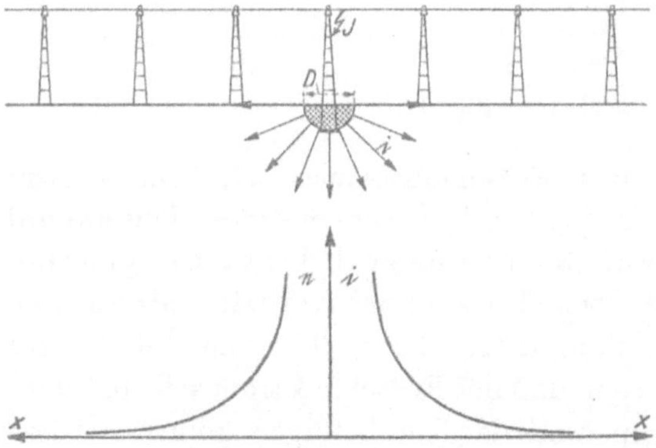

Fig. 2.

----

[1]) W. Petersen, E. T. Z. 1918, S. 341; Derselbe, E. T. Z. 1919, S. 1.

[2]) L. Lichtenstein, E. T. Z. 1921, S. 841 behandelt in einem während der Drucklegung erschienenen Aufsatz ähnliche Fragen der Stromausbreitung.

[3]) Seine Größenordnung ist für feuchten Boden $\varrho = 10^4\ \Omega$ cm; vgl. M. Abraham, Physikal. Zeitschr. **20**, 145 (1919).

Wir wollen für unsere Berechnung annehmen, der Strom trete durch eine gut leitende, in die Erdoberfläche versenkte Halbkugel vom Durchmesser D an Stelle des Mastfußes ein. Das entspricht der Wirklichkeit zwar nicht genau, jedoch kann man durch einfache Messungen für jede Elektrodenform leicht den gleichwertigen Kugeldurchmesser feststellen. Die durch den Erdwiderstand des Stromes J hervorgerufene Spannung E am Mast gegenüber einem beliebigen Punkte im Innern oder an der Oberfläche der Erde mit der Entfernung x ist dann

$$E = \int_{\frac{D}{2}}^{x} e\,dx = \frac{\varrho\,J}{2\,\pi} \int_{\frac{D}{2}}^{x} \frac{dx}{x^2} = \frac{\varrho\,J}{2\,\pi}\left[\frac{2}{D} - \frac{1}{x}\right]. \tag{4}$$

Für Entfernungen, die groß sind gegenüber dem Eintritts-Kugeldurchmesser verschwindet das zweite Klammerglied gegenüber dem ersten. Man erhält

$$E = \frac{\varrho\,J}{\pi\,D} = R\,J. \tag{5}$$

Darin ist

$$R = \frac{\varrho}{\pi\,D} \tag{6}$$

eine Größe, die unabhängig vom Strom und von der Entfernung x ist und nur durch den spezifischen Widerstand der Erde und den Eintritts-Kugeldurchmesser gegeben ist. Man nennt sie den Ausbreitungswiderstand oder Übergangswiderstand der Erdung[1]).

Für jede beliebige Form der Erdelektrode ist die Spannung gegenüber weit entfernten Punkten und daher der Übergangswiderstand durch eine ähnliche Formulierung gegeben. Er ist stets proportional dem spezifischen Leitungswiderstand ϱ des Erdbodens und umgekehrt proportional der Hauptabmessung z. B. D der Elektrode. So erhält man beispielsweise für kreisförmige Platten vom Durchmesser d, die auf dem Erdboden liegen, den Übergangswiderstand[1])

$$r = \frac{\varrho}{2\,d}. \tag{7}$$

Schreitet ein Mensch oder ein Tier entsprechend Fig. 3 die Umgebung der Erdschlußstelle ab, so erhält er vom Erdboden her Spannung aufgedrückt, die ihn unter Umständen beschädigen kann. Nennt man die Schrittweite s, so ist die Schrittspannung das Linienintegral der Feldstärke über die Schrittweite, also mit Gleichung (3)

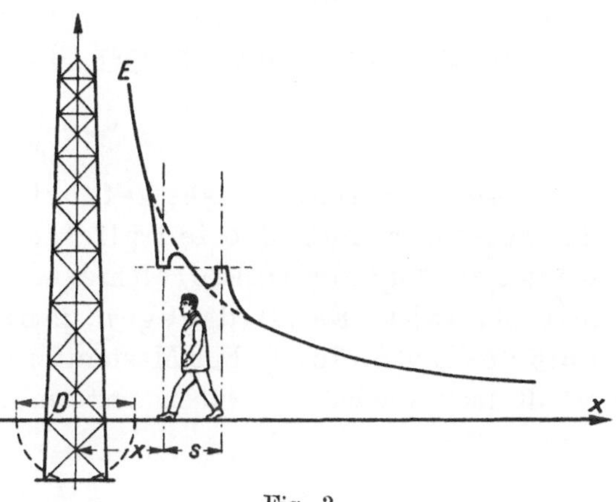

Fig. 3.

$$e_s = \int_{x}^{x+s} e\,dx = \frac{\varrho\,J}{2\,\pi} \int_{x}^{x+s} \frac{dx}{x^2} = \frac{\varrho\,J}{2\,\pi}\,\frac{s}{x\,(x+s)}. \tag{8}$$

Für Entfernungen vom Mast, die groß gegen die Schrittweite sind, nimmt die Schrittspannung nach der Näherungsformel

$$e_s = \frac{\varrho\,J}{2\,\pi}\,\frac{s}{x^2} \tag{9}$$

[1]) G. Kirchhoff, Vorlesungen über theoretische Physik Bd. III, S. 125; Kalender f. Elektrotechn. 1915, S. 76.

umgekehrt wie das Quadrat der Entfernung ab. In der Nähe des Mastes kann sie bis zu einem Höchstwert ansteigen, der durch $x = \dfrac{D}{2}$ gegeben ist zu

$$e_s = \frac{2}{\pi}\,\frac{s}{D\,(D + 2\,s)}\,\varrho\,J\,. \tag{10}$$

Die Schrittspannung ist außer vom Erdstrom und der Mastentfernung noch abhängig von der Schrittweite und dem spezifischen Widerstand der Erde und wird um so stärker, je größer diese beiden Werte sind.

Für die Gefährdung der Lebewesen kommt nun aber in Wirklichkeit nicht die Größe der Spannung in Betracht, sondern der Strom, der den Körper durchfließt. Derselbe hängt erheblich vom Leitungswiderstande des Körpers ab, dessen Größe sehr variabel ist. Wir wollen den gefährlichsten Fall betrachten, daß der Körperwiderstand $= 0$ ist, so daß unter der Wirkung der Schrittspannung der denkbar größte Strom durch den Körper fließt. Dieser Kurzschlußstrom beeinflußt natürlich die Spannungsverteilung in der Umgebung der Fußpunkte, und zwar muß er sich so groß einstellen, daß unter der Wirkung seines eigenen Feldes und des vom Mast ausgehenden Erdstromfeldes die Spannungsdifferenz zwischen den beiden Fußpunkten gleich 0 wird. Wenn wir zur Vereinfachung der Anschauung die Fußpunkte als Kreisplatten vom Durchmesser d auffassen, der klein gegenüber der Schrittweite sein möge, so verteilt sich der Strom jedes Fußes nach ganz ähnlichen Gesetzen wie der Maststrom im Erdboden und besitzt unter jedem Fuß einen Ausbreitungswiderstand nach Gleichung (7), durch dessen Wirkung der Spannungsverlauf unter den Füßen soweit gehoben oder gesenkt wird, daß kein Spannungsunterschied zwischen den Füßen mehr besteht. In Fig. 2 sind diese Verhältnisse dargestellt.

Da der Kurzschlußstrom i_s durch den Körper in den beiden Ausbreitungswiderständen r zusammengenommen der ursprünglichen Schrittspannung e_s das Gleichgewicht halten muß, so ist seine Größe gegeben durch die Bedingung

$$2\,r\,i_s = e_s. \tag{11}$$

Er wird also nach Einsetzen von Gleichung (7) und (8)

$$i_s = \frac{d\,s}{x\,(x + s)}\,\frac{J}{2\,\pi}. \tag{12}$$

Das Verhältnis dieses gefährlichsten Körperstromes zum Erdstrom des Mastes hängt also lediglich ab von der Schrittweite s, dem gleichwertigen Fußplattendurchmesser d und der Entfernung x vom Mastmittelpunkt. Es ist dagegen gänzlich unabhängig von der Leitfähigkeit des Erdbodens. Für Mastentfernungen, die groß gegen die Schrittweite sind, erhält man wieder die Näherungsformel

$$\frac{i_s}{J} = \frac{1}{2\,\pi}\,\frac{d\,s}{x^2}. \tag{13}$$

Für Berührung des einen Fußes mit dem gleichwertigen Mastfußdurchmesser D erhält man

$$\frac{i_s}{J} = \frac{2}{\pi}\,\frac{d\,s}{D\,(D + 2\,s)}. \tag{14}$$

Wenn der Strom nicht durch beide Füße in den Körper ein- und austritt, sondern wenn man in Schrittweite vom Mast steht und denselben mit der Hand berührt, so kann man deren Übergangswiderstand zum eisernen Mast vernachlässigen, so daß der Kurzschlußstrom nur durch einen einzigen Fußwiderstand bestimmt wird. In Gleichung (11) fällt dann der Faktor 2 fort und man erhält für Mastberührung mit der Hand den doppelten Strom der Gleichung (14). Steht man dabei nicht nur mit einem, sondern mit beiden Füßen um die Schrittweite vom Mast entfernt, so wird der den Körper durchfließende Strom wegen des verringerten Fußwiderstandes sogar noch größer. In allen diesen Fällen kann jedoch andererseits der Eigenwiderstand des Körpers eine gewisse Abschwächung bewirken. Man kann dieselbe berücksichtigen, indem man den Strom nach diesen Formeln verringert im Verhältnis des Ausbreitungswiderstandes beider Füße zum Gesamtwiderstand von Körper und Füßen. Genaue Zahlenwerte hierfür sind aber schwer zu bestimmen.

Für einen gleichwertigen Mastfußdurchmesser[1]) von $D = 2$ m, eine Schrittweite $s = 1$ m und einen gleichwertigen Fußplattendurchmesser $d = 0,2$ m erhält man für den Fall der Gleichung (14) einen höchstmöglichen Körperstrom von

$$\frac{i_s}{J} = \frac{1}{20\,\pi} = 1,6 \text{ vH.} \tag{15}$$

Sieht man einen Körperstrom von 0,1 Amp. als tödlich an, so muß der Erdschlußstrom im Maste unterhalb 6,3 Amp. bleiben.

b) Oberflächenwirkung.

Bisher haben wir angenommen, daß der spezifische Leitungswiderstand ϱ der Erde in der näheren und weiteren Umgebung des geerdeten Mastes an jeder Stelle der Oberfläche und der Tiefe den gleichen Wert besitzt. Dies ist nun in Wirklichkeit fast nie der Fall. Im allgemeinen sind in der Nähe der Erdoberfläche Schichten verschiedener Leitfähigkeit vorhanden, die bewirken, daß der Strom sich nicht mehr so gleichförmig verteilt, wie es in Fig. 1 und Gleichung (2) angesetzt wurde. Sehr häufig leitet die Schicht unmittelbar an der Erdoberfläche den Strom wesentlich schlechter als die tieferen Schichten, die stärker von Grundwasser durchsetzt sind. Der Strom fließt dann vom Mastfuß aus zum größeren Teil nach unten in die gut leitenden Schichten und nur ein geringerer Teil, als bisher berechnet, bleibt an der Erdoberfläche haften. Die Schrittspannung und damit auch der gefährliche Körperstrom kann dadurch erheblich verringert werden. Es treten aber auch Fälle ein, in denen die Schichten der Leitfähigkeit umgekehrt verlaufen. Beispielsweise kann sich in einem gewissen Abstand unter der Oberfläche eine nicht leitende Horizontalschicht befinden. Der Erdstrom kann dann nur in der mehr oder weniger gut leitenden Oberschicht von begrenzter Tiefe fließen und entwickelt hier eine Stromdichte und damit ein Spannungsgefälle, das größer ist, als es den bisherigen Gleichungen entspricht, so daß die Gefährdung der Lebewesen an der Erdoberfläche steigt. Besonders ungünstig liegen die Verhältnisse, wenn nur die äußerste Schicht der Oberfläche durch kräftige Regenschauer stark durchfeuchtet ist und verhältnis-

---

[1]) Nach einigen Messungen an Modellen kann man für den gleichwertigen Fußdurchmesser eines vollen quadratischen Mastes mit der Seitenlänge a und der Eindringungstiefe b in den Erdboden setzen: $$D = 1,72 \sqrt{ab}\,,$$
während man für den gleichwertigen Durchmesser eines menschlichen Fußes von der Fläche f den des flächengleichen Kreises annehmen darf, also: $$d = 1,13 \sqrt{f}.$$

mäßig hohe Leitfähigkeit besitzt, während sich darunter eine dickere schlecht leitende Bodenschicht, etwa von ausgetrocknetem Sande, befindet. Der Erdstrom konzentriert sich dann zum großen Teil an der gut leitenden Erdoberfläche.

Wir wollen den gefährlichsten Grenzfall betrachten, daß nur eine dünne Oberflächenschicht von der Stärke h leitend ist, wädrend der Widerstand der darunter liegenden Erdmasse so groß sein möge, daß zum mindesten in der Gefahrzone der näheren Umgebung des Mastes keine erhebliche Strommenge in sie übertritt. Der Erdstrom des Mastes breitet sich dann in dieser leitenden Schicht radial vom Maste aus, wie dies in Fig. 4 dargestellt ist. Auf jedem Kreis an der Erdoberfläche um den Mastfuß herum herrscht dann die gleiche Stromdichte. Der Gesamtstrom ist daher für den Abstand x vom Mittelpunkt

$$J = 2\pi x \cdot h \cdot \mathrm{i}. \tag{16}$$

Die Stromdichte ist daher

$$\mathrm{i} = \frac{J}{2\pi h x}. \tag{17}$$

Sie nimmt ebenso wie auch die elektrische Feldstärke

$$\mathrm{e} = \varrho\, \mathrm{i} = \frac{\varrho J}{2\pi h x} \tag{18}$$

umgekehrt wie die erste Potenz der Entfernung x ab, also wesentlich langsamer wie bei gleichförmigem Erdwiderstande, wo die Abnahme gemäß

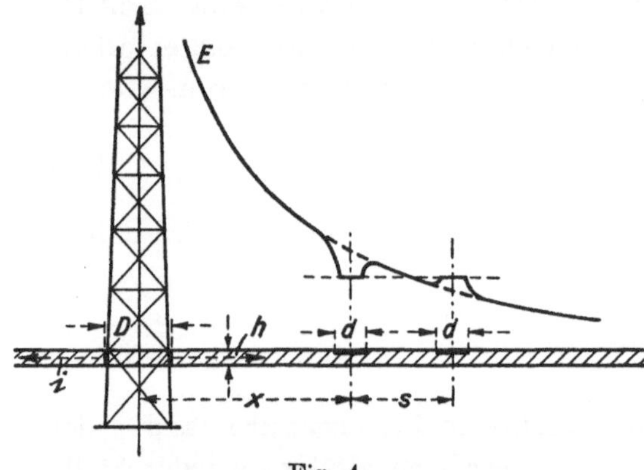

Fig. 4.

der zweiten Potenz der Entfernung erfolgt.

Wenn wir den Mastfuß für den Stromübergang zur leitenden Erdschicht durch einen gleichwertigen Kreiszylinder vom Durchmesser D ersetzt denken, so ist die durch den Erdstrom J hervorgerufene Spannung E am Mast gegenüber einem beliebigen Punkt der Erdoberfläche mit der Entfernung x

$$E = \int_{\frac{D}{2}}^{x} \mathrm{e}\, dx = \frac{\varrho J}{2\pi h} \int_{\frac{D}{2}}^{x} \frac{dx}{x} = \frac{\varrho J}{2\pi h} \ln\left(\frac{2x}{D}\right). \tag{19}$$

Diese Spannung wird selbst für große Entfernungen niemals konstant, sondern wächst logarithmisch weiter an. Ein bestimmter Ausbreitungswiderstand eines einzelnen Mastes, der sich bei Tiefenwirkung des Stromes ergab, läßt sich daher bei Oberflächenverlauf des Stromes nicht mehr angeben. Der Widerstand hängt vielmehr hier von der Größe des gesamten Spannungsfeldes ab.

Legt man jedoch nicht nur eine sondern zwei Elektroden, etwa zwei Kreisplatten vom Durchmesser d, an die leitende Oberfläche, die die Entfernung s haben mögen, wodurch sich zwei Füße in Schrittweite darstellen lassen, durch die der gleiche Strom ein- und austritt, so ergibt sich natürlich ein bestimmter Übergangs- oder Ausbreitungswiderstand. Man findet auf ähnliche Weise wie bei der letzten Gleichung für beide Elektroden zusammen

$$2\,r = \frac{\varrho}{\pi h} \ln\left(\frac{2s}{d}\right) \tag{20}$$

sofern s groß gegen d ist.

Dieser Widerstand ist nicht wie der Ausbreitungswiderstand nach Gleichung (7) bei Tiefenwirkung des Stromes nur durch den Erdwiderstand ϱ und Plattendurchmesser d gegeben, sondern er hängt auch von der Stärke h der leitenden Schicht und vor allem von der Entfernung s der beiden Plattenelektroden in starkem Maße ab und wird selbst bei sehr großen Plattenabständen nicht konstant.

Obwohl die Spannung E am Mast nach Gleichung (19) sich nicht bestimmen läßt, ohne zu wissen, bis zu welchen Entfernungen x sich der Strom in der Oberflächenschicht ausbreitet, können wir das Spannungsgefälle, das der Erdstrom J in der Umgebung des Mastes hervorruft, nach Gleichung (18) doch berechnen. Die Schrittspannung zwischen 2 Füßen im Abstand x und $x + s$ ergibt sich daraus zu

$$e_s = \int\limits_{x}^{x+s} \mathfrak{e}\,d x = \frac{\varrho\,J}{2\,\pi\,h} \int\limits_{x}^{x+s} \frac{d x}{x} = \frac{\varrho\,J}{2\,\pi\,h} \ln\left(1 + \frac{s}{x}\right). \tag{21}$$

Man kann den Logarithmus in einer Reihe entwickeln und erhält für große Entfernungen vom Mast unter Vernachlässigung der weiteren Glieder mit höheren Potenzen als Näherungsformel für die Schrittspannung

$$e_s = \frac{\varrho\,J}{2\,\pi} \frac{s}{h\,x}. \tag{22}$$

Da die Oberflächenschichtdicke h klein ist, so erkennt man durch Vergleich dieser Beziehung mit Gleichung (9), daß in erheblichen Entfernungen vom Mast bei Oberflächenleitung eine viel größere Schrittspannung entsteht als bei Tiefenleitung.

Der größtmögliche Körperstrom ist wieder der Kurzschlußstrom, der sich bei widerstandsloser Verbindung der beiden Fußplatten unter der Wirkung dieser Schrittspannung entwickelt. Er berechnet sich auch hier nach Gleichung (11) in Verbindung mit (20) und (21) zu

$$i_s = \frac{e_s}{2\,r} = \frac{\ln\left(1 + \dfrac{s}{x}\right)}{\ln\left(\dfrac{2\,s}{d}\right)} \frac{J}{2}. \tag{23}$$

Das Verhältnis dieses gefährlichsten Körperstromes zum Erdstrom des Mastes hängt auch hier lediglich von geometrischen Längenverhältnissen ab, nämlich von dem Verhältnis Schrittweite zum Mastabstand und Schrittweite zum Fußdurchmesser. Es ist dagegen völlig unabhängig von der Dicke und dem spezifischen Widerstand der leitenden Oberflächenschicht. Für sehr große Entfernungen vom Mast erhält man als Näherungsformel für das Stromverhältnis nach Gleichung (22):

$$\frac{i_s}{J} = \frac{1}{2} \frac{s}{x \cdot \ln\left(\dfrac{2\,s}{d}\right)}. \tag{24}$$

Für Berührung des einen Fußes mit dem Mastfußdurchmesser D erhält man

$$\frac{i_s}{J} = \frac{1}{2} \frac{\ln\left(1 + \dfrac{2\,s}{D}\right)}{\ln\left(\dfrac{2\,s}{d}\right)} \tag{25}$$

Eine direkte Berührung des Mastes mit den Händen vergrößert den Körperstrom noch weiter, während der tatsächlich stets vorhandene Körperwiderstand den Strom verkleinert. Durch Vergleich des Körperwiderstandes mit dem Fußwiderstand nach Gleichung (20) kann man unter Umständen auch hier das Maß der Verringerung abschätzen.

Der Logarithmus im Nenner der letzten drei Formeln wird nur durch Schrittweite und Fußgröße des Menschen bestimmt. Für eine Schrittweite $s = 1$ m und einen gleichwertigen Fußplattendurchmesser $d = 0,2$ m erhält man den Logarithmus zu 2,3. Nimmt man auch hier einen gleichwertigen Mastfußdurchmesser von $D = 2$ m an, so erhält man für den Fall der Gleichung (25) einen höchstmöglichen Körperstrom von

$$\frac{i_s}{J} = \frac{\ln 2}{2 \ln 10} = 15 \text{ vH.} \tag{26}$$

Dies ist ein außerordentlich hoher Betrag, der fast das 10fache des in Gleichung (15) für die Tiefenausbreitung berechneten Körperstromes darstellt. **Er wird bedingt durch vollständige Flächenkonzentration des gesamten Maststromes an der Erdoberfläche, durch die die Gefährdung von Lebewesen auf ein hohes Maß gebracht werden kann.**

Bei einphasigem Erdschluß von Wechselstromleitungen entwickeln sich Erdströme, die durch die Kapazität der anderen gesunden Phasenleitungen ins Netz zurückfließen müssen. Sie sind daher proportional der Leitungskapazität und können im allgemeinen nur mäßige Werte erreichen, die meist unter 50 Amp. liegen. Dennoch können, wie die vorausgehenden Rechnungen zeigen, schon hierbei starke Gefährdungen eintreten. **Außerordentlich starke Erdströme treten jedoch dann auf, wenn gleichzeitig zwei Erdschlüsse in verschiedenen Phasen des Netzes eintreten.** Dann ist nämlich die volle Netzspannung nur über die Erdwiderstände zweier Masten und die Induktanz der Leitungen kurzgeschlossen. Dabei entwickeln sich außerordentlich große plötzliche und dauernde Kurzschlußströme, deren Größe im allgemeinen ein Vielfaches der Kapazitätsströme ist. Sie können so stark sein, daß sie sogar die Feuchtigkeit in der Nähe der Masten zum Verdampfen bringen und die Erdoberfläche im weiten Umkreise von den Erdungsstellen unter gefährliche Spannungen setzen können.

II. Die Wirkung des Erdungsseiles bei Erd- und Kurzschlüssen.

Will man das Auftreten von gefährlichen Schrittspannungen in der Nähe des Erddurchschlages von Freileitungen vermeiden, so muß man dafür sorgen, daß die Ströme in der Umgebung des mit Erdschluß behafteten Mastes, in der hohe Stromkonzentration und daher gefährliche Spannungen auftreten, in metallischen Leitern fließen können und erst in größeren Abständen vom geerdeten Maste ihren Weg durch die Erde nehmen müssen. Man pflegt dies entweder dadurch zu erreichen, daß man die Erdungsströme von jedem Mastfuß in ein unterirdisch möglichst ausgedehntes weitmaschiges Drahtnetz fließen läßt, das den Mast umgibt, oder indem man die eisernen Masten der Leitungsstrecke durch ein besonderes Erdungsseil miteinander verbindet, so daß den Erdschlußströmen nicht nur der mit Erdschluß behaftete Mast, sondern auch sämtliche andere Masten zum Übertritt in die Erde zur Verfügung stehen. Da nun aber das Erdungsseil einen gewissen Leitungswiderstand besitzt, so wird durch weit entfernte Masten nicht soviel Strom in die Erde fließen, als durch Masten, die dem Erdschluß nahe liegen. Der größte Strom wird stets durch den Erdschlußmast selbst zur Erde übertreten.

Um die Verteilung des Stromes zu finden, können wir entsprechend Fig. 5 für den $n$ten Mast, vom Erdungsmast aus gerechnet, aussagen, daß der in ihm zur Erde übertretende Strom J_n gleich sein muß der Differenz der Ströme i_n und i_{n+1} in den ihm benachbarten Teilen des Erdungsseiles

$$J_n = i_n - i_{n+1}. \quad (27)$$

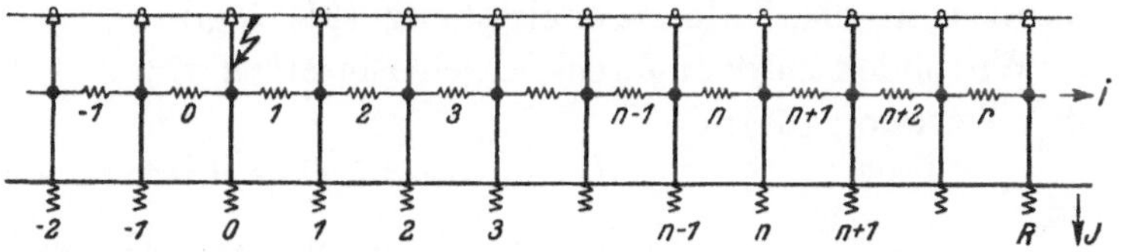

Wir wollen den Widerstand des Erdseilabschnittes zwischen zwei Masten r und den Erdungswiderstand jedes Mastes R nennen und dabei annehmen, daß alle Masten gleichen Erdwiderstand und einen Abstand besitzen, der groß genug gegenüber dem Mastfuß ist, so daß ihre Stromverteilungen sich in der Erde gegenseitig nicht merklich beeinflussen. Dann können wir die Umlaufspannung für den Stromkreis anschreiben, der aus den n^{ten} Teil des Erdungsseiles und dem n^{ten} und $n-1^{\text{ten}}$ Mast der Strecke gebildet wird zu

$$J_n R - J_{n-1} R + i_n r = 0. \quad (28)$$

Diese beiden Gleichungen (27) und (28) beherrschen das Gesetz der Stromverteilung auf alle Masten und Erdseilabschnitte vollständig, wenn man für n nacheinander die Zahlen 0, 1, 2, 3, 4, 5 usw. einsetzt, die angeben, den wievielten Mast vom Erdschlußmast aus man betrachten will.

Um die Unbekannten i und J in Gleichung (27) und (28) zu trennen, kann man nach Gleichung (28) schreiben

$$i_n = \frac{R}{r}(J_{n-1} - J_n). \quad (29)$$

Diese Gleichung gilt für den n^{ten} Streckenabschnitt des Erdseiles. Wendet man sie auf den $n+1^{\text{ten}}$ Erdseilabschnitt an, so muß man in ihr n durch $n+1$ ersetzen und erhält

$$i_{n+1} = \frac{R}{r}(J_n - J_{n+1}). \quad (30)$$

Durch Einsetzen von Gleichung (29) und (30) in Gleichung (27) entsteht alsdann

$$\frac{r}{R} J_n = J_{n+1} - 2J_n + J_{n-1}, \quad (31)$$

eine Beziehung, die eine lineare Differenzengleichung zweiter Ordnung für den Maststrom J darstellt.

Eine ähnliche Beziehung erhält man für den Erdseilstrom i, indem man die Gleichung (27) für den $n-1^{\text{ten}}$ Mast anschreibt zu

$$J_{n-1} = i_{n-1} - i_n. \quad (32)$$

Wenn man Gleichung (27) und (32) in Gleichung (28) einsetzt, dann entsteht

$$\frac{r}{R} i_n = i_{n+1} - 2i_n + i_{n-1}, \quad (33)$$

also dieselbe Differenzengleichung wie für J.

Zur Lösung dieser Differenzengleichungen müssen wir einen Ansatz machen, in welcher Weise der Strom von der Ordnungszahl n der Masten abhängt. Wir versuchen den Ansatz

$$J_n = A \cdot \varepsilon^{\alpha n}, \tag{34}$$

in dem A eine willkürliche noch zu bestimmende Konstante bedeutet, ε die Basis der natürlichen Logarithmen ist und α ein Zahlenwert ist, dessen Größe sich durch Einsetzen in die Differenzengleichung (31) ergibt.

Wir bilden zu dem Zweck durch Einsetzen von $n + 1$ und $n - 1$ an Stelle von n in Gleichung (34):

$$J_{n+1} = A \cdot \varepsilon^{\alpha (n+1)} = A \cdot \varepsilon^{\alpha} \cdot \varepsilon^{\alpha n} \tag{35}$$

und

$$J_{n-1} = A \cdot \varepsilon^{\alpha (n-1)} = A \cdot \varepsilon^{-\alpha} \cdot \varepsilon^{\alpha n}. \tag{36}$$

Damit wird aus Gleichung (31), wenn wir die gemeinsamen Faktoren aller Glieder streichen:

$$\frac{r}{R} = \varepsilon^{\alpha} - 2 + \varepsilon^{-\alpha} = \left(\varepsilon^{\frac{\alpha}{2}} - \varepsilon^{-\frac{\alpha}{2}} \right)^2 = \left(2 \operatorname{\mathfrak{Sin}} \frac{\alpha}{2} \right)^2, \tag{37}$$

und daraus erhält man für die Exponentialziffer α die Bestimmungsgleichung:

$$\operatorname{\mathfrak{Sin}} \frac{\alpha}{2} = \frac{1}{2} \sqrt{\frac{r}{R}}. \tag{38}$$

Da die Widerstände r und R stets bekannt sind, so kann man α aus einer Tafel der hyperbolischen Funktion leicht berechnen und erkennt aus Gleichung (34), daß der von den Masten in die Erde übertretende Strom J sich mit zunehmender Entfernung vom Erdschlußmaste nach einem Exponentialgesetz ändert. Da sowohl positive wie negative Werte von α der Bedingungsgleichung (37) genügen, so können wir als vollständige Lösung der Differenzengleichung in Erweiterung von Gleichung (34) schreiben:

$$J_n = A \varepsilon^{\alpha n} + B \varepsilon^{-\alpha n}. \tag{39}$$

Die beiden willkürlichen Konstanten A und B entsprechen der Tatsache, daß in der Differenzengleichung (31) recht die zweite Differenz von J_n steht, nämlich:

$$(J_{n+1} - J_n) - (J_n - J_{n-1}) = J_{n+1} - 2J_n + J_{n-1}. \tag{40}$$

Häufig ist der Widerstand r des Erdseiles zwischen zwei Masten relativ klein gegenüber dem Erdungswiderstand R jedes Mastes. Dann ist der $\operatorname{\mathfrak{Sin}}$ der Gleichung (38) sehr klein, und man kann für ihn das Argument setzen. Man erhält damit die Näherungsformel für α:

$$\alpha \cong \sqrt{\frac{r}{R}}, \tag{41}$$

die bis zu Werten von etwa $\frac{r}{R} = 0,1$ anwendbar ist. Die Wurzel aus dem Verhältnis von Widerstand des Erdseiles zwischen zwei Masten zum Erdwiderstand jedes Mastes ist also charakteristisch für die Verteilung der Ströme in den gesamten Leitungen.

Da wir für den Erdseilstrom i_n in Gleichung (33) dieselbe Differenzengleichung erhalten haben wie für den Maststrom J_n in Gleichung (31), so erhalten wir in

Analogie mit der Lösung für den letzteren nach Gleichung (39) für den Erdseilstrom:

$$i_n = a\,\varepsilon^{\alpha n} + b\,\varepsilon^{-\alpha n}, \qquad (42)$$

in der nur a und b andere Konstanten bedeuten.

Da die Ströme durch die Beziehung (27) miteinander verknüpft sind, so sind die Konstanten AB und ab nicht unabhängig voneinander. Man erhält vielmehr durch Einsetzen der Lösungen (39) und (42) in Gleichung (27):

$$A\,\varepsilon^{\alpha n} + B\,\varepsilon^{-\alpha n} = a\,\varepsilon^{\alpha n}(1 - \varepsilon^{\alpha}) + b\,\varepsilon^{-\alpha n}(1 - \varepsilon^{-\alpha}), \qquad (43)$$

und daraus, weil diese Beziehung für jedes n gelten muß:

$$\left. \begin{aligned} A &= a\,(1 - \varepsilon^{\alpha}) \\ B &= b\,(1 - \varepsilon^{-\alpha}) \end{aligned} \right\} \qquad (44)$$

Für den Erdseilstrom wird damit nach Gleichung (42):

$$i_n = \frac{A\,\varepsilon^{\alpha n}}{1 - \varepsilon^{\alpha}} + \frac{B\,\varepsilon^{-\alpha n}}{1 - \varepsilon^{-\alpha}}. \qquad (45)$$

In den beiden Gleichungen (39) und (45) sind jetzt nur noch **zwei Konstanten** A und B enthalten, deren Größe aus den **Grenzbedingungen des Problems** bestimmt werden muß.

Wir wollen drei verschiedene Fälle untersuchen:

a) Erdschluß am Ende einer langen Leitungsstrecke.

Der Erdschlußstrom J, der bei einphasigem Erdschluß im wesentlichen durch die Kapazität der Netzteile bedingt ist, gabelt sich nach Fig. 6 in den Mastfußstrom J_0 und den Erdseilstrom i_1. Es ist also:

$$J = J_0 + i_1. \qquad (46)$$

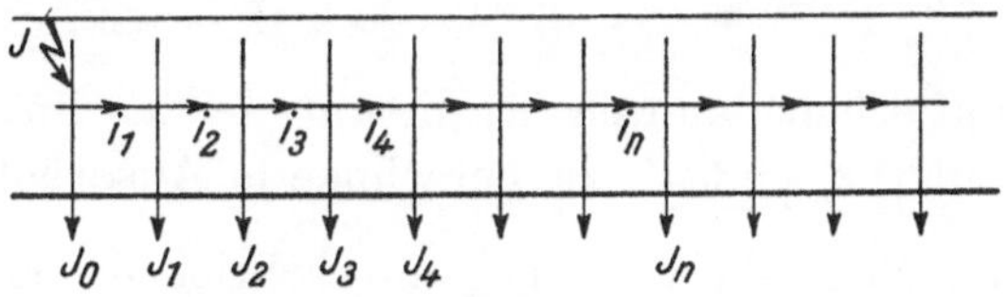

Dies ist die Grenzbedingung an einem Ende der Strecke mit $n = 0$. Für sehr große Abstände n vom Erd-

Fig. 6.

schlußmast können die Ströme nicht über alle Maßen groß werden, sie müssen vielmehr mit wachsendem n kleiner und kleiner werden. Für den Grenzfall sehr langer Leitungen muß daher in Gleichung (39) und (45):

$$A = 0 \qquad (47)$$

werden. Es bleibt dann in beiden Gleichungen nur das zweite Glied mit B stehen. Es ist:

$$\left. \begin{aligned} J_n &= B\,\varepsilon^{-\alpha n} \\ i_n &= \frac{B\,\varepsilon^{-\alpha n}}{1 - \varepsilon^{-\alpha}} \end{aligned} \right\} \qquad (48)$$

Durch Einsetzen dieser Werte in Gleichung (46), wobei für J_n: $n = 0$ und für i_n: $n = 1$ zu setzen ist, erhält man den Ausdruck:

$$J = B + \frac{B\,\varepsilon^{-\alpha}}{1 - \varepsilon^{-\alpha}} = \frac{B}{1 - \varepsilon^{-\alpha}}. \qquad (49)$$

Die Konstante B ist also im Verhältnis zum Erdschlußstrom J:

$$\frac{B}{J} = 1 - \varepsilon^{-\alpha} = 1 - \frac{1 - \mathfrak{Tg}\,\frac{\alpha}{2}}{1 + \mathfrak{Tg}\,\frac{\alpha}{2}} = \frac{2\,\mathfrak{Tg}\,\frac{\alpha}{2}}{1 + \mathfrak{Tg}\,\frac{\alpha}{2}}. \tag{50}$$

Der größte in die Erde fließende Strom herrscht natürlich am Erdschlußmast mit $n = 0$. Er ist nach Gleichung (48) mit B von Gleichung (50):

$$J_0 = \frac{2\,\mathfrak{Tg}\,\frac{\alpha}{2}}{1 + \mathfrak{Tg}\,\frac{\alpha}{2}}\,J. \tag{51}$$

Der größte Erdseilstrom ist in der am Erdschlußmast anliegenden Strecke vorhanden mit $n = 1$. Er ist aus Gleichung (46) oder (48) zu errechnen zu:

$$i_1 = J - \frac{2\,\mathfrak{Tg}\,\frac{\alpha}{2}}{1 + \mathfrak{Tg}\,\frac{\alpha}{2}}\,J = \frac{1 - \mathfrak{Tg}\,\frac{\alpha}{2}}{1 + \mathfrak{Tg}\,\frac{\alpha}{2}}\,J = \varepsilon^{-\alpha}\,J. \tag{52}$$

Zur Zahlenrechnung ist es bequem, die transzendenten Funktionen zu vermeiden. Man kann dazu unter Berücksichtigung von Gleichung (38) schreiben:

$$\mathfrak{Tg}\,\frac{\alpha}{2} = \frac{\mathfrak{Sin}\,\frac{\alpha}{2}}{\sqrt{1 + \mathfrak{Sin}^2\,\frac{\alpha}{2}}} = \frac{1}{2}\sqrt{\frac{\dfrac{r}{R}}{1 + \dfrac{1}{4}\dfrac{r}{R}}} \tag{53}$$

und erhält dadurch für die am meisten interessierenden Ströme nach Gleichung (51) und (52) einfach zu berechnende Ausdrücke. In Tabelle 1 sind dieselben für verschiedene Werte von $\frac{r}{R}$ angeschrieben. Man erkennt, daß man durch Verbinden der Masten durch ein Erdseil mit relativ kleinem Widerstande den vom Erdschlußmast in die Erde überfließenden Strom auf einen geringen Bruchteil vermindern kann. daß man daher durch Anwendung von Erdseilen die Gefährdung durch Erdströme erheblich verkleinert. Wesentlich ist dabei die richtige Wahl des Verhältnisses von Erdseilwiderstand zu Masterdungswiderstand. Nach unseren Berechnungen kommt die Wurzel dieses Verhältnisses als Maßstab in Betracht.

Tabelle 1.

$\dfrac{r}{R}$	$\dfrac{J_0}{J}$	$\dfrac{i_1}{J}$
0	0	1
0,01	0,096	0,904
0,03	0,159	0,841
0,1	0,271	0,729
0,3	0,416	0,584
1	0,618	0,382

Das Erdseil entlastet den Erdschlußmast und führt die Erdströme auch den anderen Masten zu. Wie sie sich auf die einzelnen Masten und die einzelnen Erdseilabschnitte verteilen, geht aus Formel (48) hervor und ist in Fig. 7 für den Fall $\frac{r}{R} = 0{,}03$ bildlich dargestellt.

Wir wollen den Mastabstand n bestimmen, in dem der Erdstrom auf 1 vH des Anfangswertes abgeklungen ist. Dafür ist:

$$\varepsilon^{-\alpha n} = \frac{1}{100} \qquad (54)$$

und demnach

$$n_{1\,\mathrm{vH}} = \frac{\ln 100}{\alpha} = 4{,}6\,\sqrt{\frac{R}{r}}. \qquad (55)$$

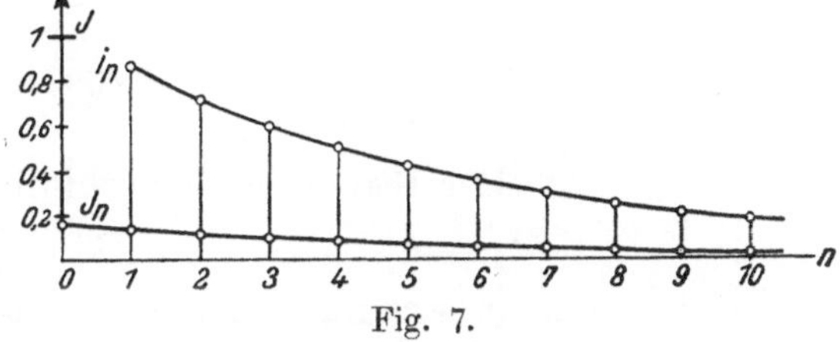
Fig. 7.

Darin ist der Näherungswert (41) für α eingesetzt. Man erkennt, daß der Ausbreitungsbereich der Erdströme auf die Masten sich nahezu umgekehrt wie die Wurzel aus dem Widerstand des Erdseiles ausdehnt. Für $\dfrac{r}{R} = 0{.}03$ erhält man demnach am 26. Mast vom Streckenende nur noch einen Erdstrom von 1 vH des Erdstromes an der Erdschlußstelle. Hierdurch ist gleichzeitig ausgedrückt, wann man die Leitung als lang genug ansehen kann, um nach Gleichung (47) die ersten Glieder von Gleichung (39) und (45) zu streichen. Es muß, um keinen erheblichen Fehler in der Rechnung zu begehen, mindestens die durch Gleichung (55) gegebene Mastzahl vorhanden sein. Praktisch ist dies wohl stets der Fall. Tabelle 2 zeigt die zu verschiedenen Werten von $\dfrac{r}{R}$ gehörigen Zahlenwerte von α und $n_{1\,\mathrm{vH}}$.

Tabelle 2.

$\dfrac{r}{R}$	α	$n_{1\,\mathrm{vH}}$
0	0	∞
0,01	0,100	46
0,03	0.173	26,5
0.1	0,316	14.5
0,3	0,547	8.5
1	0,980	4,7

b) Erdschluß auf der freien Leitungsstrecke.

Der Erdschlußstrom breitet sich hier im Erdseil zu beiden Seiten des gestörten Mastes aus, wie es Fig. 8 darstellt. Für jede Seite gilt Gleichung (39) und (45) für die Verteilung der Ströme, jedoch mit verschiedenen Konstanten A und B. Auch hier sind die Erdschlußströme in den Masten und Erdseilen für große

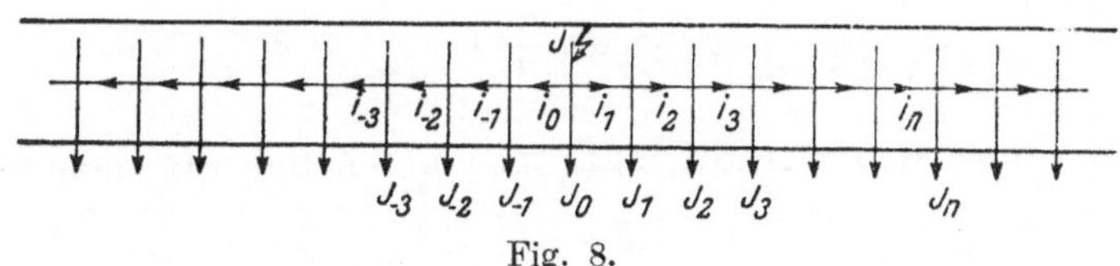
Fig. 8.

Mastentfernungen n verschwindend klein, sofern die Leitung mindestens so lang ist, wie es Gleichung (55) angibt. Daher ist für die Strecke rechts vom Erdschlußmast wieder $A = 0$ zu setzen, denn sonst würde man mit n wachsende Ströme erhalten. Dagegen ist für die Strecke links vom Erdschlußmast $B = 0$ zu setzen, denn sonst würde man mit minus n ansteigende Ströme erhalten.

Man erhält daher:

Links vom Erdschlußmast für negative n	Rechts vom Erdschlußmast für positive n

Für den Erdstrom der Masten:

$$J_n = A\,\varepsilon^{\alpha n} \qquad (56) \qquad\qquad J_n = B\,\varepsilon^{-\alpha n}, \qquad (57)$$

Links vom Erdschlußmast für negative n	Rechts vom Erdschlußmast für positive n

Für den Strom im Erdseil:

$$i_n = \frac{A\,\varepsilon^{\alpha n}}{1 - \varepsilon^{\alpha}} \qquad (58) \qquad\Bigg|\qquad i_n = \frac{B\,\varepsilon^{-\alpha n}}{1 - \varepsilon^{-\alpha}}, \qquad (59)$$

Der Strom im Erdschlußmast mit $n = 0$ ist daher:

$$J_0 = A \qquad (60) \qquad\Big|\qquad J_0 = B \qquad (61)$$

Der Strom im Erdungsseil unmittelbar am Erdschlußmast wird nach Fig. 4:

$$i_0 = \frac{A}{1 - \varepsilon^{\alpha}} \qquad (62) \qquad\Bigg|\qquad i_1 = \frac{B\,\varepsilon^{-\alpha}}{1 - \varepsilon^{-\alpha}} = \frac{B}{\varepsilon^{\alpha} - 1}. \qquad (63)$$

Der Strom J_0 im Erdschlußmast ist beiden Seiten gemeinsam, daher wird nach Gleichung (60) und (61):

$$A = B = J_0. \qquad (64)$$

Hierdurch werden die ersten Erdseilströme von Gleichung (62) und (63) einander entgegengesetzt gleich, wie es aus Symmetriegründen nach Fig. 8 auch sein muß.

Der gesamte Erdschlußstrom J gabelt sich nach Fig. 8 in drei Teile. Ein Teil fließt durch den Erdschlußmast direkt zur Erde, zwei andere Teile fließen in die Erdseile nach rechts und links. Es ist also

$$J = J_0 + i_1 - i_0, \qquad (65)$$

worin beachtet werden muß, daß allein i_0 negativ anzusetzen ist, weil die Ströme i in der Richtung wachsender n als positiv gezählt werden. Setzt man Gleichung (62) und (63) unter Beachtung von Gleichung (64) in Gleichung (65) ein, so erhält man

$$J = J_0\left(1 + \frac{2}{\varepsilon^{\alpha} - 1}\right) = J_0\,\frac{\varepsilon^{\alpha} + 1}{\varepsilon^{\alpha} - 1} = J_0\,\mathfrak{Cotg}\,\frac{\alpha}{2}, \qquad (66)$$

und daher für den Erdstrom des Erdschlußmastes:

$$J_0 = \mathfrak{Tg}\,\frac{\alpha}{2}\,J. \qquad (67)$$

Den größten Erdseilstrom erhält man am einfachsten aus Gleichung (65) zu:

$$i_1 = -i_0 = \frac{J - J_0}{2} = \frac{1 - \mathfrak{Tg}\,\dfrac{\alpha}{2}}{2}\,J. \qquad (68)$$

Durch Vergleich der beiden letzten Beziehungen mit Gleichung (51) und (52) erkennt man, daß die größten auftretenden Erdströme und Erdseilströme beim Erdschluß auf der freien Strecke wesentlich kleiner sind als beim Erdschluß am letzten Streckenmast Sie sind nahezu, jedoch nicht ganz, halb so groß geworden, da $\mathfrak{Tg}\,\dfrac{\alpha}{2}$ im allgemeinen ein kleiner Bruch ist. Zur zahlenmäßigen Berechnung der Ströme kann man auch hier die Gleichung (53) benutzen. In allen Fällen, in denen $\dfrac{r}{R}$ geringer als der oben bereits genannte Wert 0,1 ist, genügt es sogar, die Näherungsformel (41) anzuwenden und in Gleichung (53) den Nenner unter der Wurzel gleich 1 zu setzen. Man erhält dann aus Gleichung (67) die Näherungsgleichung für den größten Masterdstrom:

$$J_0 \cong \frac{1}{2} \sqrt{\frac{r}{R}}\, J, \tag{69}$$

und für den größten Erdseilstrom:

$$i_1 = \frac{1}{2}\left(1 - \frac{1}{2}\sqrt{\frac{r}{R}}\right) J. \tag{70}$$

In Tabelle 3 sind die genauen Werte für verschiedene $\frac{r}{R}$ eingetragen.

Die Verteilung der Mastströme und Erdseilströme längs der Leitung auf beiden Seiten des Erdschlußmastes ist in Fig. 9 bildlich für $\frac{r}{R} = 0,03$ dargestellt. Auch hier gilt das gleiche Abklingungsgesetz der Gleichung (55).

Tabelle 3.

$\dfrac{r}{R}$	$\dfrac{J_0}{J}$	$\dfrac{i_1}{J}$
0	0	0,5
0,01	0,050	0,475
0,03	0,086	0,456
0,1	0.156	0,421
0,3	0,264	0,368
1	0,446	0,276

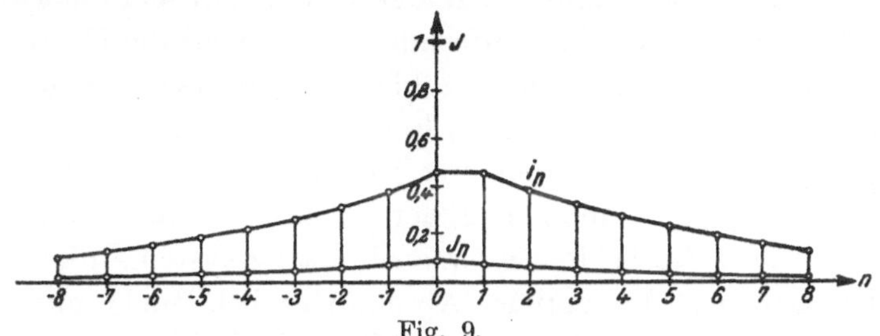

Fig. 9.

Im allgemeinen ist bei Erdschluß einer Phase eines größeren Leitungsnetzes der Erdstrom im wesentlichen durch die Erdkapazität der anderen Phasen bestimmt, durch die er in das Netz zurückfließt. Der Widerstand der Erde und der Ausbreitungswiderstand der Masten ist meistens so gering, daß er gegenüber dem Blindwiderstand der Kapazität keine erhebliche Rolle spielt. Dennoch kann es Interesse haben, den Widerstand der hier betrachteten Anordnungen, bei dem zahlreiche Masten parallel geschaltet sind, zu kennen, da von seiner Größe die Höhe der Spannung im Erdschlußmaste selbst abhängt. Da der Strom im Erdschlußmast durch die Wirkung des Erdseiles geringer wird als der gesamte Erdschlußstrom, und zwar je nachdem um das Maß der Gleichung (51) oder (67), so wird auch die Spannung im Erdschlußmaste und daher der Widerstand der Gesamtanordnung um das gleiche Maß geringer. Im hier behandelten Falle des Erdschlusses auf der freien Strecke ist demnach der gesamte Widerstand der verketteten Stromleitung nach Fig. 8:

$$\sum R, r = R \cdot \mathfrak{Tg}\,\frac{\alpha}{2} \cong \frac{1}{2}\sqrt{R r}. \tag{71}$$

Er läßt sich also näherungsweise durch das halbe geometrische Mittel des Mastwiderstandes und der Erdseilwiderstände bestimmen.

Nimmt man als Zahlenbeispiel einen Mastwiderstand von $R = 50$ Ohm und einen Erdseilwiderstand zwischen zwei Masten von $r = 0,5$ Ohm an, so erhält man nach Gleichung (67) oder (69) durch Anwendung des Erdseiles eine Reduktion des Erdstromes im gestörten Mast auf $\frac{1}{20}$ des Stromes ohne Erdseil, und ebenso sinkt auch der Widerstand der gesamten Leitungskette auf $\frac{1}{20}$ des Übergangswiderstandes eines Mastfußes.

c) Kurzschluß durch Erdschluß zweier Phasen.

Wenn in einem Leitungsnetze zwei verschiedenpolige Leitungen gleichzeitig Erdschluß besitzen, so stellt dieser doppelte Erdschluß einen mehr oder weniger vollständigen Kurzschluß der beiden Leitungen dar. Der Strom fließt, wie es in Fig. 10 dargestellt ist, aus der einen Leitung durch den einen Erdschlußmast an der Stelle $n = 0$ in die Erde hinein und durch den anderen Erd-

schlußmast an der Stelle $n = a$ wieder aus der Erde heraus in die zweite Leitung. Ist kein Erdseil vorhanden, so hat er auf seinem Lauf durch die Erde nur den doppelten

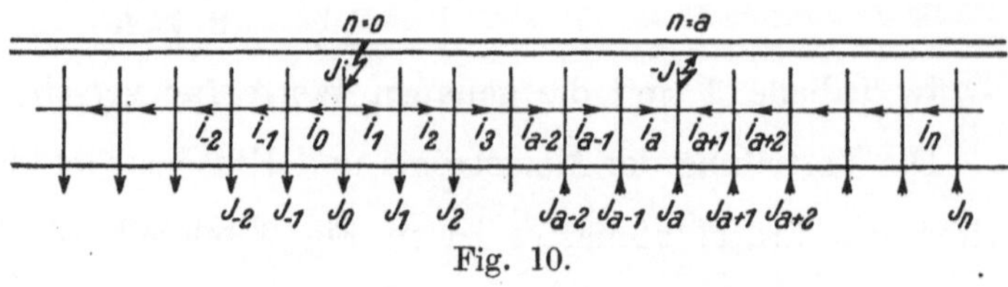

Fig. 10.

Ausbreitungswiderstand $2\,R$ der beiden Erdschlußmasten zu überwinden, der unabhängig von der Mastentfernung a ist. Sind die Masten jedoch durch ein Erdungsseil verbunden, so fließen zahlreiche parallele Ströme durch das Erdseil und die anderen Masten in die Erde hinein und aus ihr heraus, so daß der Widerstand der gesamten Leitungsverkettung wesentlich kleiner ist. Bei großem Abstand a der gleichzeitig geerdeten Maste, der größer ist als der doppelte Wert nach Gleichung (55), stören sich die beiden Stromausbreitungssysteme nicht. Man kann sie daher nach den Gesetzen des vorigen Abschnittes behandeln und erhält nach Gleichung (71) als gesamten Erdwiderstand des Doppelerdschlusses näherungsweise das geometrische Mittel aus Erdwiderstand des Mastes und Widerstand des Erdseilabschnittes zwischen 2 Masten. Liegt der Mastabstand a nur über dieser Grenze, so ist seine wirkliche Größe gleichgültig. Der Strom breitet sich in den Erdschichten zwischen den Erdschlußmasten auf so große Querschnitte aus, daß deren Widerstand keinen Beitrag liefert.

Ist die Mastentfernung a jedoch nur klein, so beeinflussen sich die Stromsysteme beider Erdschlußmasten erheblich, so daß man die Stromverteilung von neuem bestimmen muß. Wir müssen dann drei verschiedene Leitungsabschnitte unterscheiden: links von einem Erdschlußmast, in der Mitte zwischen den beiden Erdschlußmasten und rechts vom anderen Erdschlußmast. In jedem Abschnitt gelten dieselben prinzipiellen Gleichungen für die Stromverteilung und daher auch die gleichen Lösungen für Maststrom und Erdseilstrom nach Gleichung (39) und (45); jedoch sind die Konstanten A und B der Lösungen in den drei Abschnitten verschieden.

Wir wollen annehmen, daß die Leitung sich links und rechts von den beiden Erdschlußmasten auf größere Längen als nach Gleichung (55) erstreckt. Dann ist ebenso wie im letzten Abschnitt links von beiden Masten $B = 0$ und rechts von beiden Masten $A = 0$ zu setzen. Im Mittelabschnitt treten beide Konstanten auf. Man erhält daher, wenn man die Konstanten in den drei Abschnitten durch Striche unterscheidet:

Links	Mitte	Rechts
	Für den Maststrom:	
$J_n = A'\varepsilon^{\alpha n}$ (72)	$J_n = A\,\varepsilon^{\alpha n} + B\,\varepsilon^{-\alpha n}$ (73)	$J_n = B''\varepsilon^{-\alpha n}$ (74)
	Für den Erdseilstrom:	
$i_n = \dfrac{A'\varepsilon^{\alpha n}}{1-\varepsilon^{\alpha}}$ (75)	$i_n = \dfrac{A\,\varepsilon^{\alpha n}}{1-\varepsilon^{\alpha}} + \dfrac{B\,\varepsilon^{-\alpha n}}{1-\varepsilon^{-\alpha}}$ (76)	$i_n = \dfrac{B''\varepsilon^{-\alpha n}}{1-\varepsilon^{-\alpha}}$ (77)

Links	Mitte	Rechts

Damit wird der Strom im Erdschlußmast $n = 0$:

$$J_0 = A' \qquad (78) \qquad\qquad J_0 = A + B \qquad (79)$$

und im Erdschlußmast $n = a$:

$$J_a = A\,\varepsilon^{\alpha a} + B\,\varepsilon^{-\alpha a} \qquad (80) \qquad J_a = B''\varepsilon^{-\alpha a} \qquad (81)$$

Der dem Erdschlußmast $n = 0$ benachbarte Erdseilstrom ist:

$$i_0 = \frac{A'}{1 - \varepsilon^{\alpha}} \quad (82) \qquad i_1 = \frac{A\,\varepsilon^{\alpha}}{1 - \varepsilon^{\alpha}} + \frac{B\,\varepsilon^{-\alpha}}{1 - \varepsilon^{-\alpha}} \qquad (83)$$

und der dem Erdschlußmast $n = a$ benachbarte Erdseilstrom ist:

$$i_a = \frac{A\,\varepsilon^{\alpha a}}{1 - \varepsilon^{\alpha}} + \frac{B\,\varepsilon^{-\alpha a}}{1 - \varepsilon^{-\alpha}} \quad (84) \qquad i_{a+1} = \frac{B''\varepsilon^{-\alpha(a+1)}}{1 - \varepsilon^{-\alpha}} \quad (85)$$

Da die beiden Formelausdrücke für die Ströme in den Erdschlußmasten je den gleichen Wert ergeben müssen, so ist für den linken Erdschlußmast nach Gleichung (78) und (79):

$$A' = A + B, \tag{86}$$

und für den rechten Erdschlußmast nach Gleichung (80) und (81):

$$B'' = B + A\,\varepsilon^{2\alpha a}. \tag{87}$$

Ferner ergibt die Aufteilung des gesamten Kurzschlußstromes J in Maststrom und die beiden Erdseilströme beim linken Erdschlußmast:

$$J = J_0 - i_0 + i_1, \tag{88}$$

und beim rechten Erdschlußmast:

$$-J = J_a + i_{a+1} - i_a. \tag{89}$$

Diese vier Gleichungen (86) bis (89) sind ausreichend zur Bestimmung der noch unbekannten Konstanten A und B, A' und B''. Setzt man in Gleichung (88) die Teilströme nach Gleichung (78), (82) und (83) ein, so erhält man:

$$J = A'\left(1 - \frac{1}{1 - \varepsilon^{\alpha}}\right) + \frac{A\,\varepsilon^{\alpha}}{1 - \varepsilon^{\alpha}} + \frac{B}{\varepsilon^{\alpha} - 1} = \frac{-\varepsilon^{\alpha}}{1 - \varepsilon^{\alpha}}(A' - A + B\,\varepsilon^{-\alpha}), \tag{90}$$

und wenn man Gleichung (86) beachtet:

$$J = \frac{1}{1 - \varepsilon^{-\alpha}}(B + B\,\varepsilon^{-\alpha}) = \frac{1 + \varepsilon^{-\alpha}}{1 - \varepsilon^{-\alpha}}B = \mathfrak{Cotg}\,\frac{\alpha}{2} \cdot B. \tag{91}$$

Daher wird die erste Konstante:

$$B = \mathfrak{Tg}\,\frac{\alpha}{2} \cdot J. \tag{92}$$

Setzt man andererseits in Gleichung (89) die Teilströme nach Gleichung (81), (85) und (84) ein, so erhält man:

$$-J = B''\varepsilon^{-\alpha a}\left(1 + \frac{\varepsilon^{-\alpha}}{1 - \varepsilon^{-\alpha}}\right) - \frac{A\,\varepsilon^{\alpha a}}{1 - \varepsilon^{\alpha}} - \frac{B\,\varepsilon^{-\alpha a}}{1 - \varepsilon^{-\alpha}} = \frac{\varepsilon^{-\alpha a}}{1 - \varepsilon^{-\alpha}}(B'' - B) - \frac{A\,\varepsilon^{\alpha a}}{1 - \varepsilon^{\alpha}}. \tag{93}$$

und wenn man Gleichung (87) beachtet:

$$J = \frac{\varepsilon^{\alpha a}}{1 - \varepsilon^{-\alpha}}(A + A\,\varepsilon^{-\alpha}) = \varepsilon^{\alpha a}\frac{1 + \varepsilon^{-\alpha}}{1 - \varepsilon^{-\alpha}}A = \varepsilon^{\alpha a}\mathfrak{Cotg}\,\frac{\alpha}{2}\,A. \tag{94}$$

Daraus folgt für die zweite Konstante:

$$A = -\,\varepsilon^{-\alpha a}\,\mathfrak{Tg}\,\frac{\alpha}{2}\,J. \tag{95}$$

Aus Gleichung (86) folgt nunmehr mit Gleichung (92) und (95) die dritte Konstante zu:

$$A' = (1 - \varepsilon^{-\alpha a})\,\mathfrak{Tg}\,\frac{\alpha}{2}\,J, \tag{96}$$

und aus Gleichung (87) die vierte Konstante zu:

$$B'' = (1 - \varepsilon^{\alpha a})\,\mathfrak{Tg}\,\frac{\alpha}{2}\,J. \tag{97}$$

Um das Verhältnis der Konstanten zueinander besser zu überblicken, bezieht man A' und B am besten auf den Mast $n = 0$, dagegen A und B'' auf den Mast $n = a$, und schreibt:

$$\left.\begin{aligned} B &= \mathfrak{Tg}\,\frac{\alpha}{2}\,J = -\,A\,\varepsilon^{\alpha a} \\[2mm] A' &= (1 - \varepsilon^{-\alpha a})\,\mathfrak{Tg}\,\frac{\alpha}{2}\,J = -\,B''\varepsilon^{-\alpha a} \end{aligned}\right\} \tag{98}$$

Wie der Vergleich mit Formel (67) zeigt, werden also die Erdströme vom linken Erdschlußmast durch den Einfluß des zweiten Erdschlusses

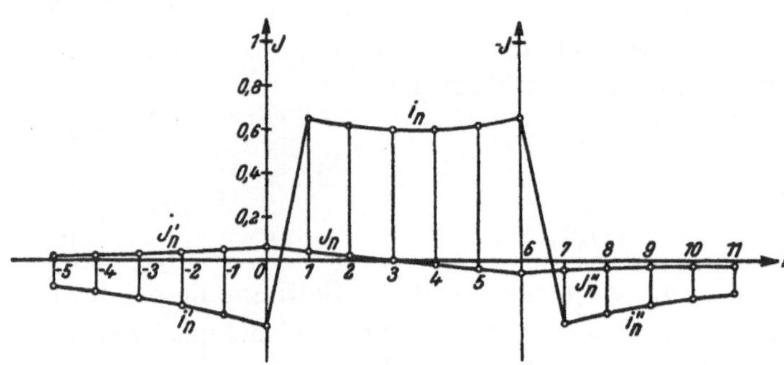

Fig. 11.

etwas verringert, sofern man die Mastströme auf einen gegebenen Erdschlußstrom J bezieht. Da dieser beim Doppelerdschluß der stets einen Kurzschluß darstellt, viel größer ist als beim einpoligen Erdschluß, so ist der wirkliche Wert der Erdströme in diesem Falle natürlich sehr viel größer als beim Einzelerdschluß. Fig. 11 stellt den Verlauf der Ströme für $\frac{r}{R} = 0{,}03$ und einen Abstand der beiden Erdschlüsse von $a = 6$ Masten dar.

Die Erdströme in den beiden Erdschlußmasten sind nach Gleichung (78), (79) und (80), (81):

$$J_0 = -\,J_a = A' = -\,B''\varepsilon^{-\alpha a} = (1 - \varepsilon^{-\alpha a})\,\mathfrak{Tg}\,\frac{\alpha}{2}\,J. \tag{99}$$

Für großen Mastabstand a ist das Exponentialglied in der Klammer sehr klein und man erhält den Wert der Formel (67). Für geringeren Mastabstand wirkt es vermindernd auf den Erdstrom.

Beim Mastabstand $a = 1$, also bei Erdschluß zweier Phasen auf benachbarten Masten, kann man den Maststrom unter Berücksichtigung der Umformung nach Gleichung (50) ausdrücken zu:

$$J_0^{a=1} = \frac{2\,\mathfrak{Tg}^2\,\dfrac{\alpha}{2}}{1 + \mathfrak{Tg}\,\dfrac{\alpha}{2}}\,J, \tag{100}$$

und für $a = 0$, also Kurzschluß, auf dem gleichen Mast wird der Erdstrom zu Null.

Umgekehrtes Verhalten zeigt der Strom im Erdungsseil in den Nachbarabschnitten der Erdschlußmasten und zwischen diesen. Der größte Strom dort ist nach Gleichung (76) für $n = 1$:

$$i_1 = \frac{A\,\varepsilon^{\alpha}}{1 - \varepsilon^{\alpha}} + \frac{B\,\varepsilon^{-\alpha}}{1 - \varepsilon^{-\alpha}} = J \cdot \mathfrak{Tg}\,\frac{\alpha}{2}\left(\frac{\varepsilon^{-\alpha a}}{1 - \varepsilon^{-\alpha}} + \frac{\varepsilon^{-\alpha}}{1 - \varepsilon^{-\alpha}}\right). \tag{101}$$

Dies läßt sich umformen zu:

$$i_1 = \frac{1}{2}(1 + \varepsilon^{-\alpha(a-1)})\left(1 - \mathfrak{Tg}\,\frac{\alpha}{2}\right)J. \tag{102}$$

für $a = \infty$ verschwindet das Exponentialglied und man erhält denselben Ausdruck wie in Gleichung (68).

Für $a = 1$ dagegen wird das Exponentialglied gleich 1 und daher:

$$i_1^{a=1} = \left(1 - \mathfrak{Tg}\,\frac{\alpha}{2}\right)J, \tag{103}$$

so daß man für den Erdschluß zweier Phasen auf benachbarten Masten gerade die doppelte Strombelastung des Erdseiles erhält wie für große Entfernung der Erdschlußmasten, immer vorausgesetzt, daß der Doppelerdschlußstrom J gegeben ist.

Während dieser Teilstrom (103) direkt durch das Erdseil von einem Erdschlußmast zum anderen fließt, fließt der Reststrom

$$J - i_1^{a=1} = \mathfrak{Tg}\,\frac{\alpha}{2}\,J \tag{104}$$

unter Vermittlung der außerhalb der Erdschlußzone liegenden Erdseile durch die ganze linke Mastenreihe zur Erde und durch die rechte Reihe wieder heraus. Dieser totale Erdstrom aller Masten ist in diesem Falle, $a = 1$, nur ebenso groß wie der Erdstrom des Erdschlußmastes selbst nach Gleichung (67) im Falle sehr großer Entfernung der Erdschlußstellen.

Entsprechend der Formel (102) für den Erdseilstrom zwischen den Erdschlußmasten kann man für den größten äußeren Erdseilstrom außerhalb der Erdschlußmasten aus Gleichung (82) die Beziehung herleiten:

$$-i_0 = \frac{1}{2}(1 - \varepsilon^{-\alpha a})\left(1 - \mathfrak{Tg}\,\frac{\alpha}{2}\right)J. \tag{105}$$

Für große Mastabstände a geht auch dieses in die frühere Formel (68) über. Für kleine a und vor allem für $a = 1$ führt der äußere Erddraht weniger, der innere entsprechend mehr Strom.

Im Falle des Doppelerdschlusses ist die Größe des Widerstandes für den Erdschlußstrom von besonderem Interesse, da die sich entwickelnden starken Kurzschlußströme im gewissen Grade von diesem Widerstand abhängen. Der gesamte Widerstand zwischen den beiden Erdschlußpunkten der Fig. 10 verhält sich zum Widerstand $2\,R$ der beiden Erdschlußmasten allein wie der Strom in diesen Masten mit und ohne Erdseil. Er ist also nach Formel (99):

$$\sum R,r = 2\,R\,(1 - \varepsilon^{-\alpha a})\,\mathfrak{Tg}\,\frac{\alpha}{2}. \tag{106}$$

Das ergibt für den Mastabstand $a = \infty$ das Doppelte der früheren Formel (71), wie es auch sein muß.

Für den Mastabstand $a = 0$, also für mehrfachen Erdschluß auf einem Mast, wird der Widerstand natürlich zu 0, und für $a = 1$ erhält man:

$$\sum R, r = 2\,R\,(1 - \varepsilon^{-\alpha})\,\mathfrak{Tg}\,\frac{\alpha}{2} = r\left(1 - \mathfrak{Tg}\,\frac{\alpha}{2}\right). \tag{107}$$

Der letztere einfache Ausdruck ist dabei durch Umformung der Exponentialfunktion in eine hyperbolische Funktion unter Verwendung von Gleichung (38) gewonnen. Er zeigt, daß der Widerstand im wesentlichen durch die einfache Erdseilstrecke zwischen den beiden Masten bestimmt ist und noch durch den parallel geschalteten Erdstrom der ganzen Mastenreihe nach Gleichung (104) um ein gewisses Maß verkleinert wird.

Wir haben in allen Überlegungen nur den Widerstand des Stromkreises als maßgebend für die Stromverteilung angesehen. Das entspricht natürlich der Wirklichkeit nicht genau, da auch die Induktanz der Leitungen eine gewisse Rolle spielt. Dieselbe ist jedoch im starken Maße abhängig von der Art, wie die Fernleitung über die Erde geführt ist, und zwar nicht nur bezüglich des Abstandes von der Erdoberfläche, sondern auch hinsichtlich der Streckenführung. Es wäre wohl möglich, die Induktanz der Leitungen unter gewissen Annahmen in die Rechnung einzubeziehen. Für den ersten Überblick über die Verteilung der Erdschlußströme auf die Masten und Erdseile und die Abschätzung der Gefährdung durch die Erdschlußströme dürften die vorstehenden Rechnungen jedoch ausreichen.

Zusammenfassung.

Es wird die Ausbreitung des Erdschlußstromes in der Umgebung des mit Erdschluß behafteten Mastes untersucht, und es werden Formeln entwickelt, aus denen sich der höchstmögliche Strom berechnen läßt, der unter der Wirkung des Erdschlusses in Lebewesen fließt, die in der Umgebung des Mastfußes schreiten. Dieser Strom ist unabhängig vom spezifischen Widerstand der Erde. Er beträgt wenige Prozent des Erdschlußstromes, wenn die Erde gleichmäßig leitet; dagegen liegt er in der Größenordnung von 15 vH, wenn die sonst trockene Erde an der Oberfläche stark durchfeuchtet ist.

Es wird weiter berechnet, in welchem Maße die Konzentration der Erdströme durch ein die Masten verbindendes Erdungsseil vermindert werden kann, und es werden Formeln für den höchsten noch bestehenbleibenden Maststrom hergeleitet für die verschiedenen Fälle eines einphasigen Erdschlusses am Ende und in der Mitte der Strecke und für gleichzeitigen Erdschluß in verschiedenen Phasen. Durch niedrigen Widerstand des Erdungsseiles läßt sich der Masterdstrom auf einige Prozent des früheren Wertes erniedrigen.

Beiträge zur Kenntnis des Schleichens der Drehstrom-Asynchronmotoren.

Von **Erich Wandeberg**.

Mit 17 Textfiguren und einer Tafel.

Mitteilung aus dem Charlottenburger Werk der Siemens-Schuckertwerke G. m. b. H. zu Charlottenburg.

Eingegangen am 10. August 1921.

Einleitung.

Der Drehstrom-Asynchronmotor zählt zu den weitverbreitesten Kraftmaschinen. Er hat sich diese Stellung durch eine Reihe ins Gewicht fallender Vorzüge erworben, die kurz erwähnt werden sollen.

Die Übertragung großer Leistungen auf weite Entfernungen ist in technisch und wirtschaftlich einfacher Form durch die Anwendung des Drehstroms gelöst worden. Im synchronen, als auch im asynchronen Drehstrommotor besitzt die Technik zwei vorzügliche Hilfsmittel zur Umwandlung der elektrischen in mechanische Energie. Alle anderen Maschinen, welche an ein Drehstromnetz angeschlossen werden können, gehören mehr oder weniger zu einer der genannten Hauptvertreter dieser beiden Gruppen.

Synchronmotoren können erst nach dem Erreichen völliger Übereinstimmung von Periodenzahl, Phase und Spannung auf das Netz geschaltet werden. Auch ist das Vorhandensein eines Gleichstromnetzes für die Felderregung und das Anlassen der Maschine erforderlich. Nur einigermaßen geschultes Personal vermag den Motor in Betrieb zu setzen. Für kleinere Kraftanlagen, wie sie z. B. in erster Linie den Bedürfnissen des flachen Landes entsprechen, kommt die Synchronmaschine nicht in Betracht. Hier herrscht der Asynchronmotor, der sich durch einfaches Schalten auf das Netz, leer, wie unter voller Last, anfahren läßt. Er stellt eine in der Handhabung einfache Maschine dar, die bei Ausführung des Läufers mit dauernd kurzgeschlossener Wicklung, also ohne Verwendung von Schleifringen, allein funkenfrei arbeitet.

Die ersten Asynchronmotoren wurden gleichzeitig von der Allgemeinen Elektrizitätsgesellschaft Berlin und den Oerlikonwerken gebaut und 1887 auf der Frankfurter Ausstellung vorgeführt. Bereits in den Jahren 1885 und 1886 hatten unabhängig voneinander G. Ferraris und Nicola Tesla einfache kleine Versuchsmaschinen ohne Läuferwicklung hergestellt, ohne jedoch diese der Öffentlichkeit zu zeigen.

Nach der Art der Läuferwicklung unterscheidet man Asynchronmotoren mit Phasen- und solche mit Käfiganker.

Die Enden der einzelnen Phasen der ersten Gruppe können an Schleifringe geführt oder in sich kurzgeschlossen werden. Die Wicklung dieser Maschinen ist im Läufer und im Ständer gleichartig. Die Windungszahlen werden für beide Teile verschieden gewählt, um die EMK des Läufers im Stillstand klein zu halten. Der Läufer gleicht dem Anker einer Synchronmaschine mit Außenpolen.

Wesentlich einfacher ist der Aufbau des Käfigankers, bei dem die Schleifringe fortfallen. In die vorher entsprechend isolierten Nuten des aus Blechen zusammengesetzten Läufers werden Stäbe eingeführt, die durch beiderseitig aufgeniete und verlötete Ringe miteinander verbunden werden. Man hat sich mit dieser einfachen Herstellungsart indessen nicht begnügt und in neuerer Zeit die „Wicklung" durch Eingießen von Aluminium in die Nuten gefertigt. Die schwache Oxydschicht der gegossenen Stäbe isoliert hinreichend gegen Körper.

Kleinere Motoren können leer, wie unter Last durch unmittelbares Anlegen an Spannung in Betrieb gesetzt werden. Größere jedoch erfordern einfache Anlaßvorrichtungen, die ein langsames Erhöhen der Spannung ermöglichen.

Das Gesagte zeigt die Überlegenheit des Drehstromasynchronmotors im allgemeinen und des Motors mit Käfiganker im besonderen. Die Einfachheit der Herstellung und Bedienung bedingen seine weite Verbreitung und immer umfangreichere Anwendung in Industrie, Kleinbetrieb und Landwirtschaft. Den obigen Vorzügen steht eine Verschlechterung des Leistungsfaktors des Netzes gegenüber, die aber in Kauf zu nehmen ist.

Die bauliche Durchbildung des Asynchronmotors mit Käfiganker hat auf eine eigentümliche Erscheinung Rücksicht zu nehmen, die seine Brauchbarkeit völlig in Frage stellen kann: nämlich das Auftreten des „Schleichens".

Das „Schleichen" ist durch eine Störung des Anlaßvorganges gekennzeichnet. Der Läufer kann hierbei eine bestimmte niedrige Umlaufzahl, die weit unter der synchronen liegt, nicht überschreiten, sofern er nicht durch Einwirkung äußerer Kräfte über diesen mit großer Beharrlichkeit festgehaltenen Punkt hinweggebracht wird. Es tritt dabei ein Erzittern und Brummen der ganzen Maschine auf, das zum Lösen der Schraubverbindungen und zur Zerstörung des ganzen Aufbaues führen kann. Die große Schlüpfung bedingt im Läufer große Stromstärken, die unzulässige Erwärmungen zur Folge haben.

So wichtig und lehrreich die Erscheinung des Schleichens ist, so dunkel und schwierig sind dessen Grundlagen. In den einschlägigen Fachschriften sind nur einige wenige Stellen zu finden, welche die „merkwürdige" Erscheinung des Schleichens nebenbei erwähnen. Unserer Kenntnis nach haben in der Literatur Heubach („Der Drehstrommotor", II. Kapitel), Arnold (V. Band, I. Teil, „Die Induktionsmaschinen") und Punga (Elektrotechnik und Maschinenbau, Wien 1912, Heft 49, S. 1017, „Über das Anlassen von Drehstrommotoren. Spezielle Erscheinungen beim Anlassen") dieses Gebiet näher behandelt[1]). Der erstere teilt einige Beobach-

---

[1]) Vorliegende Arbeit wurde im Januar 1918 der Technischen Hochschule Berlin überreicht. 1919 erschien die Arbeit „Experimentelle Untersuchung der Drehmomentenverhältnisse von Drehstrom-Asynchronmotoren mit Kurzschlußrotoren verschiedener Stabzahl" von W. Stiel als Heft 212 der Forschungsarbeiten auf dem Gebiete des Ingenieurwesens, herausgegeben vom V. D. I. Stiel bespricht die bekannten Arbeiten auf diesem Gebiet von Arnold, Heubach, Punga und Rey und versucht an Hand einer größeren Reihe beim Anlassen bzw. Festbremsen aufgenommener Drehmomentenlinien die Bildung von Satteln in der Drehmomentenlinie auf das Vorhandensein des Ständer-Zahnfeldes zurückzuführen. Die Arbeit enthält wertvollen Beobachtungsstoff. Ihr Erscheinen ist daher sehr zu begrüßen. Eine vollständige Lösung der Frage der Entstehung der einzelnen Sattel oder des Schleichens ist ihr jedoch nicht gelungen.

tungen über Schleicherscheinungen mit, während Arnold den Grundlagen nachgeht. Die neuesten Untersuchungen stammen von Punga und befassen sich mit diesem Stoff schon eingehender, wenn auch ihnen eine Lösung der Frage noch nicht gelungen ist.

Professor Kloss hat die Erscheinung des Schleichens einer eingehenden Untersuchung unterzogen und die Ergebnisse dieser Arbeiten zum Teil in seinen Vorlesungen für Elektromaschinenbau an der Technischen Hochschule zu Berlin, zum Teil in einer kurzen Veröffentlichung im „Archiv für Elektrotechnik", Jahrgang 1916, Bd. 5, Heft 3, bekanntgegeben. Seine Forschungen haben dem Verfasser vorliegender Abhandlung die erste Anregung zur Bearbeitung dieses Stoffes gegeben. Es soll im folgenden nach kurzer Streifung der Arnoldschen Theorien im Anschluß an die Kloss'schen Betrachtungen versucht werden, die Bedingungen, unter denen das Schleichen auftritt, eingehender zu behandeln und an Hand einiger Meßreihen zu erläutern.

I. Die Grundlagen der Schleicherscheinung bei Asynchronmotoren mit Käfiganker.

A. Das Wesen des Schleichens.

Die Wechselstrommaschinen werden in synchrone und asynchrone unterschieden.

Synchronmotoren laufen bis zu einer Höchstgrenze der Belastung mit gleichbleibender, synchroner Drehzahl. Erst, wenn die Belastung eine bestimmte Größe überschreitet, fällt der Motor außer Tritt und kommt zum Stillstand.

Asynchronmotoren laufen nur unbelastet angenähert synchron mit dem Netz. Schon bei verhältnismäßig geringer Belastung nimmt die Umlaufzahl ab. Dieses Zurückbleiben der Motordrehzahl hinter der des Netzes wird als Schlüpfung bezeichnet. Mathematisch ist unter Schlüpfung zu verstehen das Verhältnis der hinter dem Synchronismus zurückgebliebenen, „geschlüpften" Drehzahl zur synchronen Drehzahl. Es ist also

$$s = \frac{n_1 - n}{n_1},$$

wenn n_1 die Netz- oder synchrone Drehzahl und n die jeweilige Läufer-Umlaufzahl darstellt. Im Synchronismus ist die Schlüpfung $s = 0$ und im Stillstand $s = 1$. Die Stillstandschlüpfung wird oft gleich 100 vH gesetzt, um für die einzelnen Schlüpfungen handliche ganze Zahlen zu erhalten. Wird ein Asynchronmotor über eine bestimmte Grenze hinaus belastet, so bleibt auch er stehen. Man bezeichnet die Schlüpfung, bei der diese Erscheinung eintritt, als Abfallschlüpfung. Das Abfallen des Motors nach Überschreiten der Abfallschlüpfung wird dadurch verursacht, daß das Motordrehmoment mit wachsender Abbremsung der Motorwelle nicht mehr zunimmt, sondern kleiner wird. Das höchste Drehmoment heißt auch Kippmoment.

Nach der rechnerischen Ermittlung des primären ideellen Kurzschlußstromes $J_{k_{i_1}}$, des Magnetisierungsstromes J_μ und der Eisenverluste bei Leerlauf, ferner der primären und sekundären Kupferwiderstände läßt sich unter Zuhilfenahme des Heylandkreises die Drehmomentenlinie, d. h. das Drehmoment in Abhängigkeit von der Schlüpfung s bzw. der Umlaufzahl n, bildlich darstellen. Bei der versuchsmäßigen Ermittlung der für die Aufstellung des Heylandkreises erforderlichen Werte tritt an Stelle des ideellen Kurzschlußstromes der wirkliche primäre Kurzschlußstrom J_{k_1} mit dem zugehörigen Leistungsfaktor $\cos \varphi_{k_1}$.

In Fig. 1 ist die volle rechnerisch ermittelte Drehmomentenlinie eines Drehstromasynchronmotors dargestellt. Mit M_d' möge das im Luftspalt auftretende Drehmoment benannt werden, gegenüber dem rechnerischen Nutzdrehmoment M_d, welches an der Welle meßbar ist. M_d ist um das Reibungsmoment M_r kleiner als M_d'.

Bei Synchronismus ($s = 0$) ist M_d' in einer ideellen, störungsfreien Maschine gleich Null, um bei steigender Schlüpfung rasch bis zu einem Höchstwert, dem Kippdrehmoment, zuzunehmen („stabiler" Teil der Drehmomentenlinie). Die Größe dieses Kippmomentes

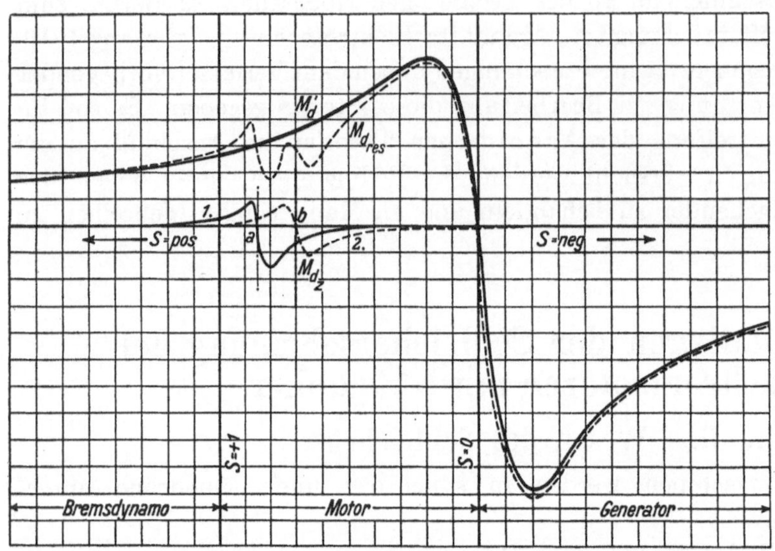

Fig. 1.

$M_{d_{\max}}'$ ist unabhängig vom Läuferwiderstand r_2. Es ändert seine Größe im umgekehrten Sinne wie der Primärwiderstand r_1 und die Streuungen im Ständer und Läufer. Die drei letztgenannten wirken auf Schwächung des Läufer- oder Nutzflusses Φ_2 hin und erzielen dadurch die Erzeugung einer kleineren EMK im Läufer und, da mit der EMK der Läuferstrom I_2 abnimmt, auch eines kleineren M_d'. Die Drehmomentenlinie muß also niedriger liegen. Dagegen kann bei größer werdendem r_2 vom Motor ein gleichgroßes Drehmoment erzeugt werden, wenn, wie die Gleichung

$$M_d' = \text{prop.} \cdot (\Phi_2 \cdot J_2) \tag{1}$$

erkennen läßt, das Produkt aus Nutzfluß und Läuferstrom konstant bleibt. Diese Bedingung kann unter Vergrößerung der Schlüpfung erfüllt werden. Es wird hierbei im Läufer eine höhere EMK induziert, welche das Zustandekommen des erforderlichen Stromes ermöglicht. Der Läuferwiderstand ist hiernach ohne Einfluß auf die Größe des M_d', ändert aber die zugehörige Schlüpfung.

Ist das höchste Drehmoment erreicht, so nimmt bei steigendem s das Drehmoment wieder ab („labiler" Teil der Drehmomentenlinie), um bei Stillstand ($s = 1$) einen bestimmten positiven Wert zu erreichen. (Hierzu sei nebenbei bemerkt, daß beim Einphasenmotor für $s = 1$ $M_d' = 0$ wird, unter welchen Umständen ein Anlauf des Einphasenmotors ohne Hilfseinrichtung [Kunstphase, Anwurfmotor] unmöglich ist.)

Wird die positive Schlüpfung $s > 1$, so nähert sich M_d' asymptotisch dem Wert Null. In diesem Wirkungsbereich muß der Läufer unter mechanischer Arbeitszuführung von außen gegen das Drehfeld bewegt werden. Der Motor wirkt als Bremse; man bezeichnet ihn daher in diesem Bereich als Bremsdynamo. Praktisch ist dieser Zustand bei Käfigankermotoren bedeutungslos, da er infolge der eintretenden hohen Erwärmungen hier keine Anwendung findet.

Treibt man dagegen den Läufer von außen übersynchron an, ist also $s < 0$, d. h. negativ geworden, so kann die Maschine Leistung an das Netz abgeben und ist dann als Generator tätig. Hierbei muß das Netz gleichzeitig von einer Synchronmaschine gespeist werden, die als „Takthalter" den für die Erregung des Asynchronmotors erforderlichen Blindstrom zu liefern hat. Das Drehmoment ist negativ. Die Gestalt der Drehmomentenlinie ist ähnlich dem um den Synchronismus-Nullpunkt in der Bildebene um 180° gedrehten positiven Ast. Die Abmessungen sind andere; der negative Höchstwert des Drehmomentes $— M'_{d_{\max}}$ ist dem absoluten Werte nach größer als der positive.

Im vorliegenden Falle lenkt das Gebiet der Drehmomentenlinie, in welchem die Maschine als Motor läuft, besondere Aufmerksamkeit auf sich. Es wird begrenzt durch $s = 1$ und $s = 0$. Dieser Teil wurde in der Fig. 1 durch eine stärkere Linienführung besonders kenntlich gemacht.

Wird eine im stabilen Arbeitsbereich laufende Asynchronmaschine innerhalb der zulässigen Grenze stärker belastet, so nimmt unter Schlüpfungserhöhung die Größe des Drehmomentes zu und die Maschine läuft unter neuen Gleichgewichtsbedingungen weiter.

Ist das Belastungsmoment größer als das Anlaufmoment (im Stillstand), so kommt der Motor überhaupt nicht zum Anlaufen. Wird das Belastungsmoment während des Anlaufens im labilen Bereich der Drehmomentenlinie plötzlich über das jeweilige Motordrehmoment erhöht, so muß der Motor wieder zum Stillstand kommen, da hier mit steigender Schlüpfung eine Erhöhung des Motordrehmomentes nicht stattfindet. Nur dann, wenn das Belastungsmoment in diesem Teil stets kleiner als das Motordrehmoment ist, kann ein Anlauf stattfinden.

Durch besondere Kunstgriffe ist es möglich, auch im labilen Teil einen Gleichgewichtszustand zu schaffen. Man braucht nur den Versuchsmotor mit einer solchen Maschine zu kuppeln, deren Verbrauchsdrehmomentenlinie einen steileren Verlauf als das erzeugte Drehmoment hat. Diese Bedingungen werden z. B. vom Ventilator und von der Gleichstromnebenschlußmaschine erfüllt.

Während allgemein betrachtet ein Asynchronmotor ohne Hilfsmittel im labilen Teil nicht dauernd zu laufen vermag, wird doch bei Motoren mit Käfiganker manchmal außer der angenähert synchronen noch eine weitere ganz geringe stabile Drehzahl beobachtet. Bei geschickter Wahl des Bremsmomentes und äußerem Antrieb der Maschinen über die zuerst beobachtete stabile Umlaufzahl hinaus kann gelegentlich sogar noch ein zweiter und dritter ähnlicher Punkt festgestellt werden. Diese Erscheinung des anormalen stabilen Laufes bei einer verhältnismäßig kleinen Umlaufzahl nennt man das „Schleichen".

Da ein stabiler Lauf bei annähernd gleichbleibendem Belastungsmoment nur dann möglich ist, wenn bei zunehmender Schlüpfung ein Steigen der Drehmomentenlinie stattfindet, so muß an den Schleichstellen in der Drehmomentenlinie ein Wendepunkt bzw. eine Sattelbildung vorliegen, die durch den Heylandkreis unberücksichtigt bleibt und durch zusätzliche Drehmomente verursacht wird.

In der Fig. 1 sind zwei zusätzliche Drehmomentenlinien (M_{d_z}-Linien) dargestellt.

Die ausgezogene zeigt die Eigentümlichkeit einer Drehstrom-, die gestrichelte die einer Einphasen-Drehmomentenlinie. Beide Arten können bei ein und demselben Motor gleichzeitig auftreten. In a und b befindet sich der Motor mit den erzeugenden Zusatzfeldern in Synchronismus. Die algebraische Addition der Hauptlinie mit den zusätzlichen ergibt bei Berücksichtigung der Momentenverluste durch Luft- und Lagerreibung die gestrichelte (resultierende) Linie $M_{d_{res}}$. Sie weist im Beispiel zwei Sattelbildungen auf. Diese können bei genügender Größe sogar die Abszissenachse in mindestens zwei Punkten schneiden. Der Motor muß in diesem Falle nach dem Überschreiten des ersten dieser Punkte zeitweise als Generator laufen und kann nur dann weiter unter üblichen Verhältnissen auf Geschwindigkeit kommen, wenn man ihn von außen soweit beschleunigt, daß er bei kleinerer Schlüpfung wieder in das Gebiet der positiven Drehmomente kommt. Ein Schleichen kann schon früher eintreten; es braucht das zusätzliche negative Drehmoment nur so groß zu sein, daß das resultierende $M_{d_{res}}$ kleiner wird als das Widerstandsmoment des anlaufenden Motors, das sich aus Belastungs- und Reibungsmomenten zusammensetzt. Kommen die synchronen Punkte eines großen und eines kleinen zusätzlichen Drehmomentes sehr nahe aneinander zu liegen, so kann ihre Addition mit einer steil verlaufenden Hauptmomentenlinie eine resultierende Linie ergeben, die, wie das die Fig. 1 erkennen läßt, einen verwischten Charakter aufweist. Die Untersuchung einer so entstandenen Drehmomentenlinie ist schwierig. Die Zahl der Sattel und deren synchrone Umlaufzahl kann nicht genau bestimmt werden. Messung und Rechnung weisen scheinbare Abweichungen auf, die sich nicht zu widersprechen brauchen.

Die Erscheinung des Schleichens kann nur bei Motoren mit Käfigankern auftreten. Nur in dessen Stäben können induzierte zusätzliche EMKe einen Ausgleich finden und dadurch, wie später gezeigt werden wird, die zur Bildung zusätzlicher Drehmomente erforderlichen zusätzlichen Ströme entstehen. Jeder Stab kann unabhängig von allen anderen Stäben von mehreren übergelagerten Strömen durchflossen werden, die beliebig nach Größe, Phase und Frequenz veränderlich sind. Dagegen werden im Phasenanker die in den Leitern induzierten zusätzlichen EMKe infolge der zwangsweisen Hintereinanderschaltung der Stäbe gegenseitig restlos aufgehoben. Sie können somit nicht den für die Bildung zusätzlicher Drehmomente erforderlichen zusätzlichen Strom hervorrufen, so daß ein Schleichen nicht eintreten kann.

In den nächsten Abschnitten soll versucht werden, die verschiedenen Ursachen zu behandeln, die in der Drehmomentenlinie zu Sattelbildungen führen können.

B. Die Ursachen des Schleichens.

1. Von der Nutung unabhängige Sattelbildungen.

α) Der Einfluß der zeitlichen und räumlichen Oberfelder. Das theoretische Verhalten der Asynchronmotoren kann für deren gesamtes Arbeitsgebiet zeichnerisch aus dem Heylandkreis ermittelt werden. Dieser gilt streng nur für sinusförmig veränderliche Spannungen, Ströme und Flüsse. In der Praxis kann ohne weiteres auch in der sonst als störungsfrei angenommenen Maschine mit Abweichungen im Verlauf des Drehmomentes vom theoretisch ermittelten gerechnet werden, denn kein Netz ist in der Lage, ihr eine reine sinusförmige Spannung aufzudrücken.

Die aufgedrückte, nichtsinusförmige Spannung kann in eine Grundwelle und eine Reihe Oberwellen zerlegt gedacht werden. Diese Oberwellen erzeugen im Asynchronmotor zeitliche Oberfelder, die sich in gleicher oder gegenläufiger Richtung mit dem Grund- oder Hauptfelde bewegen. Ihre Geschwindigkeit hängt von der Ordnung der Oberwelle ab. Berücksichtigt man, daß zur Speisung neuzeitlicher Mehrphasennetze fast ausschließlich dreiphasige Drehstromgeneratoren Verwendung finden, deren Phasen zur Vermeidung von Ankerausgleichströmen 3., 9. usw. Ordnungen in Stern geschaltet sind und daß Unsymmetrien in der Spannungslinie durch den Aufbau der Maschine vermieden werden, so läßt sich die Ordnung c der möglichen zeitlichen Oberwellen aus der Gleichung

$$c = (2\,x\,m \pm 1) \qquad (2)$$

bestimmen. Hierin bedeutet m die Zahl der Motorphasen und x eine beliebige positive ganze Zahl.

Die Grundwelle des Drehfeldes legt während einer Periode den Weg einer doppelten Polteilung gleich $2\,\tau_p$ zurück. Hat die Maschine $2\,p$ Polpaare, so wird die Grundwelle des Feldes bei einer Frequenz von ν_1 Perioden in der Sekunde mit der minutlichen Drehzahl n_1 umlaufen. Es ist:

$$n_1 = \frac{60 \cdot \nu_1}{p}. \qquad (3)$$

Bewegt sich der Läufer mit einer, der Grundwelle des Drehfeldes gleichen Geschwindigkeit, so befindet er sich mit demselben in Synchronismus und es können in den Läuferstäben keine von der Grundwelle abhängigen EMKe induziert werden. Da dann im Läufer auch keine Ströme fließen, so wird nach Gleichung (1) das Drehmoment gleich Null.

Auch die von den höheren Harmonischen der aufgedrückten Spannung hervorgerufenen Oberwellen des Drehfeldes erzeugen im Läufer Ströme, und zwar sind auch diese so gerichtet, daß sie auf die Oberfelder selbst schwächend einwirken. Bewegt sich der Läufer mit den schneller als das Grundfeld umlaufenden zeitlichen Oberfeldern synchron, so erzeugen diese keine Läuferströme und keine zusätzlichen Drehmomente.

Die größten Beträge erreicht ein Drehmoment in Nähe der synchronen Bewegung von Läufer und Feld. Für die im gleichen Sinne mit dem Hauptfelde laufenden Oberfelder ist die synchrone minutliche Umlaufzahl des Läufers

$$n_c = \frac{60 \cdot (\nu_1 \cdot c)}{p} = n_1 \cdot c \qquad (4)$$

und für die gegenläufigen

$$n_c = \frac{60 \cdot (\nu_1 \cdot c)}{p} - n_1 = n_1 \cdot (c - 1). \qquad (5)$$

Diese Punkte liegen für die behandelten Zusatzmomente zu weit außerhalb des praktischen Arbeitsgebietes, um für gewöhnlich noch einen entscheidenden Einfluß auf den Gang des Motors ausüben zu können. Bei stark ausgeprägten zeitlichen Oberfeldern kann aber durch diese eine im Stillstand und Synchronismus doch noch merkliche Verschiebung des Luftspalt-Drehmomentes je nach Richtung der Oberfeldbewegung nach oben oder unten bewirkt werden. Ein sonst schon schwach zum Schleichen neigender Motor kann dann durch Verringerung des nutzbaren Drehmomentes vollends zum Schleichen gebracht werden.

Die Form der zeitlichen Oberfeld-Zusatzdrehmomentenlinie wird im Drehstrommotor derjenigen eines Drehstrommotors entsprechen, d. h. es wird bei der auf das Oberfeld bezogenen Schlüpfung $s_c = 1$ das zusätzliche Drehmoment einen bestimmten positiven Wert haben.

Neben den betrachteten zeitlichen Oberfeldern treten im Luftspalt noch räumliche Oberfelder auf. Ihre Entstehung kann auf die Abflachung des Feldes zurückgeführt werden. Diese Abflachung entsteht besonders in stark gesättigten Maschinen infolge der verschiedenen örtlichen Leitfähigkeit des magnetischen Kraftlinienweges der Zähneschicht. Die so entstandene Feldlinie läßt sich wieder in ein Grundfeld und eine Reihe Oberfelder zerlegen. Die örtlichen Oberfelder unterscheiden sich aber von den zeitlichen durch ihre stets synchrone Bewegung mit dem Grundfelde. Ihr Vorhandensein ist daher ohne Bedeutung für die Drehmomentenbildung.

Den hier geschilderten Unterschied zwischen zeitlichen und räumlichen Oberfeldern hat Arnold in seinem Werk „Die Induktionsmaschinen" noch nicht streng durchgeführt. Kloss hat in seinen Vorlesungen als erster auf die grundverschiedenen Eigenschaften der zeitlichen und örtlichen Oberfelder besonders hingewiesen.

β) Die Phasenablösung. Das in Drehstrommotoren umlaufende Hauptdrehfeld ist seiner Größe und Form nach nicht konstant, sondern periodischen Schwankungen unterworfen, deren Größe in erster Linie von der Phasenzahl m_1 und im geringeren Maße von der Zahnung in Ständer und Läufer abhängt. Die Frequenz dieser Schwankungen ist durch die Phasenzahl des Ständers und die Netzfrequenz festgelegt.

Führt im Dreiphasenmotor die Phase „1" den Höchstwert des Stromes $J_{1_{max}}$, so führen nach dem Sinusgesetz im gleichen Augenblick die in der Drehrichtung räumlich folgenden Phasen „3" und „2" den Strom $0,5\,J_{1_{max}}$. Das Feld entspricht dem in Fig. 2 dargestellten, später erläuterten Treppendiagramm, dessen Form einem Fünfeck ähnelt.

Nachdem der Strom in Phase „1" den Wert 1 erreicht hat, nimmt er wieder ab. Gleichzeitig wächst der Strom in Phase „3", wogegen er in Phase „2" allmählich auf Null sinkt. Im Augenblick seines Durchganges durch Null beträgt die Größe der Ströme in den Phasen „3" und „1" je 0,866 des Höchstwertes. Das Feld weist jetzt die in Fig. 3 dargestellte Trapezform auf.

Nach Verlauf der Zeit des sechsten Teiles einer Grundperiode hat nun der Strom in Phase „3" den Wert 1 erreicht; die Ströme in den Phasen „2" und „1" betragen je $0,5\,J_{1_{max}}$. Die Form des Feldes ist mit der zuerst betrachteten identisch. Es hat jedoch eine räumliche Verschiebung des Hauptfeldes um die Breite einer Spulenseite, entsprechend q_1 Nuten (q_1 = Zahl der Ständernuten pro Pol und Phase) stattgefunden.

Die notwendige Folge der wechselnden Feldform sind Schwankungen des Feldes, die auf die Läuferwicklung in ähnlicher Weise wie Oberfelder wirken. Da nach je q_1 Nuten immer wieder die gleiche Form des Hauptfeldes entsteht, so besitzt das Oberfeld an diesen Stellen immer das gleiche Vorzeichen und die gleiche Größe. Es entspricht somit die Breite einer Spulenseite einem vollen Wechsel des Oberfeldes. Die Ordnung des Oberfeldes ergibt sich aus der innerhalb einer doppelten Hauptpolteilung liegenden Anzahl primärer Spulenseiten $2\,m_1$.

Aus dieser Beziehung läßt sich eine Art Synchronismus zweiten Grades durch folgende Betrachtung ableiten.

Bei streng synchroner Bewegung von Läufer und Feld befinden sich beide s t e t s in der gleichen relativen Lage zueinander. Eine Art Synchronismus zweiten Grades wird nun gebildet, wenn diese Gleichheit der gegenseitigen relativen Lage gleichzeitig sowohl für das Haupt- als auch für das vorerwähnte Oberfeld nach vorübergehender Unterbrechung periodisch wiederkehrt. Diese Bedingung wird erfüllt, wenn in der Zeit, in welcher der Läufer an einer Spulenseite vorübergleitet, das Hauptfeld außer der (einer Netzperiode entsprechenden) doppelten Polteilung, d. h. $2\tau_p = 2m_1$ Spulenseiten, ebenfalls noch die vom Läufer überwundene Strecke einer Spulenseite zurücklegt. (Erfüllt wird sie übrigens auch, wenn am gleichen Ort nach zwei und mehr Netzperioden ein Zusammentreffen im dargestellten Sinne erfolgt. Da hierbei die Zeiten des reinen, ununterbrochenen synchronen Laufes und dessen Wirkungen abnehmen, so können die weiteren Fälle unberücksichtigt bleiben.) Da hiernach die in gleichen Zeiten zurückgelegten Wege für Hauptfeld und Läufer sich verhalten wie $\dfrac{2m_1 + 1}{1}$, so ergibt sich hieraus die „Satteldrehzahl der Phasenablösung" zu

$$n_{s_{Ph}} = \frac{n_1}{2m_1 + 1}, \tag{6}$$

bei der Synchronismus zwischen Anker und Zusatzfeld vorhanden ist. In der Drehmomentenlinie wird hierbei durch Hinzukommen zusätzlicher Momente eine Sattelbildung entstehen.

Beim Dreiphasenmotor wird unabhängig von allen Konstruktionseinzelheiten stets bei

$$n_{s_{Ph}} = \frac{n_1}{2 \cdot 3 + 1} = \frac{n_1}{7} \tag{7}$$

eine Sattlung vorhanden sein müssen.

2. Von der Nutung abhängige Sattelbildungen.

a) Der Einfluß der Ständernutung.

Die magnetische Leitfähigkeit der Zähneschicht ist nicht an allen Stellen gleich groß, sondern wiederkehrenden, von den Abmessungen der Zähne und Nuten abhängigen Schwankungen unterworfen.

Bei den folgenden Überlegungen soll von der hier zu vernachlässigenden, verzerrenden Wirkung der Läuferzahnung abgesehen werden.

Infolge der örtlich wechselnden magnetischen Leitfähigkeit drängen sich die Kraftlinien an den Ständerzähnen zusammen und entlasten die Ständernuten und den vor ihnen liegenden Teil des Luftspaltes, so daß in der Feldlinie Einsattlungen entstehen. Je größer die örtliche Sättigung ist, desto größer werden die absoluten Störungen der Luftspaltfeldlinie.

Das Luftspaltfeld kann in der üblichen Weise in ein Grund- und ein Zusatzfeld — letzteres „Ständerzahnfeld" genannt — zerlegt gedacht werden. Das Zahnfeld ist ein räumlich feststehendes, mit der Netzfrequenz ν_1 pulsierendes Wechselfeld. Es unterscheidet sich jedoch grundsätzlich dadurch von einem gewöhnlichen Wechselfeld, daß seine Wellen nicht in gleicher Phase schwingen, sondern untereinander eine Phasenverschiebung aufweisen. Die Phasenverschiebung hängt von dem elektrischen Winkel der räumlichen Anordnung der zugehörigen Ständerzähne ab. Jeder Ständerzahn bildet einen Zusatzpol, jede Ständernut einen Zusatzgegenpol. Die doppelte Polteilung des Zusatzfeldes ist somit gleich der Zahnteilung τ_{n_1}. Hieraus ergibt sich die Gesamtzahl der über den ganzen Maschinenumfang verteilten Zusatzpolpaare zu

$$Z_1 = 2\,p \cdot q_1 \cdot m_1, \tag{8}$$

worin Z_1 die Zähnezahl im Ständer bedeutet.

Würde das Ständerzahnfeld ein gewöhnliches Wechselfeld sein, so müßte der Läufer sich zu diesem Felde in Synchronismus befinden, wenn er während der Dauer einer Netzperiode die Strecke τ_{n_1} zurücklegt. Das Hauptfeld legt in der gleichen Zeit

$$t' = \frac{1}{\nu_1} = \frac{60}{n_1\,p} \tag{9}$$

die Strecke einer doppelten Hauptpolteilung gleich $\dfrac{Z_1}{p} = 2\,q_1 \cdot m_1$ zurück. Es befindet sich wieder in der gleichen räumlichen Lage wie vor der betrachteten Bewegung. Bedingung für den Synchronismuszustand ist jedoch gemäß den auf Seite 89 entwickelten Gedanken, daß jeder Läuferpunkt wieder in die alte gegenseitige Lage zum Zusatzfeld kommt. Es muß unbedingt wieder ein gleichgestaltetes Zusatzfeld der betrachteten Stelle gegenüberstehen. Diese Bedingung wird nur dann erfüllt, wenn das Hauptfeld in der gleichen Zeit außer der doppelten Polteilung noch die vom Läufer zurückgelegte Strecke τ_{n_1} überwindet. Es muß das Hauptfeld die Strecke $(2 \cdot q_1 \cdot m_1 + 1) \cdot \tau_{n_1}$ zurücklegen, während der Läufer eine Bewegung über nur eine Zahnteilung τ_{n_1} vollführt. Es bewegt sich demnach der Läufer $(2 \cdot q_1 \cdot m_1 + 1)$ mal langsamer als das mit $n_1 = \dfrac{\nu_1 \cdot 60}{p}$ Umdr. i. d. M. umlaufende Hauptfeld.

Hieraus ergibt sich die „Ständersatteldrehzahl", d. h. diejenige Drehzahl, bei der in der Drehmomentenlinie ein vom Ständerzahnfeld abhängiger Sattel entsteht, zu

$$n_{ss} = \frac{n_1}{2 \cdot q_1 \cdot m_1 + 1}\,{}^1). \tag{10}$$

Für die übliche Dreiphasen-Dreilochwicklung kann nach Gleichung (10) ein Sattel bei etwa $n_{ss} = \dfrac{n_1}{2 \cdot 3 \cdot 3 + 1} = \dfrac{n_1}{19}$ erwartet werden. Wie die später beschriebenen Versuchsergebnisse zeigen, konnte nur an einem der drei untersuchten Motorzusammenstellungen (L. I.) ein derartiger Sattel beobachtet werden. Dieser wies jedoch infolge weiterer Einflüsse eine bedeutende Größe auf. Hiernach scheint das Ständerzahnfeld allein keinen großen Einfluß auf die Verzerrung der Drehmomentenlinie auszuüben.

Zu einem etwas abweichenden Ergebnis kommt Kloss.

Kloss betrachtet jeden Ständerzahn als kleinen Pol, der ein dem Hauptfeld übergelagertes Zusatzfeld erzeugt. Für dieses Feld ist $\tau_p = \tau_{n_1}$. Synchronismus besteht, wenn während der Dauer einer Periode $t_1 = \dfrac{1}{\nu_1} = \dfrac{60}{p \cdot n_1}$ der Läufer die doppelte Strecke τ_{n_1} zurücklegt. Die hierbei auftretende Geschwindigkeit bedingt

---

[1]) Stiel findet für sein „Nutungsmoment" die Synchrondrehzahl zu $n_p' = \dfrac{60 \cdot \nu_1}{p \cdot (n_1 + 1)}$, worin n_1 die über $2\,\tau_p$ verteilte Ständerzähnezahl bedeutet. Setzt man $n_1 = 2 \cdot q_1 \cdot m_1$ in obige Gleichung ein, so erhält man den gleichen Wert für die Synchronzahl des Nutungsmomentes, wie er in Gleichung (10) für die Ständersatteldrehzahl abgeleitet wird.

nach Kloss eine „erste Ständersatteldrehzahl", die mit n_{ss_1k} bezeichnet werden möge. Der Weg einer Läuferumdrehung ist gleich $Z_1 \cdot \tau_{n_1}$. Die vom Läufer in einer Sekunde zurückgelegte Strecke ergibt sich zu $\dfrac{n_{ss_1k}}{60} \cdot Z_1 \cdot \tau_{n_1}$. Während einer Periode beträgt der zurückgelegte Weg $\dfrac{n_{ss_1k}}{60} \cdot Z_1 \cdot \tau_{n_1} \cdot \dfrac{60}{p \cdot n_1} = 2\,\tau_{n_1}$, woraus

$$n_{ss_1k} = \frac{2\,p \cdot n_1}{Z_1} = \frac{n_1}{m_1 \cdot q_1}$$

wird.

Für den Dreiphasenmotor mit Dreilochwicklung ergibt diese Gleichung eine erste Ständersatteldrehzahl $n_{ss_1k} = \dfrac{n_1}{3 \cdot 3} = \dfrac{n_1}{9}$.

Wird zum anderen mal jeder Ständerzahn als Pol und jede Ständernut als Gegenpol eines weiteren, gleichfalls mit der Netzfrequenz schwingenden Zusatzfeldes betrachtet, so ergibt sich in ähnlicher Weise, wie oben abgeleitet, eine „zweite Ständersatteldrehzahl":

$$n_{ss_2k} = \frac{n_1}{2 \cdot q_1 \cdot m_1}.$$

Hierin wie früher $q_1 = 3$ und $m_1 = 3$ eingesetzt, ergibt $n_{ss_2k} = \dfrac{n_1}{2 \cdot 3 \cdot 3} = \dfrac{n_1}{18}$, welcher Wert fast mit dem des Verfassers zusammenfällt.

Zum gleichen Ergebnis für die Synchrondrehzahl $\dfrac{n_1}{2 \cdot q_1 \cdot m_1}$ des vom Ständerzahnfeld erzeugten Zusatzmomentes kommt auch Punga. (E. u. M. 1912 S. 1017.)

b) Einfluß der beiderseitigen Nutenverhältnisse von Ständer und Läufer.

α) Die Entstehung von Zusatzpolen. Die folgenden Untersuchungen setzen einen sinusförmigen Verlauf der Spannungen und damit auch der Kraftflüsse voraus. Das Eisen hat als sättigungsfrei zu gelten.

Während der Bewegung des Läufers ändert sich dauernd die gegenseitige Lage der Ständer- und Läufernutung. Als besonders bemerkenswert können zwei Augenblicksfälle herausgegriffen werden:

I. Es steht in der neutralen Ständerzone des AW-Druckdiagrammes eine Läufernut.

II. Es steht in der neutralen Ständerzone des AW-Druckdiagrammes ein Läuferzahn.

Diese beiden Fälle müssen weiter je nach der Größe der Augenblickswerte des Ständerstromes unter zwei Grenzbedingungen untersucht werden:

a) der Strom einer Phase weist seinen zeitlichen Höchstwert auf,

b) der Strom einer Phase ist gleich Null.

Aus dieser Zusammenstellung geht hervor, daß vier Untersuchungen Ia und Ib bzw. IIa und IIb erfolgen müssen.

Bei synchroner Bewegung des Läufers mit dem Hauptfelde steht dauernd ein bestimmter Teil des Läufers, z. B. ein Zahn, in der neutralen Zone.

Während eines von Synchronismus verschiedenen Laufes findet ein stetiger Wechsel zwischen den vier bemerkenswerten Zuständen statt. In jedem Augenblick sucht die Maschine durch ein anderes Verhalten den wechselnden Bedingungen

Genüge zu leisten. Für das betriebsmäßige Verhalten ist jedoch der aus den Einzel-
untersuchungen ermittelte Mittelwert maßgebend.

Untersuchung I a.

In der Fig. 2 ist die Anzahl der primären Nuten pro Pol und Phase q_1 gleich 3,
die primäre Nutenzahl $Z_1 = 36$ und die sekundäre $Z_2 = 40$ gewählt. Die eine Ständerphase führt den zeitlichen Höchstwert des Stromes. Für den Ständer sei über $2\tau_p$
das Treppendiagramm gezeichnet, dessen Fläche proportional dem Hauptflusse ist.

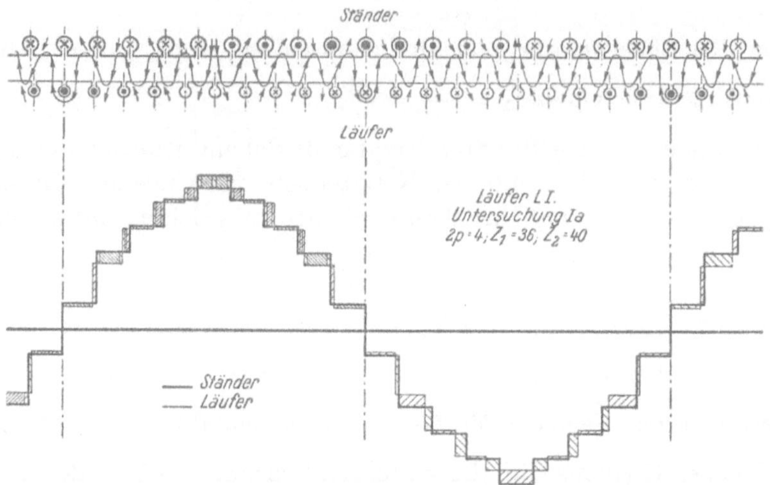

Fig. 2. Treppendiagramm für den Läufer L. I. Untersuchung I a.
$2p = 4;\ Z_1 = 36;\ Z_2 = 40.$

Die Form des Treppendiagramms ist identisch mit der Form der idealen Feldlinie.
Die neutrale Zone geht durch die Mitte der Spulenseite, welche den höchsten Strom
führt.

Steht der neutralen Ständernut eine Läufernut gegenüber, so wird in dieser
auch der höchste zeitliche Läuferstrom $J_{2\text{max}}$ fließen. Die Größe der Durchflutung
(Strom mal Stäbe z_2) dieser Nut ergibt sich aus der Gleichung:

$$(J_{2\text{max}} \cdot z_2) = \frac{J_{1\text{max}} \cdot z_1 \cdot Z_1}{Z_2}. \tag{11}$$

Die Durchflutung der anderen Läufernuten ändert sich mit dem Sinus des elektrischen Winkels ihrer räumlichen Verteilung.

Wird in dasselbe Bild auch das Läufertreppendiagramm eingezeichnet, so muß
dieses dem ersten flächengleich sein, wenn nur jene Komponente des Primärstromes
betrachtet wird, welche dem Sekundärstrom das Gleichgewicht hält. Es ist also
hier J_1 gleich dem auf die Ständerseite bezogenen Läuferstrom J_2' zu setzen.

Wie Fig. 2 zu erkennen gibt, fallen die Umrißlinien der beiderseitigen Treppendiagramme nicht genau zusammen, sondern überragen einander abwechselnd. Da
die Treppendiagrammordinaten den magnetischen Potentialen an den betreffenden
Maschinenstellen proportional sind, so geht aus dieser Erscheinung hervor, daß
zwischen zwei gegenüberliegenden Zähnen des Ständers und Läufers allgemein ein
Potentialunterschied vorhanden ist. Als Folge müssen örtliche Ausgleichflüsse auftreten, die von Zahn zu Zahn ihre Richtung und Größe ändern. Die Größe des örtlichen Ausgleichflusses ist proportional den Überschußflächen, wobei allerdings nur

diejenigen Teile zu berücksichtigen sind, die beiderseitig zwischen Zahnflächen zu liegen kommen. An den Stellen, wo einem Zahn eine Nut gegenüber steht, ist die magnetische Leitfähigkeit infolge des großen Luftweges so gering, daß der überschüssige, kleine AW-Druck zur Durchtreibung eines nennenswerten Zusatzflusses durch den Luftspalt hindurch nicht genügt. In Fig. 2 sind in der linken Hälfte des Treppendiagramms diese für die Bildung der Ausgleichflüsse in Frage kommenden Teile der Überschußflächen durch engere Strichelung kenntlich gemacht. Da solche Einzelheiten im Druck schlecht wiedergegeben werden, so ist hiervon an anderen Stellen Abstand genommen worden.

Die Überschußflächen haben als solche einen anderen Maßstab als die Gesamtflächen. Hauptfluß und Ausgleichfluß sind phasenverschoben. Ihr Maßstab kann für jede beliebige Läufergeschwindigkeit aus der Größe der Diagrammfläche und der zahlenmäßigen Stärke des zugehörigen Flusses ermittelt werden. Der letztere Wert kann im Heylandkreis (s. Fig. 18) abgegriffen werden. Die Richtung der Ausgleichflüsse ist durch die relative Größe der magnetischen Potentiale gegeben.

Werden die Ausgleichflüsse ihrer Größe und Richtung nach in den Luftspalt eingezeichnet, so fällt deren zickzackartiger Verlauf ins Auge. Man nennt diese Erscheinung, da sie ihr Dasein einer Streuung verdankt, die „Zickzackstreuung". Ihr Vorhandensein hat eine Reihe Sattelbildungen zur Folge.

Ist die Anzahl der in einen Zahn eintretenden Zickzacklinien größer als die der austretenden, so wird der Überschuß durch den Zahn in das Joch eindringen. Im anderen Falle muß aus diesen ein entsprechender Fluß durch den Zahn hindurch in den Luftspalt übertreten. Im allgemeinen kehrt ein Teil der eintretenden örtlichen Zickzackstreuung schon innerhalb eines Zahnes um und nur ein Rest durchsetzt das Joch, um nach Umschlingung einer oder mehrerer Nuten an anderer Stelle wieder in den Luftspalt zurückzutreten.

Es zeigt sich also, daß die Ungleichheiten der beiderseitigen AW-Druckdiagramme als unabwendbare Nebenerscheinung Zusatzflüsse in den Zähnen zur Folge haben. In Wirklichkeit werden die scharfen Kanten der Treppendiagramme eine Abrundung oder Verschmierung erfahren, die eine Abweichung der Zusatzflüsse in Form und Größe von den errechneten Werten veranlassen.

In der neutralen Zone der AW-Druckdiagramme der Fig. 2 stehen sich gerade zwei Nuten gegenüber. In den rechts von ihr stehenden Läuferzahn fließt ein zusätzlicher Fluß hinein. Diese Richtung möge entsprechend der Richtung des Hauptflusses positiv genannt werden.

Untersuchung I b.

In Fig. 3 sind die beiden Treppendiagramme für den zweiten Grenzzustand der Stromverteilung dargestellt. Die Phase „1", die früher den Strom $J_{1_{max}}$ führte, wird jetzt nur noch von 0,866 dieses Betrages durchflossen. Die gleiche Höhe besitzt der Strom in der Nebenphase „3". In Phase „2" ist er gleich Null. Die neutrale Zone erscheint räumlich um $\frac{q_1}{2}$ in Richtung des beweglichen Hauptfeldes nach rechts verschoben. In ihr steht gerade eine Läufernut. Statt der Fünfeckform besitzt das fiktive Ständer- bzw. Läuferfeld, kurz Hauptfeld genannt, jetzt die Form eines Trapezes.

Die Untersuchungen II a und II b führen zu ähnlichen Treppendiagrammen. Auf ihre Wiedergabe kann hier verzichtet werden.

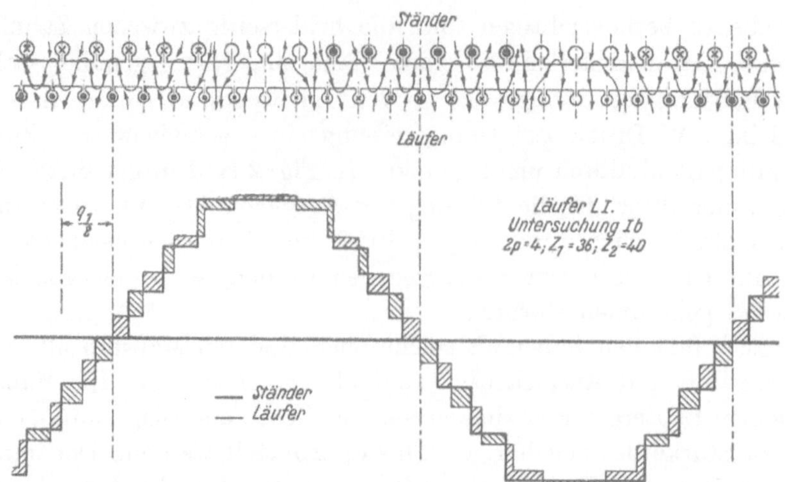

Fig. 3. Treppendiagramm für den Läufer L. I.　Untersuchung I b.

Durch die ungleiche Größe der in einen Zahn ein- und wieder austretenden Zickzackstreuung entstehen, wie bereits festgestellt werden konnte, innerhalb der Zähne örtliche zusätzliche Flüsse, deren Größe und Richtung von Zahn zu Zahn verschieden ist. Die zusätzlichen Flüsse können durch gleichwertige Zusatzpole ersetzt gedacht werden.

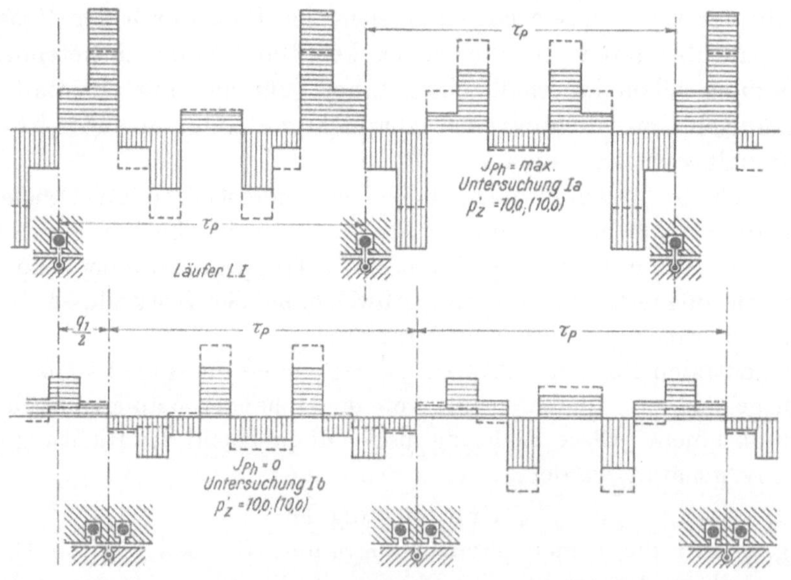

Fig. 4.
Zusatzfeldverteilung. Läufer L. I. In der neutralen Zone steht eine Läufernut.

In Fig. 4 sind die in den Läuferzähnen auftretenden und aus den Fig. 2 und 3 ermittelten zusätzlichen Flüsse in Gestalt von rechteckigen Feldern über den gestreckten mittleren Luftspaltumfang aufgetragen. Die ausgezogenen Linien gelten für die Untersuchung unter Berücksichtigung der Nutenöffnungen. Die gestrichelten Linien zeigen zum Vergleich das Zusatzfeld, wie es unter Vernachlässigung der Nutenöffnungen ermittelt wird. Die Ergebnisse der Untersuchungen II a und II b führen zu ähnlichen Feldbildern, die in der Fig. 5 dargestellt sind.

Die ersten Schaulinien der beiden Fig. 4 und 5 gelten für den ersten Grenzzustand der Stromverteilung, wo die Phase „1“ den Höchstwert des Stromes führt, und die darunter gezeichneten Schaulinien für den zweiten Grenzzustand, wo der Strom der Phase „2“ gleich Null ist.

Ist die Anzahl der Zähne des Ständers und des Läufers durch $2\,p$ teilbar, so müssen, wie im Beispiel, vier Zusatzfeldverteilungsbilder entworfen werden. Die Zahl dieser Untersuchungen vermindert sich auf zwei, wenn der Läufer eine ungerade Zähnezahl besitzt. In diesem Falle wird gegenüber der untersuchten neutralen Zone auf der anderen Seite der Maschine (also um räumliche 180° weiter) ein zweiter Sonderfall eintreten und bei der Untersuchung des einen Falles ohne weiteres mit berück-

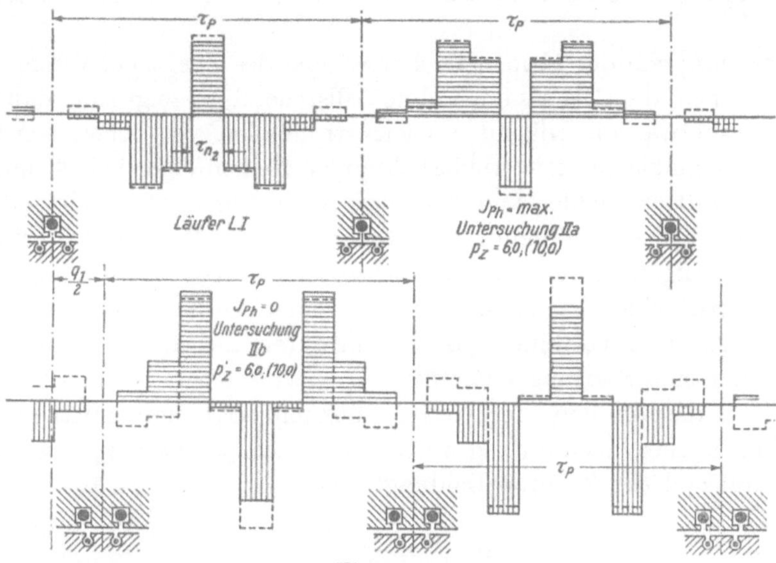

Fig. 5.
Zusatzfeldverteilung. Läufer L. I. In der neutralen Zone steht ein Läuferzahn.

sichtigt. So steht beispielsweise in Fig. 16 bei einem Läufer „L. II“ mit $Z_2 = 57$ Zähnen in der linken neutralen Zone eine Läufernut und in der rechten ein Läuferzahn. Ebenso genügen zwei Untersuchungen, wenn die Läuferzähnezahl derart gewählt wird, daß gleichzeitig in e i n e r der neutralen Zonen des AW-Druckdiagrammes die Mitte einer Läufernut und in der f o l g e n d e n oder ü b e r f o l g e n d e n die Mitte eines Läuferzahnes zu stehen kommt.

Allgemein betrachtet, ändert das Zusatzfeld von Zusatzpolteilung zu Zusatzpolteilung seine Form und Größe. Zwei nebeneinanderliegende Zusatzpole gehören für gewöhnlich nicht zusammen; der entsprechende Gegenpol von gleicher Größe und Form ist dann auf der anderen Symmetriehälfte der Maschine zu suchen. Dieser Umstand zeigt, daß, von Sonderfällen abgesehen, mindestens für eine ganze Symmetriehälfte die Zusatzfeldverteilungslinie zu zeichnen ist. Die über den Maschinenumfang verteilten zusätzlichen Pole rufen ähnlich den Feldoberwellen der entsprechenden Ordnung gleichfalls zusätzliche Drehmomente hervor.

Bei den zu untersuchenden vier ausgezeichneten Grenzzuständen kann aus jeder der Zusatzfeldverteilungslinien eine neue zusätzliche Polpaarzahl ermittelt werden, womit ebenso viele Satteldrehzahlen gegeben sind. Während der Bewegung findet ein dauernder Übergang aus dem einen in den anderen Zustand statt. In jedem Augenblick will die Maschine entsprechend der zusätzlichen Polpaarzahl mit einer anderen Geschwindigkeit laufen und entsprechend der wechselnden Größe des Zusatzfeldes ein anderes Zusatzmoment bilden. Aber keine dieser Einzelerscheinungen kommt zur vollkommenen Ausbildung. Sie alle wirken zusammen und führen zu einem gemeinsamen Mittelwert, der dann allein für die Wirkungsweise der Maschine in Betracht kommt.

Eine nähere Betrachtung der in Fig. 4 und 5 dargestellten zusammengehörigen Verteilungslinien des zusätzlichen Feldes zeigt, daß die Entstehung der zusätzlichen Pole von zweifacher Wirkung sein kann. Erstens wird die Anzahl der Zusatzpole Veranlassung zu einer Sattelbildung geben; zweitens muß auch eine eventuelle drehende Bewegung des ganzen Systems der Zusatzpole eine weitere Sattlung hervorrufen.

Wird vorläufig von der kleinen Drehbewegung des Zusatzpolsystems abgesehen, d. h. betrachtet man die Pole als im Raume stillstehend, so zeigt sich, daß die Zusatzpole keineswegs etwa mit ruhenden Gleichstrompolen verglichen werden dürfen. Sie ändern gesetzmäßig in stets wiederkehrender Reihenfolge, jedoch mit einer von der Drehzahl des Hauptfeldes und des Läufers abhängenden Geschwindigkeit, ihre Form und Größe. Diese Bedingungen können durch ein Wechselfeld erfüllt werden, welches beim Durchgang durch den Nullwert, d.h. nach jeder Halbwelle, umgeschaltet wird. Hierbei tritt eine Erscheinung ein, die einer Verdoppelung der Polpaarzahl gleichkommt. Es wird bei einer aus der mittleren Zusatzpolpaarzahl ermittelten halben Drehzahl eine Sattlung entstehen.

Nennt man die aus den vier Untersuchungen errechnete mittlere Anzahl der über den ganzen Maschinenumfang verteilten Zusatzpolpaare p'_{z_m}, so erhält man eine „Satteldrehzahl der Zusatzpolbildung" bei

$$n_{s-Zp} = \frac{\nu_1 \cdot 60}{2 \cdot p'_{z_m}}. \tag{12}$$

Wesentlich handlicher wird die Gleichung (12), wenn nicht p'_{z_m}, sondern p_{z_m}, die Anzahl der Zusatzpolpaare für die doppelte Hauptfeldpolteilung $2\tau_p$, eingesetzt wird. Gleichung (12) verwandelt sich dann in

$$n_{s-Zp} = \frac{\nu_1 \cdot 60}{2\,p \cdot p_{z_m}} = \frac{n_1}{2 \cdot p_{z_m}}. \tag{13}$$

Für den als Beispiel angeführten Motor ergibt sich dann unter Vernachlässigung des Einflusses der Nutenöffnungen

$$n_{s-Zp} = \frac{1500}{2 \cdot 5} = 150 \text{ Uml./Min.,}$$

und unter Berücksichtigung der Nutenöffnungen

$$n_{s-Zp} = \frac{1500}{2 \cdot 4} = 188 \text{ Uml./Min.}$$

Man kann das zusätzliche Feld als ein Oberfeld betrachten, dessen Ordnung gleich der Anzahl der über $2\tau_p$ gebildeten zusätzlichen Pole ist. Wird

$$\frac{Z_2}{2\,p_{z_m} \cdot p} = 2, \tag{14}$$

so hat der Käfiganker, der in jeder Nut nur einen Leiter führt, für jede Halbwelle des Oberfeldes, d. h. hier für jeden Zusatzpol, einen Stab. Jeder einzelne Stab des Käfigankers verhält sich wie eine einachsige Läuferwicklung im Hauptfelde eines Drehstrommotors. Görges fand zuerst bei Drehstrommotoren mit einachsiger Läuferwicklung die Möglichkeit des Auftretens einer weiteren Sattlung bei etwa der halben Drehzahl des ersten Sattels.

Die Ausbildung eines großen zusätzlichen Feldes kann unter solchen Umständen sehr begünstigt werden. Ja, es kann so groß werden, daß in der Nähe der synchronen Drehzahl des Läufers mit dem zusätzlichen Felde das negative Drehmoment so stark anwächst, daß das vom erzeugten ideellen Hauptdrehmoment nacd hessen algebraischen Addition mit dem Zusatzdrehmoment übrigbleibende Hochlaufmoment nicht mehr genügt, um das ihm entgegenwirkende Reibungs- und Widerstandsmoment zu überwinden und den Motor zum Anlauf zu bringen. Der Motor wird hierdurch gezwungen, nicht nur unter Last, sondern möglicherweise sogar schon im Leerlauf zu schleichen.

Einen Schritt weiter geht Weidig in seiner Arbeit „Die Wechselstrominduktionsmaschine mit einachsiger Sekundärwicklung", indem er nachweist, daß unter gleichen Bedingungen nicht nur bei $\frac{1}{2}$, sondern auch bei $\frac{1}{3}$, $\frac{1}{4}$, $\frac{1}{5}$ usw., kurz bei allen einfachen Teilen der synchronen Drehzahl, also hier des Grundsattels, eine weitere Sattelbildung in Erscheinung treten kann. Unter den vorliegenden besonderen Bedingungen dürfte ein neuer Sattel nur noch bei $\frac{1}{2} \cdot n_{s-zp}$ gebildet werden, da bei den sehr nahe aneinanderliegenden weiteren rechnerischen Satteldrehzahlen die ohnedies schon kleinen Sattlungen eine gegenseitige fast restlose Aufhebung finden.

Unter Berücksichtigung des Gesagten kann die Gleichung (13) auf die besondere Form

$$n_{s-zp} = \frac{n_1}{2 \cdot x \cdot p_{z_m}} \tag{15}$$

gebracht werden, worin x jede positive ganze Zahl bedeutet.

Die in diesem Abschnitt untersuchten zusätzlichen Drehmomentenlinien haben einphasigen Charakter. Ihr Einfluß auf das Verhalten des Motors beim Anlauf kann bedeutend sein.

β) Die Bewegung der Zusatzpole. Anläßlich der Untersuchung des Einflusses der „Phasenablösung" wurde gezeigt, daß das Ersatzfeld der Phasenablösung während der Dauer einer ganzen Hauptwelle $4 m_1$ mal das Vorzeichen wechselt. Während das primäre Treppendiagramm, wie die Fig. 2 und 3 erkennen lassen, abwechselnd seine Form ändert, kann die Form des nur wenig beweglichen sekundären Treppendiagrammes als gleichbleibend gelten. Es wird also in der gleichen Zeit auch das mittlere Zusatzpolsystem $4 m_1$ mal sein Vorzeichen ändern. Die Anzahl der über $2 \tau_p$ infolge der Verschiedenheit der magnetischen Potentialunterschiede entstehenden Zusatzpole ist jedoch im allgemeinen von $4 m_1$ verschieden. Als unabwendbare Folge dieser sich scheinbar widersprechenden Bedingungen muß ein Wandern des ganzen Zusatzpolsystems in einer bestimmten Richtung eintreten (man betrachte hierzu die im vorigen Abschnitt in den Fig. 4 und 5 dargestellten Zusatzfeldverteilungslinien).

Ist $2 p_{z_m} < 4 m_1$, so wird eine Rückwanderung des Zusatzfeldes um den Unterschied $4 m_1 - 2 p_{z_m}$ stattfinden. Der synchron laufende Anker bewegt sich dann mit einer negativen Drehzahl, d. h. in entgegengesetzter Richtung zum Hauptfeld.

In der unten wiedergegebenen Bewegungsgleichung (16) erscheint aus diesem Grunde auf der rechten Seite vor dem Bruchstrich ein Minuszeichen.

Das in Fig. 4 für eine bestimmte Stellung des Läufers zur neutralen Zone dargestellte Zusatzfeld veranschaulicht in übersichtlicher Weise dessen rückläufige Bewegung. Die Zahl der über $2\tau_p$ verteilten Zusatzpole ist gleich 10, also kleiner als $4\,m_1$.

Die besonderen Nutenverhältnisse des Ständers und des Läufers bedingen im vorliegenden Falle ein äußerst einfaches und gleichmäßiges Bild der Zusatzfeldverteilung. Allgemein braucht die Breite der Polteilung des Zusatzfeldes, wie z. B. Fig. 5 erkennen läßt, nicht durchweg eine gleich große zu sein; sie kann starken Schwankungen unterworfen sein.

Ist $p_{z_m} > 4\,m_1$, so tritt der umgekehrte Fall der Vorwärtsbewegung des Zusatzfeldes ein.

Das rückläufige (inverse) als auch das mit dem Hauptfelde gleichlaufende Zusatzfeld muß nach früheren Darlegungen ein weiteres zusätzliches Drehmoment erzeugen, welches die eigentümliche Form der M_d-Linie eines Mehrphasenmotors haben wird.

Die synchrone Drehzahl der Zusatzfeldbewegung n_{s-Zb} kann aus dem Verhältnis der in der Zeiteinheit zurückgelegten Wege des Hauptfeldes und des Zusatzfeldes ermittelt werden. Wird der während der Dauer einer Periode des Hauptfeldes zurückgelegte Weg in Anzahl Zusatzpole ausgedrückt, so ist

$$\frac{n_{s-Zb}}{n_1} = -\frac{4\,m_1 - \dfrac{2\,p'_{z_m}}{p}}{\dfrac{2\,p'_{z_m}}{p}} = -\frac{4\,m_1 - 2\,p_{z_m}}{2\,p_{z_m}}. \tag{16}$$

Durch Umstellung erhält man hieraus die „Satteldrehzahl der Zusatzpolbewegung":

$$n_{s-Zb} = -\frac{4\,m_1 - 2\,p_{z_m}}{2\,p_{z_m}} \cdot n_1. \tag{17}$$

Auf das Rechenbeispiel des Läufers L. I angewandt, wäre hiernach eine weitere Satteldrehzahl bei $n_{z-Zb} = -\dfrac{12-10}{10} \cdot 1500 = -300$ Uml./Min. zu erwarten. (Näheres siehe Zahlentafel II).

Die zur Ermittlung der Zusatzfelder erforderlichen vier Untersuchungen brauchen weder für sich allein, noch als Mittelwert eine durch p teilbare Zahl Zusatzpole zu ergeben. $2\,p_{z_m}$ kann jede beliebige ganze oder gebrochene Zahl sein.

Hierfür ein physikalisches Beispiel zur Erläuterung.

Auf eine gemeinschaftliche Welle mögen entsprechend den voneinander abweichenden Rechnungsergebnissen vier Asynchronmotoren arbeiten, deren Wicklung verschiedenpolig ausgeführt sei, z. B. $p = 2, 3, 4$ und 6 Polpaare aufweisen. Wird jede dieser Maschinen abwechselnd an eine Spannung bestimmter Frequenz gelegt, so wird die Welle ruckweise mit verschiedenen Geschwindigkeiten zu laufen suchen. Sind die einzelnen Zeiten sehr klein, so wird sich eine mittlere Geschwindigkeit einstellen. Diese kann bei kleinen zu beschleunigenden Massen angenähert aus der Frequenz und einem mittleren $p = \dfrac{2+3+4+6}{4} = \dfrac{15}{4} = 3,75$, also einer gebrochenen Polpaarzahl, errechnet werden.

II. Versuche.

A.

1. Vorwort.

Im vorliegenden Teil soll an Hand von Versuchsergebnissen festgestellt werden, inwieweit die im ersten Teil zusammengestellten Theorien die wirklichen Fälle erfassen. Erst, wenn es gelingt, die Entstehung der wichtigsten Sattelbildungen zu ergründen, können Mittel und Wege ausfindig gemacht werden, um die Sattel ganz zu vermeiden oder doch so schwach zu halten, daß ihr Vorhandensein ohne Einfluß auf den Gang der Maschine bleibt. Die Lösung der ersten Aufgabe kann als erreicht bezeichnet werden. Für die zweite sind einige neue Gesichtspunkte behandelt. Die Versuche an einem Motor mit drei verschieden genuteten Läufern zeigen, daß sich die Ursachen der Sattelbildungen nahezu vollständig ermitteln lassen. Ein Vergleich der punktweise aufgenommenen Drehmomentenlinien mit den rechnerisch aus dem Heylandkreis bestimmten ergibt die auffallende Tatsache, daß bei Schlüpfungen, die größer als 1 sind, bedeutende Sattlungen entstehen können, die nicht nur in der Lage sind, das Stillstandmoment fühlbar zu verringern, sondern darüber hinaus einen entscheidenden Einfluß auf den Gang der Maschine auszuüben.

2. Versuchsanordnung.

Kuppelt man den asynchronen Drehstrommotor mit einer Gleichstrom-Nebenschlußmaschine und führt letzterer bei möglichst voller Erregung veränderliche Spannungen zu, so läßt sich jede beliebige Drehzahl bis nahe zum Stillstand einstellen, wobei die Drehzahl des Maschinensatzes auch bei stoßweiser Belastung durch den Asynchronmotor nur ganz unmerklich schwankt.

Hierauf fußend wurde die nachfolgend beschriebene Versuchsanordnung zusammengestellt. Bei ganz kleinen Drehzahlen mußte eine zusätzliche mechanische Bremsung mit einem Pronyschen Zaum stattfinden, um einen einwandfreien stabilen Betrieb des Versuchsmaschinensatzes bis herunter zu etwa 5 Uml./Min. leicht und sicher zu ermöglichen.

Die folgenden Versuche wurden im Elektrotechnischen Versuchsfelde der Technischen Hochschule zu Berlin ausgeführt. Als Drehstromquelle (s. Fig. 6) stand die mit einer Einlochwicklung versehene Maschine M. 7 von 60 kVA-Leistung zur Verfügung. Der Generator ließ sich durch

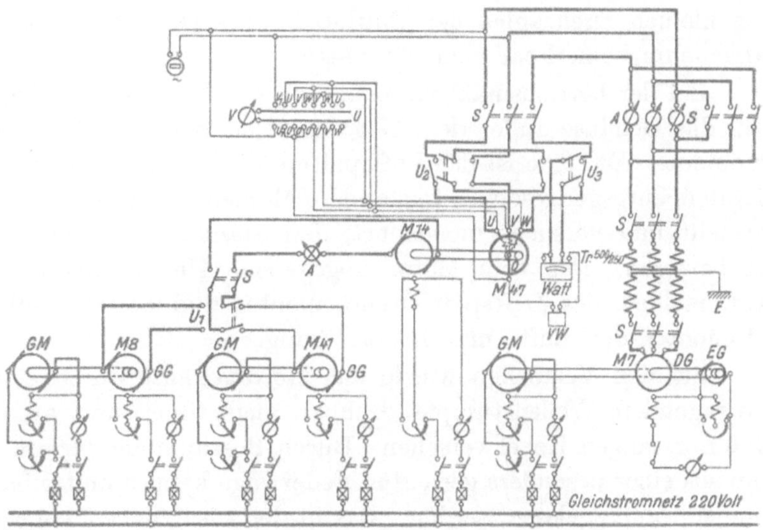

Fig. 6. Schaltbild der Versuchsanordnung.

eine angekuppelte Erregermaschine bis zu 500 V erregen. Diese Spannung wurde durch einen Transformator auf 250 V herabgesetzt. Der Drehstromgenerator wurde, wie auch alle anderen Hilfseinheiten, durch einen 220-V-Gleichstrom-Nebenschluß-motor angetrieben. Der Betriebsstrom wurde meist dem Netz, für wichtige Messungen einer Akkumulatorenbatterie entnommen.

Zur Lieferung des gleichstromseitigen Antriebstromes und zur Aufnahme des Bremsstromes konnten die beiden Maschinen M. 8 und M. 41 herangezogen werden. M. 8 fand hauptsächlich für die Messungen Verwendung; M. 41 wurde zum Antrieb des Versuchssatzes mit hoher Umdrehungszahl während der Abkühlung benutzt. Durch diese doppelte Anordnung wurde ein einfaches und schnelles Einstellen jedes gewünschten Meßpunktes ermöglicht. Die 3-kW-Gleichstrom-Nebenschlußmaschine M. 14 diente bei den Versuchen als Bremsdynamo für den Versuchsmotor M. 47.

M. 47 ist ein A.E.G.-Drehstrom-Asynchronmotor offener Bauart (Listenbezeichnung: D 30/4 Kf Nr. 226). Die Angaben des Leistungsschildes lauten: Verkettete Spannung: 215 Volt; 50 Perioden; Schaltung: Stern; $n = 1440$ Uml./Min.; Leistung: 2,2 kW; Strom: 8 Ampere. Der Ständer besitzt 36 Nuten bei einem lichten Durchmesser von 155,0 mm. Die dreiphasige Wicklung ist vierpolig angeordnet, so daß $q_1 = 3$ Nuten pro Pol und Phase ist. Für die Versuche wurde dieser Motor mit drei gegeneinander auswechselbaren Käfigankern „L. I“, „L. II“ und „L. III“ mit verschiedenen Nutenzahlen ausgerüstet. Der Ankerdurchmesser beträgt bei allen Läufern 154,2 mm, somit der Luftspalt 0,4 mm. Die für einen mittleren Luftspalt gerechnete Ständerpolteilung beträgt $\tau_p = 121,5$ mm.

Der Läufer L.   I besitzt 40 Nuten,
„   „   L. II   „   57   „
und „   „   L. III   „   63   „

Der Läufer L. II entspricht der listenmäßigen Ausführung, die beiden anderen Anker sind auf besonderen Wunsch hergestellt.

Die Drehzahl wurde mit Hilfe eines Tachometers und eines Tachoskopes bestimmt. Eine anfangs benutzte Turendynamo M. 33, die durch biegsame Welle mit dem Versuchsmaschinensatz verbunden war, wurde ausgebaut, nachdem sich bei kleinen Drehzahlen der Einfluß ihrer Ankernutung durch starkes Pendeln unangenehm bemerkbar gemacht hatte.

Bei der betriebsmäßigen Lagerung der Welle in den Lagern des Motors wirken auf das Gehäuse außer dem Gegenmoment des Unterbaues gleichzeitig zwei Drehmomente. Das eine ist das Luftspaltmoment. Seine Richtung ist der Bewegung des Läufers entgegengesetzt. Das andere Moment wird von der Luft- und Lagerreibung gestellt und versucht umgekehrt, den Ständer in gleicher Richtung mit der Welle zu bewegen. Das vom Motor abgegebene Nutzdrehmoment ergibt sich aus dem Unterschied des Luftspalt-Drehmomentes und des demselben entgegenwirkenden Momentes der Luft- und Lagerreibung.

Bei den Versuchen wurde das Motorgehäuse durch eine zweite Lagerung der vorragenden Wellenstümpfe drehbar angeordnet und an den Füßen mit einem 400 mm langen Hebel versehen. Durch Bestimmung der am Hebel wirkenden Kraft mittels einer besonders geeichten Federwage kann unmittelbar das Nutzdrehmoment des Motors abgelesen werden. Das in der zusätzlichen Lagerung der Wellenstümpfe entstehende, dem Nutzmoment entgegenwirkende Lagerreibungsmoment stellt einen

Fig. 7.

Aufbau des Versuchsmotors.   Seitenansicht.

Fig. 8.

Versuchsmaschinensatz.   Vorderansicht.

Teil des äußeren Belastungsdrehmomentes dar. Fig. 7 und 8 (siehe Tafel) zeigen den Aufbau der Drehmoment-Meßvorrichtung.

Das am Hebelarm gemessene Nutzdrehmoment kann mit dem theoretisch gerechneten Luftspaltdrehmoment nach Zuschlag des jeweiligen Luft- und Lagerreibungsmomentes verglichen werden. Zu diesem Zwecke wurde bei verschiedenen minutlichen Umlaufzahlen die Leistungsaufnahme des einmal leerlaufenden, das andere Mal mit der betriebsmäßig aufgestellten Versuchsmaschine gekuppelten Gleichstrommotors gemessen und daraus der in Fig. 9 dargestellte Linienzug bestimmt. Dieser zeigt die Luft- und Lagerreibung des Versuchsmotors im normalen betriebsmäßigen Zustande in Abhängigkeit von der Drehzahl.

Die Schaltung wurde so gewählt, daß außer den Phasenleistungen, -spannungen und -strömen auch die verketteten Spannungen gemessen werden konnten. Das umschaltbare Voltmeter

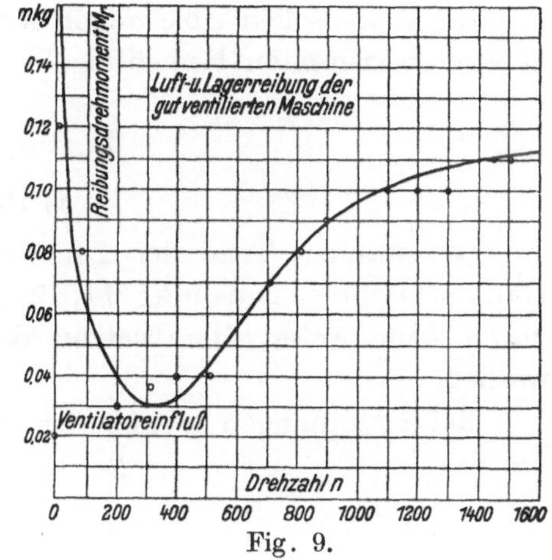

Fig. 9.

lag unmittelbar·an den Klemmen der Maschine, die Netzspannung konnte bei geöffnetem Maschinenschalter bestimmt werden. Das durch die Umschalter U_2 und U_3 umschaltbare Wattmeter lag dicht an den Klemmen der Maschine. Der Querschnitt der vom Motor zum Wattmeter führenden Kabel war so reichlich bemessen, daß in ihnen nur mit einem ganz unwesentlichen Spannungsabfall gerechnet werden brauchte. Im Schaltbild Fig. 6 ist der zur eigentlichen Messung gehörige Aufbau durch stärkere ʼZeichnung hervorgehoben.

Der Drehstrommotor war für eine verkettete Spannung von 215 V bestimmt. Die Durchrechnung der Maschine zeigte, daß für den Kurzschlußfall Strom und Erwärmung sehr hohe Werte erreichen, so daß ein längeres Verweilen bei den größeren Schlüpfungen unzulässig erschien. Als zweckmäßige Spannung wurden 170 V gewählt und mit ihr der größere Teil der Hauptmessungen durchgeführt.

Mit Hilfe des für die gewählte Versuchsspannung errechneten Heylandkreises wurden die Läufer- und Ständerströme in Abhängigkeit von der Schlüpfung ermittelt, dann aus den Stromlinien mehrere Punkte herausgegriffen und für diese die Übertemperaturen im Beharrungszustand berechnet. Nach Ermittelung der Zeitkonstante konnte eine Schar von Erwärmungslinien gezeichnet werden, aus der die zulässige Belastungsdauer entnommen wurde. Als höchste Übertemperatur wurden 80 ° C zugelassen. In

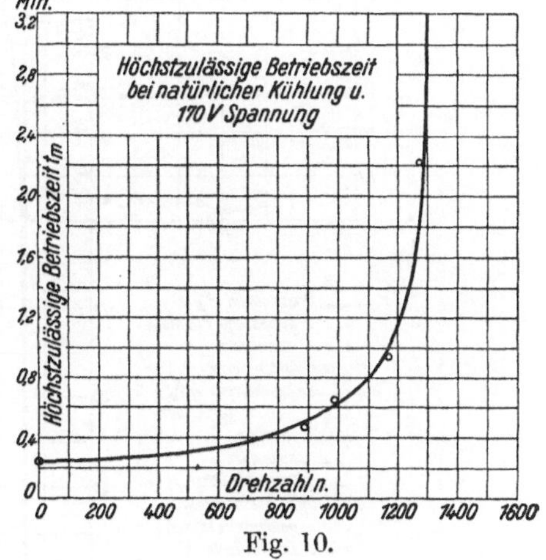

Fig. 10.

Fig. 10 ist die nach diesem Verfahren für den Läufer L. I ermittelte höchste Betriebsdauer, und zwar bei natürlicher Kühlung, in Abhängigkeit von der Schlüpfung, dargestellt. Hiernach konnte der Motor bei Stillstand nur etwa 15 Sekunden untersucht werden. Da diese Zeitdauer zu knapp war, mußte der Motor mit einem Ventilator künstlich gekühlt werden, wodurch die zulässige Meßzeit auf mehr als den dreifachen Betrag erhöht wurde. Um etwa den gleichen Betrag ließ sich auch die Kühldauer verkürzen. Der Einfluß der verstärkten Luftreibung ist bereits im Schaubild Fig. 9 berücksichtigt.

Die elektrischen Ablesungen wurden bei gleichbleibender Maschinentemperatur in einer bestimmten Reihenfolge vorgenommen.

B. Versuchsergebnisse.

a) Das Drehmoment.

Die stabilen Teile der Drehmomentenlinie (siehe die Zusammenstellung der Hauptschaulinien in den Fig. 11, 12 und 13) konnten bei allen Läufern mit Leichtigkeit durch stufenweises Herabsetzen der Drehzahl des Versuchssatzes aufgenommen werden.

Bei Schlüpfungen von 80 v. H. und mehr machte sich die hohe Erwärmung des

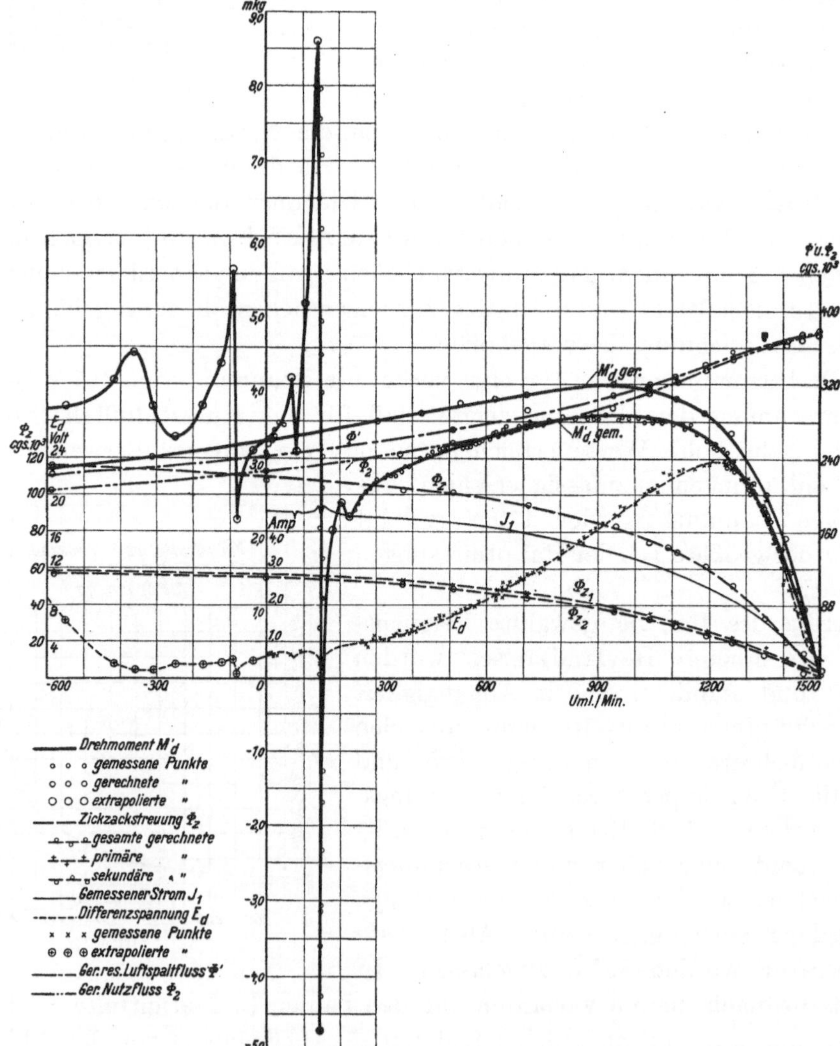

Fig. 11. Zusammengestellte Schaulinien für den Läufer L. I.

Läufers unangenehm bemerkbar und setzte den Versuchen bei etwa — 600 Uml./Min. eine Grenze, die mit den angeführten Mitteln nicht überschritten werden konnte.

Eine weitere Schwierigkeit stellte sich der Untersuchung des Läufers L. I entgegen. Zwischen 0 und 250 minutlichen Umdrehungen wurde der Maschinensatz beim Einschalten des Drehstrommotors sofort in etwa 150 Uml./Min. hineingerissen, wobei bei dieser Drehzahl die verschiedensten positiven und negativen Drehmomente gemessen werden konnten. Es mußte daher von vornherein mit dem Vorhandensein eines Sattels von besonders steiler Form und bedeutender Größe gerechnet werden. Wiederholte Messungen bei ganz geringen Netzspannungen bis hinunter auf 35 V bestätigten diese Annahme. Bereits bei 100 V ließ sich an der gedachten Stelle ein Sattel mit großer Genauigkeit zeichnen. Außer dieser Sattlung konnten zwei weitere kleine Sattelbildungen bei $n = 75$ und $n = $ etwa 250 Uml./Min. wahrgenommen werden. Nach Aufnahme mehrerer Meßreihen bei 35, 50, 70, 90, 100, 150 und 170 V wurden für bestimmte Schlüpfungen Schaulinienscharen (Drehmoment u. a. in Abhängigkeit von der Spannung) aufgezeichnet und aus ihnen durch Extrapolieren eine Vervollständigung der bei 170 V gemessenen Schaulinien herbeigeführt.

Der positive sowie auch der negative Scheitel des bei 150 Uml./Min. auftretenden Sattels (Fig. 11) ist um ein Vielfaches größer als das größte positive Hauptdrehmoment. Arbeitet der (anfänglich leerlaufende) Maschinensatz in der Nähe der Satteldrehzahl, so wird er beim Einschalten des Drehstrommotors durch die starke synchronisierende Wirkung des Sattels in dessen zugehörige Drehzahl hineingerissen. Erst bei kleineren Spannungen, wenn der Asynchronmotor nur noch wenig oder kein Nutzdrehmoment abgibt und somit der Bremsgenerator als Motor läuft, kann eine Beeinflussung der eingestellten Drehzahl durch den plötzlich hinzugeschalteten Drehstrommotor nicht mehr eintreten.

Beim Läufer L. I traten bei 150 Uml./Min. hammerschlagähnliche Erschütterungen des ganzen Zusammenbaues der Maschine auf, die zu wiederholten Malen die reichlich bemessenen, sonst anstandslos arbeitenden Kupplungsbolzen zum Bruch brachten. Hervorgerufen wurden diese Stöße durch die unvermeidlichen kleinen Frequenzschwankungen, die bei dem steilen Sattel genügten, um ein Pendeln der Maschinen zu verursachen. Weit auffälliger und gefährlicher wurde dieses Verhalten, wenn bei entfernten Fußschrauben der nur lose auf dem Unterbau stehende Motor durch schnelles Abbremsen vom Synchronismus zum Stillstand gebracht wurde. Beim Überschreiten der Satteldrehzahl traten nicht nur die beschriebenen starken Erschütterungen ein, sondern der Maschinensatz begann auf dem Aufspannrost sprungweise zu wandern. Wurde der stillstehende, mit der abgeschalteten Gleichstrom-Bremsdynamo gekuppelte Motor an Spannung gelegt, so gelangte er nur auf etwa 150 Uml./Min. — die Schleichdrehzahl — und ließ bei dieser Umlaufzahl ein recht lautes, mit periodisch wiederkehrenden Erschütterungen verbundenes Brummen hören. Eine ähnliche, aber bedeutend abgeschwächte Erscheinung, konnte noch bei etwa der doppelten Drehzahl beobachtet werden. Durch besondere Versuche bei festgekeiltem Ständer wurde die Unabhängigkeit dieser Erscheinungen von der drehbaren Ständeranordnung nachgewiesen.

Über gleichartige Beobachtungen findet man in der Literatur unseres Wissens nur eine einmalige Veröffentlichung. So beschreibt Heubach im XIII. Kapitel seines Werkes „Der Drehstrommotor" ein „sehr merkwürdiges Phänomen" wörtlich wie folgt: „... Alle Motoren liefen gut mit Ausnahme eines einzigen, der vierpolig im Stator 48 im Rotor 43 Nuten hatte. Dieser Motor kam nicht hoch, brummte sehr stark und wurde heftig in Vibrationen versetzt, daß er auf dem Fundament entlang rutschte, wenn er nicht angeschraubt war. Er lief tadellos an, nachdem er mit einem Rotor von 41 Nuten versehen war. Wenn der Motor mit seinem ersten Rotor künstlich hochgebracht wurde, arbeitete er sehr gut, nur war er nicht zum Anlauf zu bringen". An gleicher Stelle schreibt H e u b a c h weiter: „Dieselbe Erscheinung zeigte ein vierpoliger Einphasenmotor, der im Stator 46, im Käfiganker 41 Nuten hatte. Dieser Motor lief vorzüglich an, nachdem er mit einem Rotor von 39 Nuten versehen war. Der günstige Anlauf wurde nicht etwa dadurch erzielt, daß der Rotorwiderstand durch die Reduktion der Nutenzahl etwas vergrößert wurde, denn es wurde, um diese Möglichkeit zu untersuchen, derselbe Stator mit einem Rotor von 43 Nuten versehen, und auch hierbei lief er tadellos an.

Das einzige charakteristische an den Zahlen 48 und 43, resp. 46 und 41 ist ihre Differenz von 5, wenigstens konnte bisher etwas anderes nicht gefunden werden. Es scheint daher, daß das Auftreten irgendwelcher sekundärer Erscheinungen in diesem Falle besonders begünstigt wird, und man wird jedenfalls gut tun, um 5 verschiedene Nutenzahlen zu vermeiden. Es wäre sehr zu wünschen, daß von anderer Seite diesbezügliche Erfahrungen ebenfalls veröffentlicht würden, nur auf diese Weise dürfte es möglich sein, genügend Unterlagen zu schaffen, um die Ursache dieser Erscheinung zu finden. — In allen übrigen Fällen hat es sich vorzüglich bewährt, für die Nutenzahlen des Stators und des Rotors relative Primzahlen zu wählen".

Die generelle Anweisung, ohne Rücksicht auf die Zahnung: „jedenfalls um fünf verschiedene Nutenzahlen zu vermeiden" erscheint nicht empfehlenswert. Genaue Aufschlüsse über die jeweilige Brauchbarkeit der gewählten Zähnezahlen können stets nur individuelle Untersuchungen mit Hilfe der aus den Treppendiagrammen entwickelten Zusatzfelder geben. Die Wahl relativer Primzahlen führt allgemein zu günstigen Ergebnissen. Soweit die Untersuchungen von H e u b a c h.

Als unmittelbare Ursache des Schleichens und der Erschütterungen kann, wie aus der Drehmomentenlinie Fig. 11 ersichtlich, der überaus große und steile Sattel bei 150 Uml./Min. angesehen werden. Diese unerwünschte Erscheinung wird durch die Verkettung einer Reihe ungünstiger Einflüsse hervorgerufen, die ihrerseits durch die Wahl der Zahnung gegeben sind.

So ist nach Gleichung (13) die Satteldrehzahl der Zusatzpolbildung

$$n_{s-Zp} = \frac{n_1}{2 \cdot p_{z_m}} = \frac{1500}{10} = 150$$

bzw. 188 Uml./Min., je nachdem die bereits im Zahlenbeispiel für den Läufer L. I ohne oder mit Berücksichtigung der Nutenöffnungen gewonnenen Werte eingesetzt werden.

Bei der gleichen Umlaufzahl entsteht noch ein weiterer Sattel.

Es ist nach K l o s s die „Erste Ständersatteldrehzahl":

$$n_{ss_1k} = \frac{n_1}{q_1 \cdot m_1} = \frac{n_1}{9} = \frac{1500}{9} = 167 \text{ Uml./Min.}$$

Das Zusammenfallen mehrerer Sattel auf annähernd ein und dieselbe Drehzahl ist ungünstig und muß beim Entwurf durch entsprechende Wahl der Zahnung vermieden werden.

Das Stillstandmoment nimmt innerhalb gewisser Grenzen, je nach der augenblicklichen gegenseitigen Lage der Zähne, also der veränderlichen magnetischen Leitfähigkeit des Luftspaltes, verschiedene Werte an. Im vorliegenden Falle kann das Stillstandmoment durch einfache Verbindung der zu beiden Seiten gemessenen Kennlinienteile genau ermittelt werden.

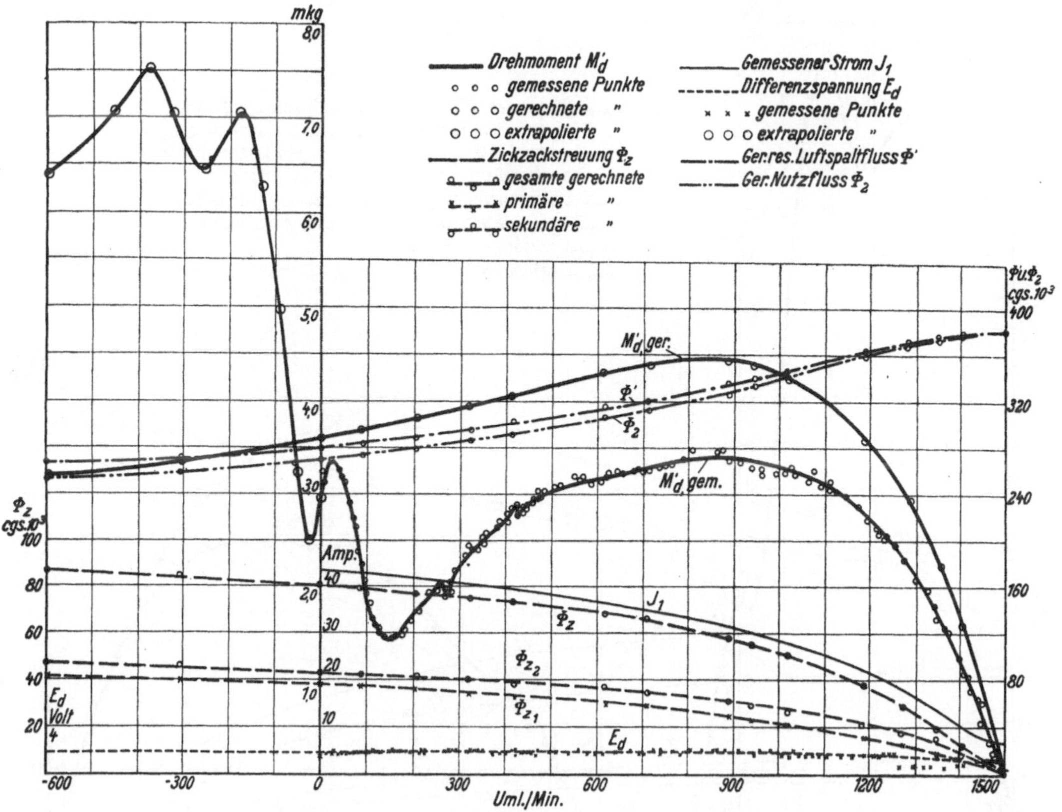

Fig. 12. Zusammengestellte Schaulinien für den Läufer L. II.

Betrachtet man zunächst die in den Fig. 11, 12 und 13 dargestellten rechnerischen und gemessenen Drehmomentenlinien und vergleicht sie miteinander, so fällt bei den Läufern L. II und L. III der recht bedeutende Einfluß der zwischen 100 und 150 Uml./Min. liegenden großen Sattlungen auf die Gestalt der Drehmomentenlinie und die Größe des Kippmomentes $M_{d_{max}}$ auf. Beim Läufer L. I ist diese Beeinflussung infolge des sehr steil verlaufenden großen Sattels nur gering.

Die gerechneten Kennlinien sind mit Hilfe des Heylandkreises ohne Berücksichtigung des Ständerwiderstandes gewonnen. Die Anwendung des einfachen Verfahrens läßt die Verringerung der Ständer-EMK mit steigender Belastung unberücksichtigt. Bei Versuchen läßt sich jedoch nur die Klemmenspannung, nicht aber die EMK, gleichhalten — ein Umstand, der beim Vergleich beider Schaulinien wohl zu berücksichtigen ist.

Weiter ist bei den Läufern L. II und L. III die recht starke Verkleinerung des Anfahrmomentes zu vermerken. Die Ursache liegt in der Größe der bei etwa — 100 Uml./Min. liegenden großen Sattlungsfläche. Beim Läufer L. I verläuft der an gleicher Stelle auftretende Sattel wieder recht steil, wodurch seine Wirkung rein örtlich beschränkt bleibt.

Endlich wäre allgemein festzustellen, daß durch die Sattelbildungen im Wirkungsgebiet der Asynchronmaschine als Motor eine fast durchgehend starke Herabsetzung
des Drehmomentes und somit auch der Nutzleistung stattfindet.

Nach Besprechung der äußeren Gestaltung der M_d-Linie soll durch Anwendung
der im theoretischen Teil zusammengestellten Erkenntnisse nachgeprüft werden,

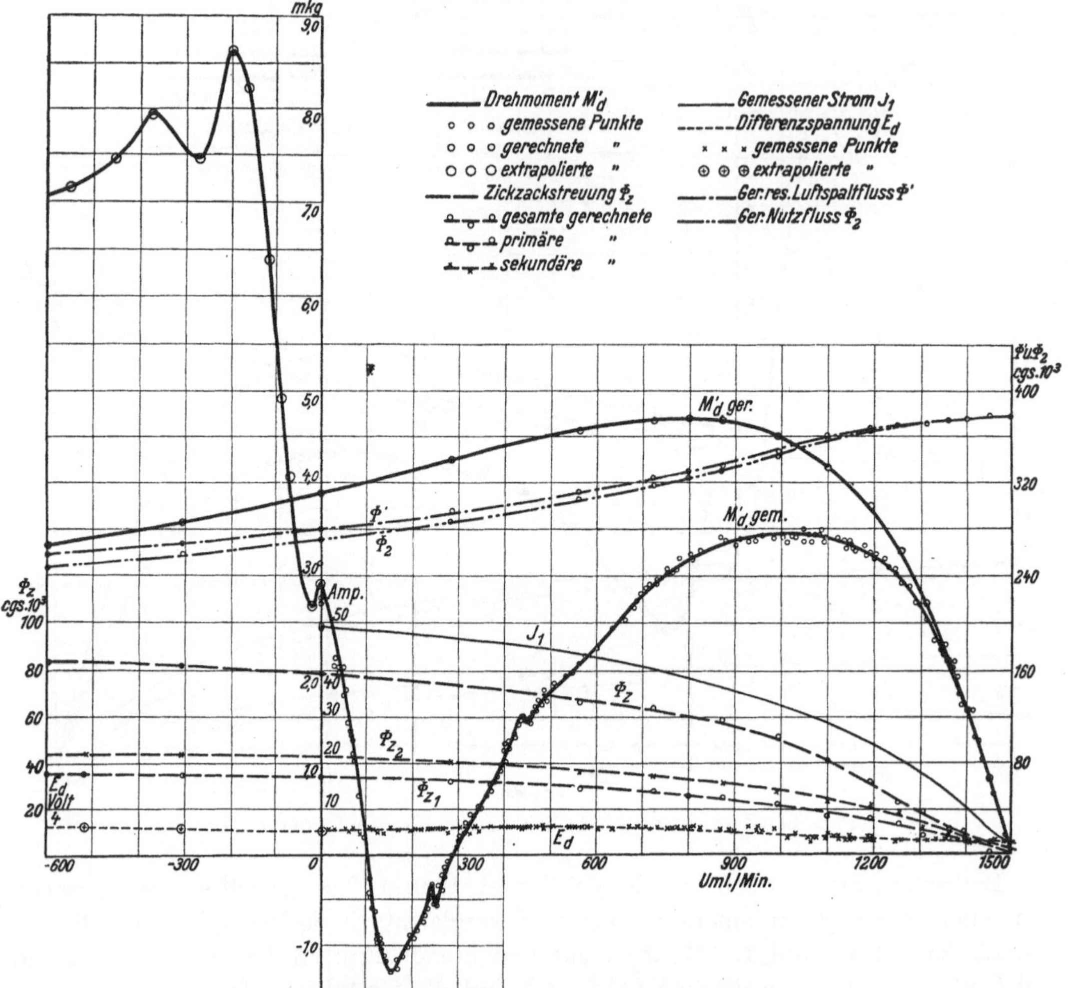

Fig. 13. Zusammengestellte Schaulinien für den Läufer L. III.

mit welcher Genauigkeit und Vollständigkeit das Vorhandensein von Sattlungen
im voraus bestimmbar ist.

Zu diesem Zweck müssen in erster Linie die Treppendiagramme gezeichnet und
aus ihnen die Zusatzfeldverteilungen bestimmt werden. Für den Läufer L. I ist
dieses bereits früher geschehen (siehe die Treppendiagramme Fig. 2 und 3 und die
zugehörigen Zusatzfeldverteilungen Fig. 4 und 5). Für den Läufer L. I müssen nach
den früheren Ausführungen vier Treppendiagramme und vier Zusatzfeldverteilungslinien
gezeichnet werden. Für die Läufer L. II und L. III genügen je zwei Untersuchungen.

Die Fig. 14 und 15 zeigen die Treppendiagramme für den Läufer L. II.

In der ersten neutralen Zone des AW-Druckdiagrammes (links) der Untersuchung I a (in der neutralen Zone steht gerade eine Läufernut; die eine Ständerphase

führt den Höchstwert des Stromes) stehen sich zwei Nuten gegenüber; in der letzten neutralen Zone (rechts) dagegen (entsprechend dem Sonderfall IIa) Zahn und Nut. Es werden also, wie bereits erwähnt wurde, bei ungeraden Läuferzähnezahlen durch eine Untersuchung zwei Fälle (I und II, a und b) gleichzeitig berücksichtigt.

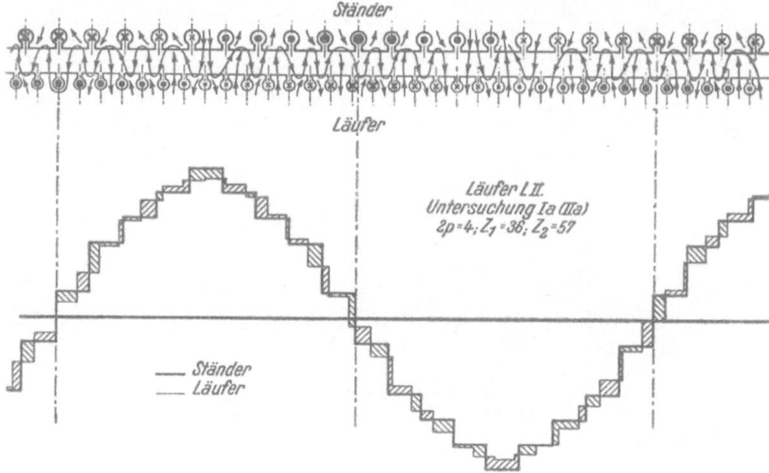

Fig. 14.

Treppendiagramm für den Läufer L. II. Untersuchung Ia (und IIa).
$2p = 4$; $Z_1 = 36$; $Z_2 = 57$.

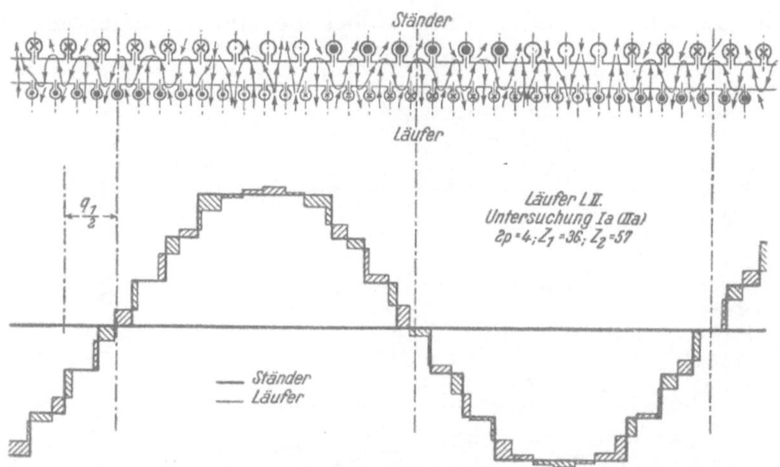

Fig. 15.

Treppendiagramm für den Läufer L. II. Untersuchung Ib und (IIb).
$2p = 4$; $Z_1 = 36$; $Z_2 = 57$.

Durch das räumlich getrennte, gemeinschaftliche Auftreten zweier Grenzzustände wird eine zerrissene, stark schwankende Verteilung der Zickzackstreuung und der Zusatzfelder hervorgerufen. Als Beispiel hierfür sind in den Fig. 14 und 15 die beiden Treppendiagramme und in der Fig. 16 die Zusatzfeldverteilung des Läufers L. II ($Z_2 = 57$) wiedergegeben.

Auch für den Läufer L. III ist Z_2 ($= 63$) eine ungerade Zahl. Die Treppendiagramme weisen nichts Neues auf. Es kann daher auf eine Wiedergabe an dieser Stelle verzichtet werden. Die Zusatzfeldverteilung ist aus der Fig. 17 ersichtlich und zeigt gegenüber Fig. 16 keine wesentlichen Abweichungen.

Aus den Zusatzfeldverteilungslinien sind für jeden ausgezeichneten Zustand die Polpaarzahlen des Zusatzfeldes zu entnehmen.

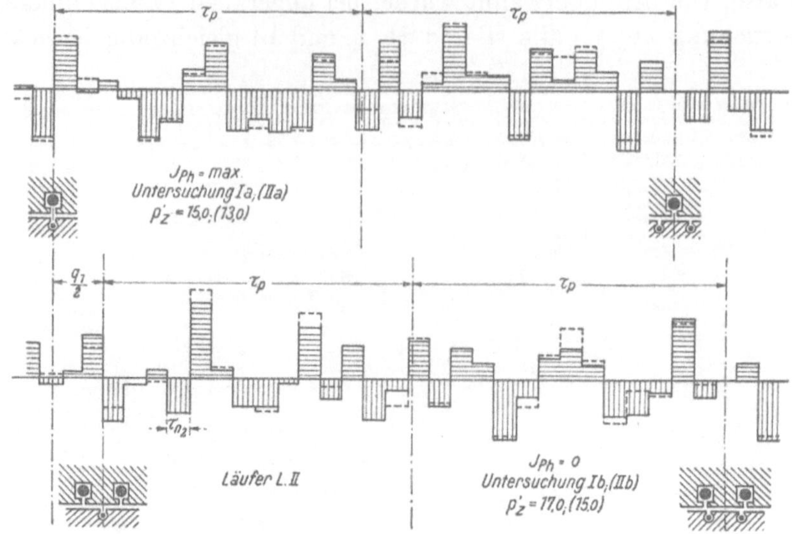

Fig. 16. Zusatzfeldverteilung. Läufer L. II. In der ersten neutralen Zone (links) steht eine Läufernut.

Bei synchroner Bewegung des Läufers mit dem Grundfelde findet eine dauernde Ablösung der Zustände a und b statt, wobei die einmal eingenommene Lage des Läufers zur neutralen Zone bestehen bleibt.

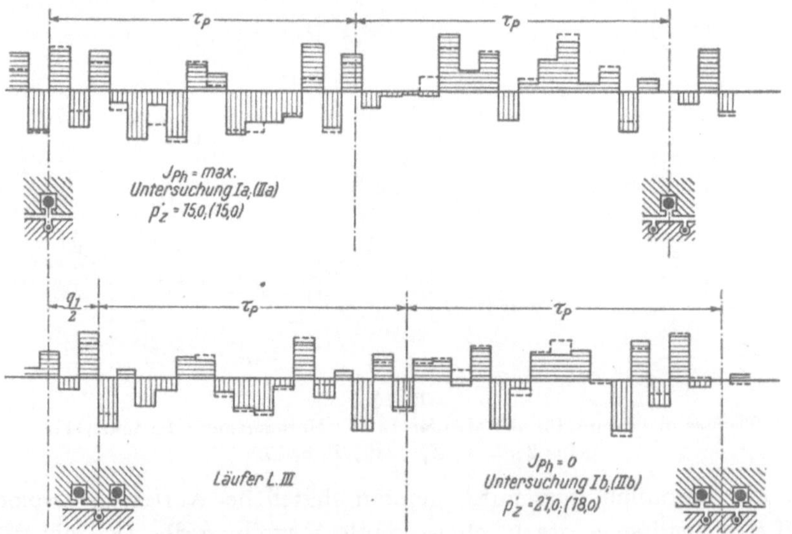

Fig. 17. Zusatzfeldverteilung. Läufer L. III. In der ersten neutralen Zone (links) steht eine Läufernut.

Bei einem vom Synchronismus abweichenden Lauf findet ein dauernder Übergang aller Grenzlagen und Zustände statt. Die mittlere Polpaarzahl des Zusatzfeldes p'_{z_m} ist aus den Ergebnissen aller vier Untersuchungen zu bilden. Die Rechnung kann, wie bereits erwähnt, gelegentlich für p'_{z_m} bzw. die auf $2\tau_p$ bezogene Anzahl Zusatzpolpaare p_{z_m} auch gebrochene Zahlen ergeben.

Die rechnerischen Untersuchungen wurden außer an den drei Versuchsmaschinen an vier weiteren Motoren durchgeführt, bei denen ein bestimmtes Verhalten bekannt war oder doch angenommen werden konnte. Durch Wiedergabe der hauptsächlichsten Ergebnisse soll gezeigt werden, inwieweit Rechnung und Messung einander decken, welchen Einfluß die Nutung des Läufers bei gleichbleibender Ständerzähnezahl auf die Satteldrehzahlen hat und ob es möglich ist, die Neigung zum Schleichen mit den angegebenen Mitteln voraus zu bestimmen. Es wurde gewählt:

Zahlentafel I.

Läufer	Z_1	Z_2	Grund der Wahl
L. VI	36	29	Müßte gut anlaufen, günstiges Zähneverhältnis.
L. IV	36	33	Punga (E. u. M. 1912) teilt mit, daß gut anläuft.
L. VII	36	36	Müßte kleben, also schlecht anlaufen.
L. I	36	40	Versuchsmotor; schleicht!
L. V	36	47	Punga (E. u. M. 1912) teilt mit, daß „noch" anläuft.
L. II	36	57	Versuchsmotor; läuft gut an. Soll nach Punga (E. u. M. 1912) ausgeprägte Bremswirkung haben!
L. III	36	63	Versuchsmotor; schleicht!

Leider kann Punga in seiner Arbeit für die Motoren L. IV, L. V und L. II keine Drehmomentenlinien angeben, so daß ein Vergleich nicht möglich ist.

Die Aufstellung der Treppendiagramme kann, da hiervon unabhängig, ohne Berücksichtigung der Bauart vorgenommen werden. Für die sonstige Durchrechnung der gewählten Maschinen L. VI, L. IV, L. VII und L. V wurde der Versuchsständer angenommen. Die Maße der Läufer mußten, um Vergleiche ziehen zu können, den Größen der Versuchsläufer angepaßt werden. Für die Läufer L. I, L. II und L. III wurden die bekannten Abmessungen der Nuten, Stäbe, Ringe u. a. in Abhängigkeit von der Läuferzähnezahl aufgetragen, aus diesen Schaulinien die unbekannten Größen der anderen Maschinen als wahrscheinliche Werte abgelesen und den Rechnungen zugrunde gelegt.

Die Treppendiagramme in Verbindung mit den Schaulinien des Zusatzfeldes ergeben die im oberen Teil der Zahlentafel II wiedergegebene mittlere Zahl der über den Maschinenumfang verteilten Zusatzpolpaare p'_{z_m}.

Mit Hilfe dieser Größen lassen sich unter Anwendung der früher gegebenen Gleichungen die Satteldrehzahlen rechnerisch bestimmen. Sie sind im unteren Teil der Zahlentafel II vergleichsweise mit den gemessenen Werten zusammengestellt.

Zu der Zahlentafel II ist allgemein zu bemerken, daß zur Stromlieferung die Versuchsfeldmaschine 7, ein Drehstromgenerator mit Einlochwicklung. herangezogen wurde, dessen Spannungslinie recht bedeutende Harmonische der 5. und 7. Ordnung aufweist. Durch diese Harmonischen werden zeitliche Feldoberwellen hervorgerufen, die mit einer von n_1 verschiedenen Geschwindigkeit (siehe Seite 87) umlaufen. Sie können die Größe des Drehmomentes mehr oder weniger beeinflussen. Eine Sattelbildung kommt jedoch im untersuchten Gebiet des Motors nicht zustande.

Ein Vergleich der in Zahlentafel II wiedergegebenen Werte mit den aufgenommenen Drehmomentenlinien läßt einige bemerkenswerte Tatsachen erkennen.

Der durch die Phasenablösung hervorgerufene, beim Dreiphasenmotor bei $\frac{n_1}{7}$ liegende Sattel ist im vorliegenden Falle nur von geringer Bedeutung. Die Überein-

Zahlen-

Nr.	Bezeichnung	Grundgleichung	L. VI ($Z_2 = 29$) gerechnet, Nutenöffnungen vernachlässigt	L. VI ($Z_2 = 29$) berücksichtigt	L. IV ($Z_2 = 33$) gerechnet, Nutenöffnungen vernachlässigt	L. IV ($Z_2 = 33$) berücksichtigt	L. VII ($Z_2 = 36$) gerechnet, Nutenöffnungen vernachlässigt	L. VII ($Z_2 = 36$) berücksichtigt
1	Gesamte mittlere Zusatzpolpaarzahl	p'_{z_m}	10,0	9,0	10,5	10,5	10,5	9,0
2	Satteldrehzahl der Phasenablösung (siehe Seite 89)	$n_{s-Ph} = \dfrac{n_1}{2\,m_1 + 1} = \dfrac{n_1}{7}$	215		215		215	
3	Ständersatteldrehzahl des Verfassers (s. S. 90)	$n_{ss} = \dfrac{n_1}{2\,q_1\,m_1 + 1} = \dfrac{n_1}{19}$	79		79		79	
4	Erste Ständersatteldrehzahl n. Kloss (S. 91)	$n_{ss_1 k} = \dfrac{n_1}{q_1 \cdot m_1} = \dfrac{n_1}{9}$	167		167		167	
5	Zweite Ständersatteldrehzahl n. Kloss (S. 91)	$n_{ss_2 k} = \dfrac{n_{ss_1 k}}{2} = \dfrac{n_1}{18}$	83		83		83	
6	Satteldrehzahl der Zusatzpolbildung (S. 96)	$n_{s-Zp} = \dfrac{n_1}{2\,p_{z_m}}$	150	167	143	143	143	167
7	Desgleichen infolge besonderen Z_2. Görgessches Phänomen (s. S. 97)	$n'_{s-Zp} = \dfrac{n_{s-Zp}}{2}$						
8	Satteldrehzahl der Zusatzpolbewegung (s. S. 98)	$n_{s-Zb} = -\dfrac{4\,m_1 - 2\,p_{z_m}}{2\,p_{z_m}} \cdot n_1$	−300	−500	−214	−214	−214	−500
9	Sattelbildungen, deren Entstehung aus aufgenommener Differenzspannungslinie auf Zusatzfeld zurückgeführt wird (S. 114)							
10	Unerforscht gebliebene Sattelbildungen der untersuchten Motoren							

tafel II.

Läufer in Umdr./Min.

L. I ($Z_2 = 40$)			L. V ($Z_2 = 47$)		L. II ($Z_2 = 57$)			L. III ($Z_2 = 63$)			Bemerkungen
gerechnet, Nutenöffnungen		gemessener Sattel bei	gerechnet, Nutenöffnungen		gerechnet, Nutenöffnungen		gemessener Sattel bei	gerechnet, Nutenöffnungen		gemessener Sattel bei	
vernachlässigt	berücksichtigt		vernachlässigt	berücksichtigt	vernachlässigt	berücksichtigt		vernachlässigt	berücksichtigt		
10,0	8,0		10,0	11,0	14,0	16,0		16,5	18,0		
215		220	215		215		265	215		245	
79		75	79		79		90	79		90	
167		150	167		167			167			
83		75	83		83		90	83		90	
150	188	150	150	136	107	94	90	91	83	90	
84	75	75									Nur, wenn $\dfrac{Z_2}{2\,p'_{z_m}} = 2$
—300	—750	—300	—300	—136	214	375	420	408	500	445	
		—90 —300					¹)			¹)	¹) Die Sattel der Läufer L. II und L. III bei — 100 und — 300 U./M. dürften auch, wie beim Läufer L. I, auf das Zustandekommen des Zusatzfeldes zurückzuführen sein. Die Differenzspannungslinie läßt das hier jedoch nicht mit Sicherheit erkennen.
							-100¹) -300¹)			-100¹) -300¹)	

stimmung von Rechnung und Messung ist als gut zu bezeichnen. Auch Arnold, Heubach, Punga und Kloss haben an den von ihnen untersuchten Dreiphasenmotoren, unabhängig von der Zahnung, bei $\frac{n_1}{7}$ Sattelbildungen beobachtet. Die ersten geben hierfür aber andere Erklärungen.

Der Einfluß der Ständernutung auf die Drehmomentenlinie ist gering. Beim Läufer L. I tritt bei der errechneten Drehzahl ein starker Sattel auf, der aber durch weitere Ursachen verstärkt wird. Bei den Läufern L. II und L. III können an dieser Stelle keine Sattelbildungen festgestellt werden.

Die in der Zahlentafel unter 6., 7. und 8. angeführten, durch die Zickzackstreuung verursachten Sattlungen sind durch die Rechnungsvorgänge wieder gut erfaßt. Zwischen den unter Vernachlässigung und den unter Berücksichtigung der Nutenöffnung ermittelten Satteldrehzahlen sind Abweichungen festzustellen. Die unter Berücksichtigung der Nutenöffnungen entwickelte Rechnung stellt einen idealen Fall dar. In Wirklichkeit wird dadurch ein Zwischenzustand herbeigeführt, daß ein Teil der Zickzackkraftlinien nach teilweiser Durchdringung der Nuten seitlich in den Zahn eintritt. Das Zusatzfeld wird dann mehr dem unter Vernachlässigung der Nuten ermittelten ähneln. Eine weitere Abweichung des Zusatzfeldes vom ideell gerechneten wird infolge von Verschmieren der scharfen Kanten der Treppendiagramme eintreten. Am ehesten kann die Wirklichkeit, was auch die Zahlentafel II bestätigt, etwa durch einen Mittelwert aus beiden Rechnungen berücksichtigt werden.

Die wichtigen großen Sattel des Läufers L. I bei — 90 und — 300 Uml./Min. können, wie auf Seite 114 an Hand der aufgenommenen Differenzspannungslinie gezeigt wird, auf das Vorhandensein der Zusatzfelder zurückgeführt werden. Die Differenzspannungslinie weist an diesen Stellen, ähnlich wie bei Geschwindigkeiten, bei denen sich der Läufer nachweislich in einem Zustande des Synchronismus zum Zusatzfelde befindet, Unregelmäßigkeiten auf.

Auch bei den Läufern L. II und L. III dürften die Sattel bei — 100 und — 300 minutlichen Umläufen auf die gleiche Ursache zurückführbar sein, obwohl die normalerweise schwach ausgeprägte Differenzspannungslinie dieses nicht erkennen läßt. (Näheres im zweitnächsten Abschnitt über die Differenzspannung.) Trotz vieler Tastversuche ist es leider nicht gelungen, die Entstehung dieser, besonders für die Größe des Hochlaufmomentes wichtigen Sattel ganz zu erkennen.

Aus der Zusammenstellung geht hervor, daß für den größeren Teil der gemessenen Sattlungen die Entstehung richtig erkannt ist. Für einen kleinen, allerdings sehr wichtigen Rest kann auf Grund besonderer Beobachtungen auf die wahrscheinliche Ursache zurückgeschlossen werden.

Die Ergebnisse der Untersuchungen lassen die Abhängigkeit der wichtigsten Sattelbildungen von der Zickzackstreuung erkennen. Die Scheitelgröße der Zusatzdrehmomente hängt von der Größe der Zusatzfelder ab, die ihrerseits von der Zickzackstreuung Φ_z und dem Nutenverhältnis beeinflußt werden. Hiermit soll aber nicht gesagt werden, daß eine kleine Zickzackstreuung auch ein günstiges Verhalten der Maschine beim Anlaufen zeitigt. Allerdings ist bei sonst richtiger Wahl der Zahnung eine im Verhältnis zum Nutzfluß geringe Zickzackstreuung vorteilhaft.

b) Der Strom.

Beim Läufer L. I hat die gemessene Stromkennlinie (s. Fig. 11) im Gebiet der durch das Zusatzfeld erzeugten Sattel bei $n = 75$ bzw. 150 Uml./Min. einen unregelmäßigen Verlauf. An diesen Stellen wird durch einen übergelagerten zusätzlichen Ständerstrom eine recht starke Ausbuchtung hervorgerufen, die den eigentümlichen Verlauf der Stromlinie in der Nähe eines Synchronismus aufweist. Der Ständerstrom nimmt hier mit geringer werdender Schlüpfung erst langsam, dann immer schneller ab, bis bei Synchronismus mit dem Felde die unterste Grenze erreicht wird. Bei Synchronismus mit dem Hauptfelde ist diese durch den Magnetisierungsstrom und die Eisenverluste gegeben. Für den übergelagerten Zusatzstrom wird der gleiche Punkt durch die entsprechenden zusätzlichen Werte bestimmt. Bei negativ werdender Schlüpfung, d. h. übersynchronem Lauf, findet in symmetrischer Weise wieder ein Anstieg des Stromes statt. Die in Abhängigkeit von der Schlüpfung aufgetragene Stromkennlinie hat somit an diesen Stellen einen V-ähnlichen Verlauf. Eine gleiche Erscheinung tritt entsprechend auch bei den hier nicht wiedergegebenen Leistungs-, Phasenverschiebungs- und anderen Kennlinien auf. Die Kennlinien der beiden anderen Läufer L. II und L. III (siehe Fig. 12 und 13) zeigen einen als üblich zu bezeichnenden ununterbrochenen Verlauf.

Das abweichende Verhalten des ersten Läufers ist durch die gewählte, durch $2\,p$ teilbare Zähnezahl Z_2 bedingt. Es entfallen bei ihm auf jede Ständerpolteilung $\dfrac{Z_2}{2\,p} = \dfrac{40}{.4} = 10$ Läuferzähne, die in symmetrischer Weise vom Zusatzfluß durchdrungen werden. Der Zusatzfluß erzeugt in den Stäben des Läufers zusätzliche EMK-e verschiedener Frequenz, die sich zum Teil im Gleichgewicht halten und zum Teil zum Ausgleich kommen. In diesem besonderen Falle entsteht, von den hohen Ausgleichströmen herrührend, für alle Polteilungen ein gleiches, und zwar symmetrisch ausgebildetes, zusätzliches Läuferfeld, welches in der Ständerwicklung generatorisch EMK-e erzeugt. Finden diese einen Ausgleich, so entstehen im Verlauf des Ständerstromes die beobachteten Sattel.

Bei den Läufern L. II und L. III, bei denen $\dfrac{Z_2}{2\,p}$ keine ganze Zahl ist, hat das Zusatzfeld einen unregelmäßigen Verlauf. Die im Läufer zum Ausgleich kommenden Zusatzströme sind nicht in der Lage, ein symmetrisches Läuferfeld, wie beim Läufer L. I (vgl. die Fig. 16 und 17 mit den Fig. 4 und 5) hervorzurufen. Die im Ständer induzierten EMK-e heben sich zum größten Teil auf, so daß eine nennenswerte Beeinflussung des Ständerstromes nicht stattfindet.

c) Die Differenzspannung.

Im ersten Teil wurde bereits nachgewiesen, daß in den Stäben des Läufers übergelagerte Zusatzströme höherer Ordnung entstehen. Die Frequenz der Zusatzströme ist verschieden und hängt von mehreren Bedingungen ab. Zu nennen ist von diesen neben dem Einfluß der Netzfrequenz und der Läuferschlüpfung der Einfluß der Zusatzpolzahl, ferner die Gleichmäßigkeit der räumlichen Verteilung der Zusatzpole sowie der Veränderlichkeitsgrad der Form der einzelnen Zusatzfelder.

Die Größe des Zusatzflusses ist proportional der Zickzackstreuung, in Annäherung auch den Strömen in Läufer und Ständer. Die Zusatzflüsse und der zusätzliche Läuferstrom stehen in ähnlicher Abhängigkeit zur Schlüpfung s wie der Hauptstrom. Es wird also der zusätzliche Läuferstrom mit zunehmender Schlüpfung erst schnell anwachsen, um dann bei größerer Schlüpfung nur noch eine geringe Steigerung zu erfahren (vgl. auch in den Fig. 11, 12 und 13 die Linien für Φ_z und J_1).

Die zusätzlichen Läuferströme erzeugen ähnlich wie die Ströme in einer Erregerwicklung bei Bewegung des Ankers in der stillstehenden Ständerwicklung EMK-e, deren Frequenz von der Frequenz der Zusatzströme und der Eigenfrequenz des Läufers abhängt. Die Größe der zusätzlichen Ständer EMK ist proportional der jeweiligen Größe und Frequenz des Zusatzfeldes Φ_{Zu_2} und der Drehfrequenz ν des Läufers (nicht zu verwechseln mit der Netzfrequenz ν_1 oder der Schlüpffrequenz ν_2 des Läufers. ν ist hier in Analogie zur Umlaufzahl n ohne Index eingeführt). Letztere ist im Stillstand gleich null und wächst linear mit zunehmender Drehzahl des Läufers.

Wird die Frequenz des zusätzlichen Läuferstromes als gleichbleibend angenommen oder die Gleichung nur für eine bestimmte Frequenz aufgestellt, so ist die Größe der zusätzlichen Ständer-EMK durch $c \cdot \nu \cdot \Phi_{Zu_2}$ bestimmt. Es wird somit die Zusatz-EMK für $s = 1$ und $s = 0$ in beiden Fällen null sein; im ersten Falle weil $\nu = 0$ und im zweiten weil $\Phi_{Zu_2} = 0$ ist. Die in Abhängigkeit von s aufgetragene zusätzliche EMK muß einen Verlauf zeigen, der sich mit dem der E_d - Linie in Fig. 11 deckt. Weist der Läuferzusatzstrom Unregelmäßigkeiten, wie Sattelbildungen, auf, so müssen diese auch im Verlauf der EMK-Linie in Erscheinung treten.

Bei einer durch $2\,p$ unteilbaren Läuferzähnezahl halten sich die zusätzlichen EMK-e sowohl im Läufer wie auch im Ständer größtenteils im Gleichgewicht und nur ein geringer Teil kommt zum Ausgleich. Der umgekehrte Fall tritt ein, wenn $\dfrac{Z_2}{2\,p}$ eine ganze Zahl ist. Natürlich erreicht dadurch auch die zum Ausgleich kommende induzierte EMK im Ständer einen höheren Betrag.

Die in der angedeuteten Weise hervorgerufene zusätzliche Spannung kann als eine Oberwelle angesehen werden.

Bei Sternschaltung der Ständerwicklung finden solche Oberwellen, deren Ordnung durch $x m_1$ teilbar ist, keinen Ausgleich. In diesem Falle kann eine höhere Phasenspannung gemessen werden, als sie der gemessenen verketteten entsprechen würde. Der algebraische Unterschied zwischen der gemessenen und der berechneten Spannung soll mit „Differenzspannung E_d" bezeichnet werden. Die im Ständer erzeugte Zusatzspannung braucht mit der Phasenspannung nicht in Phase zu liegen. Die Differenzspannung ist somit kleiner als diese Zusatzspannung, wozu noch kommt, daß letztere im allgemeinen auch Oberwellen enthalten wird, deren Ordnung nicht durch $x m_1$ teilbar ist.

Der Läufer L. I läßt bei 75 bzw. 150 Uml./Min. in der Kennlinie der Differenzspannung (Fig. 11) und der Kennlinie des Ständerstromes deutliche Sattelbildungen erkennen. Beide Sattel verdanken ihre Entstehung den Zusatzflüssen. Weitere Sattlungen in der E_d-Linie können bei dem Läufer L. I. im Wirkungsgebiet der Maschine als Motor nicht mehr festgestellt werden. Tatsächlich könnten auch keine weiteren entstehen, da die anderen Drehmomentensattlungen von den Zusatzfeldern unabhängig sind. Der Drehmomentensattel bei — 300 Uml. i. d. Min. entsteht durch das Wandern der Zusatzpole, ist also wieder vom Zusatzfeld abhängig. Eine Beeinflussung der Differenzspannung im geschilderten Sinne kann auch hier beobachtet werden. Bei — 90 Uml. i. d. Min. ist in der E_d-Linie eine weitere starke Sattlung vorhanden. Es kann nun umgekehrt mit großer Wahrscheinlichkeit zurückgeschlossen werden, daß auch die bedeutende Sattelbildung dieser Stelle durch das Zusatzfeld mindestens stark beeinflußt wird.

Bei den Läufern L. II und L. III ist $\dfrac{Z_2}{2\,p}$ nicht restlos teilbar und somit die Bildung einer wesentlichen Differenzspannung nach dem Gesagten nicht zu erwarten, was die Versuche auch bestätigen. In den gemessenen Differenzspannungslinien können mit Sicherheit Sattlungen nicht festgestellt werden. Wie jedoch die eingetragenen Meßpunkte erkennen lassen, ist die Differenzspannung an mehreren Stellen, bei denen die Drehmomentenlinien Sattel aufweisen, Schwankungen unterworfen. Diese Schwankungen lassen mit großer Wahrscheinlichkeit erkennen, daß auch bei den Läufern L. II und L. III die Entstehungsursache der Drehmomentensattel bei — 100 und — 300 Uml. i. d. Min. auf das Zustandekommen von Zusatzflüssen der untersuchten Art zurückzuführen sind.

Die besondere Gestaltung der Differenzspannungslinie bestätigt, daß die wichtigsten Sattlungen durch die aus der Zickzackstreuung entstandenen Zusatzflüsse hervorgerufen werden.

d) Die Flüsse.

Durch Konstruktion des Heylandkreises kann man das Verhalten der Maschine bei verschiedenen Schlüpfungen vorausbestimmen. Während bei Motoren mit Phasenanker die Übereinstimmung von Messung und Rechnung befriedigend ist, ergibt der Heylandkreis bei Käfigankermaschinen für größere Schlüpfungen meist stärkere Abweichungen gegenüber den Meßwerten, da die Neigung zur Sattelbildung unberücksichtigt bleibt. Als mittelbare Ursache der Sattelbildungen wurden die aus der Zickzackstreuung entstehenden Zusatzflüsse erkannt.

Sind in üblicher Weise aus den Eisen- und mechanischen Leerlaufverlusten der Wirkstrom und der blindwirkende Magnetisierungsstrom bestimmt, so kann nach

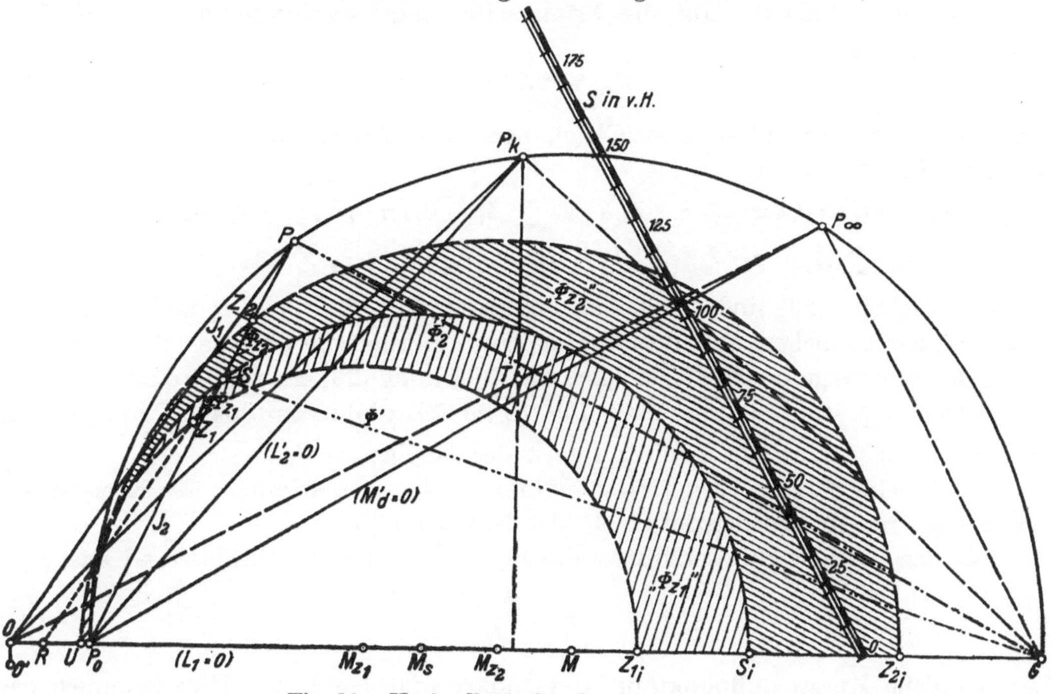

Fig. 18. Heylandkreis für den Läufer L. III.

Fig. 18 durch Auftragung des ersteren von $0'$ nach 0 und des letzteren von 0 nach P_0 ein Punkt — der Leerlaufpunkt — des Heylandkreises gewonnen werden. Die Strecken $\overline{0'0}$ und $\overline{0P_0}$ wurden der Deutlichkeit wegen verzerrt groß aufgetragen.

In der als verlustlos zu betrachtenden Maschine wird im Stillstand die gesamte aufgedrückte Phasenspannung E_{Ph} zur Erzeugung von Streuflüssen Φ_{s_1} und Φ_{s_2} verbraucht. Der primäre Kraftfluß ist

$$\Phi_1 = \frac{E_{Ph}}{4{,}44 f_{w1} \cdot N_1 \cdot \nu_1 \cdot 10^{-8}} = \Phi_{s_1} + \Phi_{s_2}, \tag{18}$$

wo N_1 die gesamte in Reihe geschaltete Windungszahl einer Phase bedeutet. Nun ist aber der primäre Streufluß

$$\Phi_{s_1} = 0{,}4\,\pi \cdot q_1 \cdot z_1 \cdot J_{k_{i_1}} \cdot \sqrt{2} \cdot \sum \Lambda_1 = c_1 \cdot J_{k_{i_1}} \cdot \sum \Lambda_1 \tag{19}$$

und der sekundäre

$$\Phi_{s_2} = 0{,}4\,\pi \cdot q_2' \cdot z_2 \cdot J_{k_{i_2}}' \cdot \sqrt{2} \cdot \sum \Lambda_2 = c_3 \cdot J_{k_{i_2}}' \cdot \sum \Lambda_2. \tag{20}$$

Hierin sind Λ_1 und Λ_2 die Leitfähigkeiten der Streuwege, bezogen auf dreiachsige Wicklung. z_1 und z_2 bedeuten die Anzahl der in Reihe geschalteten Stäbe einer Nut und q_1 bzw. q_2' die Nutenzahlen pro Pol und Ständerphase; $q_1 = \dfrac{Z_1}{2 \cdot p \cdot m_1}$ und $q_2' = \dfrac{Z_2}{2 \cdot p \cdot m_1}$. $J_{k_{i_1}}$ ist der primäre und $J_{k_{i_2}}'$ der auf die Primärseite bezogene sekundäre ideelle Kurzschlußstrom. Aus dem Sekundärstrom berechnet, ergibt sich

$$J_{k_{i_2}}' = J_{k_{i_2}} \cdot \frac{m_2 \cdot N_2 \cdot f_{w_2} \cdot p}{m_1 \cdot N_1 \cdot f_{w1}}. \tag{21}$$

Hierin bedeutet $m_2 = \dfrac{Z_2}{2\,p}$ die Phasenzahl und $N_2 = 1$ die Zahl der in Reihe geschalteten Windungen einer Phase des Käfigankers. $J_{k_{i_1}}$ ist etwa um den halben Magnetisierungsstrom größer als der auf die Primärseite umgerechnete Sekundärstrom $J_{k_{i_2}}'$. Setzt man angenähert

$$J_{k_{i_2}}' = 0{,}97 \cdot J_{k_{i_1}}, \tag{22}$$

so geht unter Berücksichtigung der Gleichungen (19), (20), (21) und (22) die Bedingung (18) über in

$$\Phi_1 = \Phi_{s_1} + \Phi_{s_2} = 0{,}4\,\pi \cdot q_1 \cdot z_1 \cdot J_{k_{i_1}} \cdot \sqrt{2} \cdot \sum \Lambda_1 + 0{,}4\,\pi \cdot q_2' \cdot z_2 \cdot 0{,}97 \cdot J_{k_{i_1}} \cdot \sqrt{2} \cdot \sum \Lambda_2$$
$$= c_1 \cdot J_{k_{i_1}} \cdot \sum \Lambda_1 + c_2 \cdot J_{k_{i_1}} \cdot \sum \Lambda_2 = J_{k_{i_1}} \cdot (c_1 \cdot \sum \Lambda_1 + c_2 \sum \Lambda_2). \tag{23}$$

In Gleichung (23) sind die beiden unveränderlichen Größen c_1 und c_2 in erster Linie von der baulichen Ausführung abhängig. Werden die Summen der Leitfähigkeiten der Streuwege bestimmt, so kann aus Gleichung (23) der primäre ideelle Kurzschlußstrom $J_{k_{i_1}}$ ermittelt und nach Fig. 18 im Schaubild von 0 nach G aufgetragen werden. G ist sodann ein zweiter Punkt des Heylandkreises.

Durch beide Punkte ist der Heylandkreis eindeutig bestimmt. Der Kreismittelpunkt liegt im Halbierungspunkt M der Strecke $\overline{P_0 G}$.

Für den ideellen Kurzschlußzustand ergibt sich der Blindwiderstand aus

$$r_0 = \frac{E_{Ph}}{J_{k_{i_1}}}. \tag{24}$$

Der wirkliche Kurzschlußpunkt im Heylandkreis ist durch das Hinzukommen des

Ohmschen Kurzschlußwiderstandes $r_k = r_1 + r_2'$ festgelegt. Aus beiden Teilwerten ergibt sich der Scheinwiderstand

$$r_s = \sqrt{r_0^2 + r_k^2} \tag{25}$$

und somit der wirkliche primäre Kurzschlußstrom J_{k_1} zu

$$J_{k_1} = \frac{E_{Ph}}{r_s}, \tag{26}$$

bei einem

$$\cos \varphi_{k_1} = \frac{r_k}{r_s}. \tag{27}$$

J_{k_1} unter $\cos \varphi_{k_1}$ aufgetragen ergibt den wirklichen Kurzschlußpunkt P_k. Wird vom Punkte P_k ein Lot auf die Gerade $\overline{P_0 G}$ gefällt und dieses in T im Verhältnis der Ständer- und entsprechend bezogenen Läuferwiderstände $\left(\text{also } \dfrac{r_1}{r_2'}\right)$ geteilt, und zwar so, daß oben r_2' und unten r_1 aufgetragen wird, so läßt sich nach Verbindung von 0 mit T und Verlängerung dieser Linie bis zum Schnitt mit dem Kreise in P_∞ der Unendlichkeitspunkt ermitteln.

Für einen bestimmten Kreispunkt P kann dann in üblicher Weise ein Teil der wichtigsten Motoreigenschaften abgegriffen werden. So ist $\overline{O'P}$ der primäre, $\overline{P_0 P}$ mit großer Annäherung der auf die Primärseite bezogene sekundäre Strom J_2'. Streng ist $\overline{P_0 P} = \dfrac{J_2'}{1 + \tau_1}$, worin τ_1 eine Unveränderliche ist, die auch als Heylandscher Streufaktor bezeichnet wird. τ_1 ergibt sich aus

$$\frac{\tau_1}{1 + \tau_1} = \frac{\Phi_{s_1}(\text{Leerlauf})}{\Phi_1} \text{ zu } \tau_1 = \frac{\Phi_{s_1}(\text{Leerlauf})}{\Phi_1 - \Phi_{s_1}(\text{Leerlauf})} = \frac{\Phi_{s_1}(\text{Leerlauf})}{\Phi'},$$

worin Φ', der Luftspaltkraftfluß im Leerlauf, dem Durchmesser $P_0 G$ des Kreisdiagrammes entspricht. Die Ordinatenhöhe des Punktes P bis zur Linie $(L_2' = 0)$ ergibt die theoretisch vom Läufer abgegebene Nutzleistung, wogegen die gesamte Höhe von P bis zur Linie $(L_1 = 0)$ die vom Ständer aufgenommene Leistung darstellt. Das Stück dieses Lotes von P bis zum Schnitt mit der Geraden $(M_d' = 0)$ ist gleich dem Luftspaltdrehmoment M_d'. Das vom Motor abgegebene Drehmoment M_d ist stets um das jeweilige Moment der Luft- und Lagerreibung geringer. Die Schlüpfung wird durch ein Strahlenbündel dargestellt, dessen Scheitel auf dem Kreise im Punkte G liegt. Die Punkte der Schlüpfungslinie „s in v. H." für Null bzw. 100 v. H. Schlüpfung sind durch den Schnitt der beiden Strahlen $\overline{GP_0}$ bzw. $\overline{GP_k}$ mit einer beliebigen Parallelen zu $\overline{GP_\infty}$ festgelegt. Wird die Schlüpfungslinie zwischen den Strahlen für Synchronismus bzw. Stillstand in hundert gleiche Teile geteilt und ein beliebiger Strahl $\overline{PG}$ gezogen, so kann für den Punkt P auf der Schlüpfungslinie die zugehörige Schlüpfung in v. H. abgelesen werden.

Endlich können dem Heylandkreise bekanntlich auch Flüsse und Streuungen entnommen werden.

Bei Synchronismus entspricht die Streuung im Ständer der Strecke $\overline{RP_0}$; im stromlosen Läufer ist $\Phi_{s_2} = 0$, so daß der sekundäre Nutzfluß $\Phi_2 = \Phi'$ gleich dem Kreisdurchmesser $\overline{P_0 G}$ wird. Φ_1 wird somit gleich $\Phi' + \Phi_{s_1} = (1 + \tau_1) \cdot \Phi'$. Hieraus kann die Strecke $\overline{RG}$ für den Primärfluß Φ_1 zu $\Phi' \cdot (1 + \tau_1)$ bestimmt werden. R ist ein fester Punkt. Φ_1 durch $\overline{RG}$ geteilt ergibt den Flußmaßstab.

RG ist im ideellen Kurzschluß proportional der Summe der primären und sekundären Streuungen. Es ist hier also $\Phi_{s_1} + \Phi_{s_2} = \Phi_1$. Wird die Strecke $\overline{RG}$ im Punkte S_i im Verhältnis der Streuflüsse Φ_{s_1} und Φ_{s_2} geteilt und um M_s mit $\dfrac{P_0 S_i}{2}$ ein Kreis durch die Punkte P_0 und S_i gelegt, so können weitere Motoreigenschaften abgelesen werden. P mit P_0 verbunden ergibt die Größe $\dfrac{J_2'}{1 + \tau_1}$, woraus der Läuferstrom bestimmt werden kann. Der Abschnitt der Strecke von P bis zum Schnitt mit dem Kreise im Punkte S ist der sekundären Streuung Φ_{s_2} proportional. Φ_{s_1} ist proportional J_1 und wird auf einer zum Primärstrom parallel verlaufenden Geraden $\overline{SR}$ abgelesen. $\overline{SG}$ ist dem Luftspaltkraftfluß Φ' und $\overline{PG}$ dem Nutzfluß Φ_2 proportional.

Die Ständer- und die Läuferstreuung Φ_{s_1} bzw. Φ_{s_2} setzen sich aus der Nutenstreuung, der Stirnkopfstreuung und der Zickzackstreuung zusammen.

Die einfachste Form der Streuung ist die **Nutenstreuung**. Für die angenähert rechteckigen Ständernuten (s. Fig. 19) wird die Leitfähigkeit des Nutenstreuweges für 1 cm Maschinenlänge aus

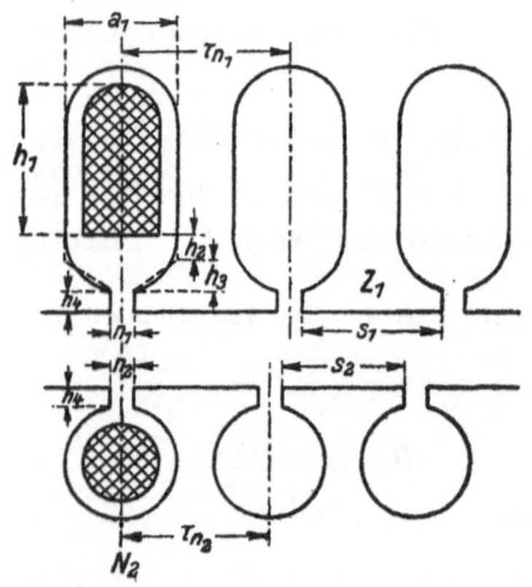

$$\lambda_{n_1} = \frac{h_1}{2 a_1} + \frac{h_2}{a_1} + \frac{2 h_3}{a_1 + n_1} + \frac{h_4}{n_1} \tag{28}$$

berechnet. Für die gewöhnlich halbgeschlossenen, runden Läufernuten ist die spezifische Leitfähigkeit, d. h. für 1 cm Maschinenlänge,

$$\lambda = 0{,}623 + \frac{h_4}{n_2} \tag{29}$$

Fig. 19.

von den Abmessungen der eigentlichen Nut unabhängig. Hieraus ergibt sich — je Polpaar berechnet — die gesamte Leitfähigkeit der Nutenstreuung für die ganze Maschinenlänge l_e im Ständer

$$\Lambda_{n_1} = 2 \cdot \frac{\lambda_{n_1}}{q_1 \cdot f_{w_1}} \cdot l_e \tag{30}$$

und im Läufer

$$\Lambda_{n_2} = 2 \cdot \frac{\lambda_{n_2}}{q_2'} l_e . \tag{31}$$

Die primäre Nutenstreuung ist in allen Nuten gleich groß und mit allen Leitern verkettet. Aus diesem Grunde erscheint in der Gleichung (30) der Wicklungsfaktor f_{w_1}. Die sekundäre Nutenstreuung ist im Käfiganker für jede Nut verschieden, eine Verkettung mit allen Leitern der Primärwicklung liegt nicht vor, so daß der Wicklungsfaktor, und zwar f_{w_1} in Gleichung, (31) wegfällt[1]).

Eine zweite Art ist die **Stirnstreuung**, deren Leitfähigkeit für dreiphasige Wicklung und je Polpaar allgemein durch die Gleichung

$$\Lambda_s = 2 \cdot (0{,}7 \, l_s - 0{,}4 \, \tau_p') \cdot K \tag{32}$$

---

[1]) Auf eine eingehende Behandlung dieser von K l o s s untersuchten Verhältnisse soll an dieser Stelle verzichtet werden. Professor K l o s s beabsichtigt, diese Frage in einer späteren Veröffentlichung besonders zu behandeln.

bestimmt ist. Hierin bedeutet l_s die gestreckte Länge einer aufgeschnitten gedachten Spule und τ_p' die in Mitte Nut gemessene Polteilung. K ist eine Zahl, durch welche der Einfluß der Läuferbauart auf diese Streuung Berücksichtigung findet. Sie beträgt nach Kloss bei Käfigankern mit weit abstehenden Ringen 0,8 und bei solchen mit enganliegenden Ringen 0,9 bis 1,0.

Die dritte — die Zickzackstreuung — ist maßgebend für die Erscheinung des Schleichens.

Aus den Zahnköpfen treten stets Streulinien aus, welche bei Maschinen, deren doppelter Luftspalt größer als eine einfache Nutenöffnung ist, wieder in den benachbarten Zahn eintreten, ohne den Luftspalt zweimal zu durchdringen und den anderen Maschinenteil zu berühren. Zu dieser Maschinengattung gehören hauptsächlich die Synchronmaschinen. Bei Asynchronmaschinen wird der Luftspalt sehr gering gehalten, so daß ein großer Teil dieser Streuung nach dem Durchdringen des Luftspaltes erst ein Stück der gegenüberliegenden Maschinenhälfte durchfließt, bevor er an einer beliebigen, dauernd wechselnden, aber periodisch wiederkehrenden Stelle in den Ursprungsteil zurücktritt. In diesem Falle geht die Zahnkopfstreuung in die Zickzackstreuung über. Steht der Mitte eines Ständerzahnes von der Breite s_1 eine Läufernut der Breite n_2 gegenüber, so erreicht die Leitfähigkeit der Zickzackstreuung ihren Höchstwert. Es ist

$$\lambda_{z\text{max}} = \frac{s_1 - n_2}{2 \cdot 2 \cdot \delta} = \frac{s_1 - n_2}{4 \cdot \delta}. \tag{33}$$

Stehen sich dagegen, wie in der Fig. 19 in N_2, 2 Nuten gegenüber, so ist

$$\lambda_{z\text{min}} = 0. \tag{34}$$

Aus beiden Grenzbedingungen ergibt sich der Mittelwert

$$\lambda_{z_m} = \frac{s_1 - n_2}{2 \cdot 4 \cdot \delta} = \frac{s_1 - n_2}{8 \cdot \delta}. \tag{35}$$

Die Zickzackstreuung wird angenähert zur Hälfte vom Ständer und zur Hälfte vom Läufer bestritten, so daß sich für den Ständer

$$\lambda_{z_1} = \frac{s_2 - n_1}{2 \cdot 8 \cdot \delta \cdot f_{w_1}} = \frac{s_2 - n_1}{16 \cdot \delta \cdot f_{w_1}} \tag{36}$$

ergibt. Die primäre Zickzackstreuung ist ähnlich der Nutenstreuung mit allen Ständerleitern verkettet, so daß in Gleichung (36) wieder der Wicklungsfaktor erscheinen muß. Für den Käfiganker wird einfach

$$\lambda_{z_2} = \frac{s_1 - n_2}{16 \cdot \delta}. \tag{37}$$

Aus den Gleichungen (36) und (37) läßt sich die gesamte Leitfähigkeit der Zickzackstreuung pro Polpaar und einem Übersetzungsverhältnis 1:1 aus

$$\Lambda_z = \left[2 \cdot \frac{s_2 - n_1}{q_1 \cdot f_{w_1}} + 2 \cdot \frac{s_1 - n_2}{q_2'} \right] \cdot \frac{l_e}{16 \cdot \delta} \tag{38}$$

bestimmen.

Nun ist

$$\sum \Lambda_1 = \Lambda_{n_1} + \Lambda_{s_1} + \Lambda_{z_1} \tag{39}$$

und

$$\sum \Lambda_2 = \Lambda_{n_2} + \Lambda_{z_2}. \tag{40}$$

Werden diese Werte in Gleichung (23) eingesetzt, so kann jetzt $J_{k_{i_1}}$ aus Φ_1 ermittelt werden.

Nun wieder zum Heylandkreis zurückkehrend.

Der in Fig. 18 dargestellte Strahl $\overline{P_0 P}$ steht mit dem einen Endpunkte in P_0 auf dem Kreisbogen $\overset{\frown}{P_0 G}$ fest, während der andere Punkt P auf diesem Kreise wandert. Jeder Punkt der Geraden, jede Begrenzung eines proportionalen Teilbetrages von ihr muß einen ähnlichen Linienzug beschreiben. Im ideellen Kurzschluß fällt $\overline{P_0 P}$ mit $\overline{P_0 G}$ zusammen; der sekundäre Streufluß wird $= \overline{S_i G}$. Wird diese Strecke so aufgeteilt, daß $\overline{S_i Z_{2_i}}$ dem Anteil der sekundären Zickzackstreuung entspricht, so ist der geometrische Ort für die Punkte Z_2 ebenfalls ein Kreis. Für einen beliebigen Punkt P wird Φ_{z_2} durch die Strecke $\overline{S Z_2}$ dargestellt und ist bei Synchronismus gleich null.

Φ_{z_1} ist proportional J_1 und wird für den ideellen Kurzschluß durch $\overline{R S_i}$ und für Synchronismus durch $\overline{R P_0}$ dargestellt. Für den ideellen Kurzschluß kann, ähnlich wie bei der sekundären Zickzackstreuung, die primäre Zickzackstreuung als Teilbetrag der Gesamtstreuung $\overline{R S_i}$ von S_i nach Z_{1_i} aufgetragen werden. Bei Synchronismus ist der von $\overline{R P_0}$ auf die Zickzackstreuung entfallende Teilbetrag von P_0 nach U einzutragen.

Der eine Endpunkt des Strahles $\overline{R S_i}$, der die Veränderlichkeit der primären Streuung Φ_{ε_1} wiedergibt, bewegt sich auf einem Kreise von S_i nach P_0; jede Begrenzung eines proportionalen Teilbetrages dieses Strahles beschreibt einen ähnlichen Linienzug, d. h. einen Kreis. Wird demgemäß um M_{z_1} mit $\dfrac{U Z_{1i}}{2}$ als Radius ein Kreis geschlagen, so ist dieser der geometrische Ort für Z_1. Es ist dann die primäre Zickzackstreuung für einen beliebigen Punkt P gleich $\overline{S Z_1}$.

Durch Einführung der beiden um M_{z_1} und M_{z_2} als Mittelpunkte gezeichneten Kreise in den Heylandkreis wird die Ermittlung der Zickzackstreuungen wesentlich vereinfacht. Für einen beliebigen Punkt P ist das innerhalb der enggestrichelten mit „Φ_{z_2}" bezeichneten Kreissichel liegende Stück der sekundären Streuung gleich der sekundären Zickzackstreuung Φ_{z_2}. Die Größe der primären Zickzackstreuung Φ_{z_1} wird von der weitgestrichelten Kreissichel „Φ_{z_1}" auf der von R aus gemessenen Primärstreuung abgeschnitten. Die beiden Einzelstreuungen setzen sich vektoriell zusammen und ergeben dann die gesamte Zickzackstreuung Φ_z.

Nach dem angegebenen Verfahren lassen sich leicht sämtliche Flüsse getrennt in Abhängigkeit von der Schlüpfung ermitteln. In den Fig. 11, 12 und 13 sind der Luftspaltfluß Φ', der Sekundärfluß Φ_2, ferner die Einzelwerte und die Summe der Zickzackstreuungen Φ_{z_1}, Φ_{z_2} und Φ_z dargestellt.

Mit Hilfe dieser Schaulinien läßt sich für jede beliebige Umlaufzahl der Maßstab der Treppendiagramme und der Überschußflächen berechnen und die absolute Größe der Zusatzfelder ermitteln. Am meisten interessieren die Verhältnisse bei den Satteldrehzahlen. Streng genommen müßten hierbei die Zustände im Gebiet der großen Sattlungen ins Auge gefaßt werden. Da aber alle Flußlinien in der Nähe des Stillstandes stets einen sehr flachen Verlauf haben, so kann sich der Einfachheit halber die Untersuchung auf den Kurzschluß allein erstrecken. Die hierbei in Erscheinung tretenden Abweichungen betragen beim durchgerechneten Motor weniger als ± 3 v. H.

Je geringer im Verhältnis zum Nutzfluß der Zusatzfluß ist, desto größer ist die Aussicht, daß nur schwache Sattel entstehen und störungsfreies Anlaufen stattfindet. Natürlich dürfen hierbei weder die Frequenz der Schwankungen des Zusatzfeldes, noch die Größe dieser Schwankungen oder weitere Einzelheiten eine Änderung des Verhaltens in ungünstigem Sinne bewirken. Wie die Verhältnisse hier liegen, ist noch nicht klar zu übersehen.

Unter Zugrundelegung der in vorliegender Arbeit erwähnten Gesichtspunkte und Rechnungsverfahren wurde eine Durchrechnung des Versuchsmotors und der vier angenommenen Läufer durchgeführt und die Ergebnisse für $n = 0$ in der Zahlentafel III zusammengestellt.

Zahlentafel III.

(Bemerkung: Die fettgedruckten Werte gelten für die untersuchte Maschine.)

Nr.	Bezeichnung		L. VI	L. IV	L. VII	L. I	L. V	L. II	L. III	Ständer
1	Zähnezahl		29	33	36	**40**	47	**57**	**63**	**36**
2	Nutenöffnung . . . . . . mm		0,6	0,6	0,6	**0,6**	0,6	**0,6**	**0,6**	**2,5**
3	Zahnbreite . . . . mm		16,16	14,13	12,98	**11,55**	9,74	**7,93**	**7,13**	**11,00**
4	Läufernutendurchmesser . . . mm		7,2	6,8	6,6	**6,2**	5,6	**4,7**	**4,2**	—
5	Nutzfluß Φ_2 10^3 cgs.		205	210	217	**230**	246	**270**	**281**	
6	Zickzackstreuung Φ_z 10^3 cgs. . . .		144	130	122	**113**	98	**81**	**72**	—
7	In den Läufer über $2\tau_p$ ein-bzw. austretender mittlerer Zusatzfluß Φ_{Zu_2m} 10^3 cgs.		42	45	43	**40**	41	**42**	**41**	**Mittelwert** 42
8	$\dfrac{100 \cdot \Phi_{Zu_2m}}{\Phi_2}$		20,5	21,4	19,8	**17,4**	16,7	**15,5**	**14,6**	kein klares Bild
9	Wirklicher primärer Kurzschlußstrom J_{k_1} Amp.	gerechnet	41	43	45	**47**	50	**47**	**52**	—
		gemessen	—	—	—	**46**	—	**40**	**49**	—
10	$\cos \varphi_k$	gerechnet[1]	0,68	0,71	0,73	**0,75**	0,78	**0,82**	**0,84**	—
		gemessen	—	—	—	**0,73**	—	**0,80**	**0,72**	—

Die Zusammenstellung in Zahlentafel III läßt für den Kurzschlußstrom eine gute Übereinstimmung der gemessenen mit den berechneten Werten erkennen. Die gemessenen Ströme sind durchweg etwas kleiner als die gerechneten. Die Rechnung wurde für gleichbleibende EMK durchgeführt. Beim Versuch nimmt sie jedoch mit wachsender Belastung ab. Das gerechnete $\cos \varphi_k$ stellt die Phasenverschiebung zwischen Primärstrom und Klemmenspannung dar. Die zusätzlichen Verluste haben hierbei keine Berücksichtigung gefunden. Die Abweichung des gemessenen $\cos \varphi_k$ zwischen Primärstrom und Klemmenspannung ist nicht groß. Die in den Spalten 5, 6, 7 und 8 aufgeführten Werte lassen keine Bevorzugung eines bestimmten Ankers erkennen.

Eine genaue, von Fall zu Fall anzustellende Vorausberechnung dürfte erst dann möglich sein, wenn es gelingt, mit Hilfe des aus der Zickzackstreuung abgeleiteten, auf den Läufer wirkenden mittleren Zusatzflusses Φ_{Zu_2m}, der mittleren Anzahl Zusatzpole und der Frequenz der Zusatzfelder für jede Sattelbildung mit einfachen Mitteln einen neuen Heylandkreis zu zeichnen, aus dem sich dann das zusätzliche Drehmoment bestimmen ließe.

---

[1] Ohne zusätzliche Verluste.

Jedenfalls ist es unbedingt·nötig, nicht nur die Zickzackstreuung klein zu halten und den Hauptfluß groß zu machen, sondern es muß der schädliche Fluß der Zusatzpole nach Möglichkeit verringert werden. Hierzu ist nach Kloss erforderlich, daß im Treppendiagramm die aneinanderstoßenden wirksamen kleinen Überschußflächen möglichst gleich groß werden, in welchem Falle überhaupt nur geringe Teile der Zickzackstreuung in den Läufer eintreten können. Beides kann durch geeignete Wahl der Nutenöffnungen und besonders der Zähnezahl stark beeinflußt werden. Es wächst durch Verringern der Nutenöffnungen [Gleichungen (28) und (29)] beispielsweise nicht nur die Nuten-, sondern auch die Zickzackstreuung [Gleichung (35)]. Der Zusatzfluß braucht aber hiermit nicht zu wachsen, denn bei einem in bezug auf die Nutenöffnungen verhältnismäßig großen Luftspalt geht die Zickzackstreuung in die Zahnkopfstreuung über, die aber für das Schleichen bedeutungslos ist. Dieser Fall kommt beim Asynchronmotor kaum vor, denn bei ihm wird der Luftspalt stets möglichst klein gehalten. Weit wichtiger und fühlbarer ist eine Änderung der Zähnezahlverhältnisse, über deren Einfluß die Treppendiagramme Aufschluß erteilen.

Schon bei den ersten Entwurfsannahmen empfiehlt es sich, Rücksicht auf eine Reihe ungünstiger Zähneverhältnisse zu nehmen.

So zeigen vielfache Erfahrungen, daß eine gleiche oder angenähert gleiche Zähnezahl sowohl im Läufer als auch im Ständer schädlich wirkt. Im ersteren Falle „klebt" der Läufer und läuft überhaupt nicht an; im anderen Falle neigt er zum „Schleichen". Letztere Erscheinung findet eine Erklärung durch die Art des Auftretens der Zickzackstreuung. Bei einer fast gleichen oder mit großen gemeinschaftlichen Teilern behafteten Zahl der Ständer- und Läuferzähne wird durch die an mehreren Stellen gleichzeitige und gleichmäßige Änderung der Zickzackstreuung die Ausbildung starker Zusatzfelder begünstigt. Aus diesem Grunde sind die Zähnezahlen beider Maschinenhälften von vornherein so zu wählen, daß sie gegenseitig stark abweichen und möglichst keinen gemeinschaftlichen Teiler besitzen, also relative Primzahlen sind. Unter Berücksichtigung der Nutenöffnungen dürfen gleichzeitig stets nur wenige Lücken zur Überdeckung gelangen. Unter diesen Umständen werden bei einer allerdings größeren Zusatzpolpaarzahl örtlich nur kleine Zusatzfelder entstehen. Eine Vergrößerung der Anzahl der Zusatzpolpaare ist nicht gefahrdrohend.

Eine unter den geschilderten Gesichtspunkten angestellte Betrachtung des untersuchten Motors zeigt, daß sich die Zähnezahlen verhalten beim Einbau

$$\text{des Läufers L. VI wie } \frac{Z_1}{Z_2} = \frac{36}{29} = \frac{36}{29}, \text{ also günstig,}$$

$$\text{„ „ L. IV „ } \frac{Z_1}{Z_2} = \frac{36}{33} = \frac{12}{11}, \text{ also ungünstig,}$$

$$\text{„ „ L. VII „ } \frac{Z_1}{Z_2} = \frac{36}{36} = \frac{1}{1}, \text{ also ungünstig (klebt),}$$

$$\text{„ „ L. I „ } \frac{Z_1}{Z_2} = \frac{36}{40} = \frac{9}{10}, \text{ also ungünstig (schleicht),}$$

$$\text{„ „ L. V „ } \frac{Z_1}{Z_2} = \frac{36}{47} = \frac{36}{47}, \text{ also günstig,}$$

$$\text{„ „ L. II „ } \frac{Z_1}{Z_2} = \frac{36}{57} = \frac{12}{19}, \text{ also günstig (läuft gut an),}$$

$$\text{„ „ L. III „ } \frac{Z_1}{Z_2} = \frac{36}{63} = \frac{4}{7}, \text{ also ungünstig (schleicht).}$$

Tritt bei bereits ausgeführten Motoren Schleichen ein, so kann beim Vorhandensein kleiner Sattelbildungen schon durch Abdrehen der Kurzschlußringe, also durch Erhöhung des Läuferwiderstandes, oder Vergrößerung des Luftspaltes, d. h. Um-

wandlung eines Teiles der Zickzackstreuung in die unschädlichere Form der Zahnkopfstreuung, die unliebsame Erscheinung behoben werden. Bei großen, ausgedehnten
Sattlungen hilft dagegen nur das altbekannte Radikalmittel — Aufschneiden der
Kurzschlußringe an je p Stellen, die um τ_p gegeneinander versetzt sind. Es findet
hierbei eine Umwandlung des Käfigankers in einen Phasenanker statt. Dem Läuferstrom werden jetzt bestimmte Bahnen vorgeschrieben; das Übersetzungsverhältnis
erfährt eine Änderung. Das Hochlaufmoment, die Läufererwärmung und die Schlüpfung nehmen infolgedessen andere Werte an, die unter Umständen den abgeänderten
Motor für einen bestimmten Zweck unbrauchbar erscheinen lassen können.

Um die Schleichmöglichkeit bereits beim Entwurf auszuscheiden, wird von
vielen Autoren als einzig sicher die Ausführung schräger Läufernuten empfohlen.
Dieses Verfahren macht den Zusammenbau schwerfällig, und stellt wegen der entstehenden scharfen Zackungen an den Wänden der Nuten große mechanische Anforderungen an die Wicklungsisolation.

Zusammenfassung und Schluß.

Entgegen den bekannten Vorzügen baulicher und wirtschaftlicher Natur haftet
den Käfigankermotoren oft der Nachteil eines unsicheren Anlaufes an. Die hierbei
auftretenden Störungen können derartige Bedeutung erlangen, daß der Motor auch
im unbelasteten Zustand nicht auf die durch Frequenz und Polpaare festgelegte
Umlaufzahl kommt, sondern mit großer Beharrlichkeit mit ganz geringer Geschwindigkeit läuft. Diese Erscheinung, die mit Schleichen bezeichnet wird, kann von starken
Erschütterungen und lautem Brummen begleitet sein.

Das Schleichen wird durch eine eigentümliche Beeinflussung des mit der Schlüpfung veränderlichen Drehmomentes bedingt, die darin besteht, daß sich dem eigentlichen Hauptmoment zusätzliche Drehmomente überlagern. Hierdurch entstehen
an bestimmten Stellen der Drehmomentenlinie Sattelbildungen, die gegebenenfalls
das Motordrehmoment derart absenken, daß es kleiner als das entgegenwirkende
Moment der Luft- und Lagerreibung wird oder sogar negative Werte annimmt.
Es kann dann eine weitere Beschleunigung der drehenden Massen nicht stattfinden,
und der Motor ist gezwungen, an dieser Stelle dauernd, d. h. mit kleiner Drehzahl
zu laufen. Nicht besonders hierfür berechnete Motoren müssen infolge bedeutender
Stromaufnahme durch Verbrennen zugrunde gehen.

Als Ursache des Entstehens übergelagerter Drehmomente wurden von Arnold
und Kloss und aufbauend auf die Untersuchungen des letzteren bzw. diese bestätigend
auch vom Verfasser zusätzliche Flüsse von verschiedener Herkunft erkannt, die in
den kurzgeschlossenen Stäben des Läufers EMK-e beliebiger Frequenz hervorrufen,
welche zum Ausgleich kommen. In einer Phasenwicklung finden zusätzliche EMK-e
keinen Ausgleich, so daß zusätzliche Drehmomente nicht entwickelt werden. Nur
Käfigankermotoren weisen die angeführten, hierfür nötigen Vorbedingungen zum
Schleichen auf.

Ein Teil der zusätzlichen Felder kann in einfacher Weise durch Abweichung
der aufgedrückten Spannung von der reinen Sinusform bedingt werden. Arnold
zerlegt die Spannungslinie in eine Grund- und eine Reihe von Oberwellen, ohne
jedoch einen Unterschied zwischen örtlichen und zeitlichen Oberwellen zu machen.
Nur die letzteren sind in der Lage zusätzliche EMK-e im Läufer zu erzeugen. Arnolds

Betrachtungen stellen mehr eine allgemeine Beurteilung dar, ohne auf die individuellen Einzelheiten jeder einzelnen Maschine einzugehen. Die wichtigsten Ursachen für das schlechte Anlassen sind durch die Arnoldsche Lehre unberücksichtigt geblieben.

Punga sucht schon, einen großen Schritt weiterkommend, eine Erklärung des Schleichens in Oberfeldern, die durch Verschiedenheit der magnetischen Leitfähigkeit, durch die Nutenöffnungen und die Sättigung der Zahnspitze hervorgerufen werden[1]).

Tiefer in den Gegenstand eindringend, zeigt Kloss, daß die im Luftspalt durch das örtlich nicht genaue Zusammenfallen der gegeneinanderwirkenden Ständer- und Läuferamperewindungsdrücke entstehende Zickzackstreuung Anlaß zu weiteren Sattelbildungen gibt.

Dadurch, daß die Zahl der in einen Zahn ein- bzw. austretenden Zickzackstreuungslinien nicht gleich groß ist, entstehen Zusatzflüsse, die von den gegebenen Verhältnissen der Maschine abhängig und als kleine Zusatzpole zu betrachten sind. Die zusätzliche Polpaarzahl führt zu einer, ihre räumliche Bewegung zu einer anderen Sattelbildung.

Die Klosssche Lehre wird erweitert und findet Bestätigung durch ausgedehnte Versuche an einem Motor mit drei verschieden genuteten Käfigankern. Es werden einige Gleichungen abgeleitet, mit deren Hilfe nach vorhergehender Ermittlung des Zusatzfeldes die Vorausberechnung der synchronen Umlaufzahl mehrerer Drehmomentensattel möglich ist. Die Übereinstimmung von Rechnung und Messung und die Erfassung der Ursache kann als gut bezeichnet werden. Den Einfluß der Zusatzfelder auf die Größe der Sattelspitzenwerte zu ermitteln ist nicht gelungen.

Die Versuche wurden durch stufenweises Abbremsen des Motors unter gleichzeitiger Ablesung des Nutzdrehmomentes, des Ständerstromes, der Spannungen und sonstiger Werte bis nahezu 140 v. H. Schlüpfung ausgedehnt.

Während im Motorgebiet der Maschine die Ursache der Sattelbildungen unmittelbar durch mathematische Überlegungen gewonnen und für die wichtigsten Abweichungen vom üblichen Verlauf der Drehmomentenlinie in der Zusatzfeldbildung und somit der Zickzackstreuung erkannt wurde, ließ sich bei den untersuchten Motoren der bei etwa — 100 Uml./Min. liegende bedeutende Sattel nur mittelbar durch Beobachtung der sog. „Differenzspannung" erklären und gleichfalls auf die Zickzackstreuung zurückführen.

Mit Differenzspannung wird der Betrag bezeichnet, um welchen die gemessene Phasenspannung größer ist als der aus der gleichfalls gemessenen verketteten Spannung berechnete Wert. Die Entstehung der Differenzspannung, die eine Zusatzspannung ist, wird auf das Auftreten der von den Zusatzfeldern erzeugten zusätzlichen Läuferströme zurückgeführt. Bedeutende Beträge nimmt die Differenzspannung an, wenn die Zähnezahl des Läufers durch $2\,p$ teilbar ist. In diesem Falle wirkt die $2\,p$ mal symmetrisch wiederkehrende Zusatzfeldverteilung wie das Polrad einer Synchronmaschine generatorisch auf den Ständer und erzeugt in dessen Wicklung übergelagerte zusätzliche EMK-e höherer Ordnung, die sich nicht gegenseitig aufheben und bei Sternschaltung der Phasen nur zum Teil einen Ausgleich finden. Der andere Teil macht sich erst beim Vergleich der gemessenen Phasenspannung mit der aus dem verketteten Wert berechneten bemerkbar. Die Differenzspannung ändert sich gesetzmäßig mit der Schlüpfung etwa

---

[1]) Nach Fertigstellung dieser Arbeit, nachdem sie bereits mehr als ein Jahr der Technischen Hochschule Berlin vorgelegen hatte, wurden die Stielschen Forschungsergebnisse bekannt. Stiel schreibt, ähnlich Punga, die zum Schleichen führende Beeinflussung des Drehmomentes in erster Linie dem Ständerzahnfelde zu, das er als Nutungsfeld bezeichnet.

in Art der sekundären Leistungslinie.　Die Differenzspannung ist von den Zusatzfeldern bzw. von der Zickzackstreuung abhängig, deren jeweilige Größe durch die Maschinenströme bestimmt wird.　Bewegt sich der Läufer annähernd synchron mit einem durch die Zickzackstreuung bedingten Zusatzfelde, so verschwindet im Läufer der betreffende Zusatzstrom.　Der Läuferstrom nimmt ab und die Linie der Differenzspannung weist an dieser Stelle eine Absenkung oder einen Sattel auf.　Aus dem Vorhandensein eines solchen Sattels in der gemessenen Differenzspannungslinie kann nach dieser Feststellung umgekehrt auf die Entstehungsursache des Drehmomentensattels zurückgeschlossen werden.

Eine volle Erklärung der äußerst verwickelten Erscheinung ist in der vorliegenden Arbeit nicht erreicht, jedoch gelang es, zur Kenntnis des Schleichens einen größeren Beitrag zu liefern.

Die umfassende Vorausberechnung eines einwandfrei anlaufenden Motors dürfte erst dann ermöglicht werden, wenn es mit Hilfe der zusätzlichen Läuferflüsse gelingt, „zusätzliche Heylandkreise" zu zeichnen.

Über Kettenleiter.[1]

Von

Hans Riegger.

Mit 21 Textfiguren.

Mitteilung aus dem Forschungs-Laboratorium Siemensstadt.

Eingegangen am 25. August 1921.

§ 1. **Einleitung.** Will man aus einem Spektrum von Wellen bestimmte Wellen bevorzugen, so benutzt man allgemein resonierende Systeme. Als Maß für die Auswahl dient die Resonanzbreite. Da dieselbe, gemessen in prozentueller Verstimmung, bei ungedämpften Wellen proportional dem Dekrement ist, lassen sich alle Resonanzkurven eines einwelligen Systems auf eine gemeinschaftliche Form bringen, wenn man als Abszisse nicht die prozentuelle Verstimmung x, sondern das Verhältnis von x zum Dekrement $\mathfrak{d}$ aufträgt (vgl. Fig. 1 a). Die Kurve ist an der Resonanzstelle spitz und verläuft bei größerer Verstimmung recht flach. Kurven, die an der Resonanzstelle nahezu ebenso breit sind, aber mit der Verstimmung viel rascher fallen, erhält man durch Hintereinanderschalten mehrerer Schwinger (Fig. 1 b gilt für zwei Systeme). Bezeichnen wir bei Resonanz den Wert der Ordinate mit 1, so ergibt sich für sehr lose Kopplung die Resonanzkurve der in Serie geschalteten Schwinger durch Multiplikation der Ordinaten der Einzelkurven[2]). Dieses Rechenverfahren ist annähernd gültig bis zu einer Kopplung $K = \sqrt{\dfrac{\mathfrak{d}_1^2 + \mathfrak{d}_2^2}{2\,\pi^2}}$. Für noch engere Kopplung verbreitert sich die Kurve an der Resonanzstelle sehr stark, während sie in den unteren Teilen zunächst nahezu gleichbleibt, dann tritt in der Mitte eine Senkung auf und man erhält schließlich die beiden voneinander getrennten Maxima der Kopplungswellen. Bei n hintereinander geschalteten Schwingern ist die Siebwirkung naturgemäß immer größer, aber das System wird bei enger Kopplung $n$wellig und die Form der Resonanzkurve ist schwer zu übersehen.

Für kontinuierliche Wellen hat K. W. Wagner[3]), auf dessen Arbeiten fußend das mehrfache System zu Siebzwecken in letzter Zeit in Aufschwung kam, nach der Methode der Leitungstheorie die Lösung des $n$fachen Systems gegeben. Sie stellt

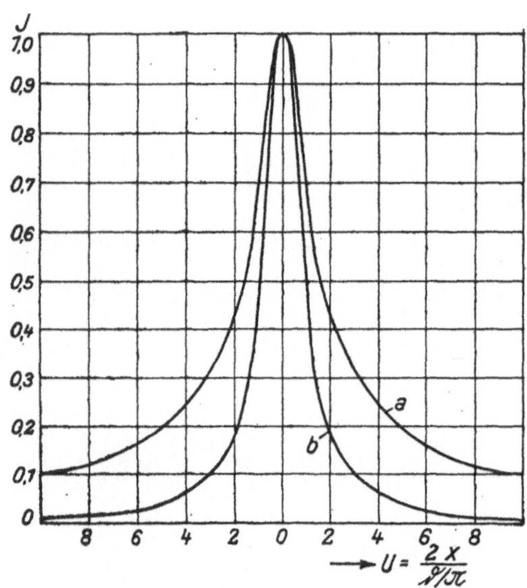

Fig. 1. Ungedämpfte Wellen.

---

[1]) Nach einem Vortrag im Wernerwerk vom 1. Iuli 1921.

[2]) J. Zenneck, Lehrbuch für drahtlose Telegraphie, 2. Auflage, S. 384.

[3]) K. W. Wagner, Archiv für Elektrotechnik, **3**, 315 (1915), 61 (1919).

sich in einfacher Weise durch hyperbolische Funktionen einer komplexen Größe dar; die Resonanzkurve ergibt sich unter Berücksichtigung des Wellenwiderstandes. Wagner nennt das System einen Kettenleiter und unterscheidet einzelne Glieder desselben. Der Leitungstheorie charakteristisch ist die Unterscheidung in Kettenleiter erster und zweiter Art, je nach den Anfangs- und Endbedingungen. Ein Vorzug dieser Theorie ist, daß die Lösung für eine große Gliederzahl fast ebenso einfach ist wie für wenige, wenn die Kette aus lauter gleichartigen Gliedern besteht, d. h. homogen ist, wobei allerdings der Übergang zu reellen Werten unter Berücksichtigung der Ohmschen Widerstände viel Rechenarbeit erfordert. Die Diskussion führt bei Vernachlässigung der Ohmschen Widerstände auf eine einfache Definition der Lochbreite, in der nur die Kopplung vorkommt. Man kann von vornherein sagen, daß diese Definition bei loser Kopplung keinen praktischen Wert hat, da in diesem Falle die Resonanzkurve ausschließlich durch das Dekrement bedingt ist.

Die Lösung des $n$fachen Systems bei kontinuierlichen Wellen läßt sich indes auch nach der gewöhnlichen Schwingungstheorie geben. Die Methode ist ja bekannt, und es fragt sich nur, ob die Endformeln für Berechnungszwecke genügend einfach sind. Im folgenden, wo dieser Weg eingeschlagen wird, wird sich zeigen, daß man das Resultat durch Rekursionsformeln bequem ausdrücken kann, und daß namentlich der Übergang von der komplexen zur reellen Form leicht ist. Der Wellenwiderstand steckt dabei bereits in den Endformeln. Als Vorzug dieser Betrachtungsweise möchte ich es ansehen, daß die Berechnung für beliebig inhomogene Ketten nahezu ebenso schnell geht, wie für homogene. Die Einteilung in Kettenleiter erster und zweiter Art fällt weg. Dagegen wird sich zeigen, daß nach der Form der Resonanzkurven zweckmäßig unterschieden wird in Ketten mit rein magnetischer bzw. rein elektrischer Kopplung und in solche mit gemischter Kopplung, in denen elektrische und magnetische Kopplung nahezu gleich groß sind. Für die Rechnung und die Endformeln fällt diese Unterscheidung allerdings weg.

Die Ohmsche Kopplung soll gegenüber den beiden anderen vernachlässigt werden, d. h. also, die Resultate gelten nur, wenn dies der Fall ist.

Die ganze Darstellung zerfällt in zwei Teile, von denen der erste nur die Ableitung der Formeln enthält, während der zweite sich mit der praktischen Auswertung derselben befaßt. Es wird im letzteren Falle besonderer Wert darauf gelegt werden, Kurven zu finden, deren Form sich der rechteckigen Resonanzkurve möglichst nähert. Sodann wird der Anschluß des Kettenleiters an eine normale Telephonleitung behandelt werden.

I. Teil.

Die Ausgangsgleichungen.

§ 2. Die Differentialgleichungen für die $n$fache Kette seien in folgender Form benützt:

$$
(1)\begin{cases}
\dfrac{d^2 J_1}{dt^2} + 2\,\delta_1 \dfrac{dJ_1}{dt} + \omega_1^2 J_1 = -\left\{\gamma_{10}\,\omega_1^2 J_0 + \varkappa_{10}\dfrac{d^2 J_0}{dt^2}\right\} - \left\{\gamma_{12}\,\omega_1^2 J_2 + \varkappa_{12}\dfrac{d^2 J_2}{dt^2}\right\}, \\[2ex]
\dfrac{d^2 J_2}{dt^2} + 2\,\delta_2 \dfrac{dJ_2}{dt} + \omega_2^2 J_2 = -\left\{\gamma_{21}\,\omega_2^2 J_1 + \varkappa_{21}\dfrac{d^2 J_1}{dt^2}\right\} - \left\{\gamma_{23}\,\omega_2^2 J_3 + \varkappa_{23}\dfrac{d^2 J_3}{dt^2}\right\}, \\[2ex]
\;\cdots\cdots\cdots\cdots\cdots\cdots\cdots\cdots\cdots\cdots \\[1ex]
\dfrac{d^2 J_n}{dt^2} + 2\,\delta_n \dfrac{dJ_n}{dt} + \omega_n^2 J_n = -\left\{\gamma_{n\,n-1}\cdot\omega_n^2 J_{n-1} + \varkappa_{n\,n-1}\cdot\dfrac{d^2 J_{n-1}}{dt^2}\right\}.
\end{cases}
$$

Darin ist:

$$(2)\quad\begin{cases} 2\,\delta_1 = \dfrac{\Re_1}{\mathfrak{L}_1}\ \ \text{usw.} \\[2ex] \omega_1^2 = \dfrac{1}{\mathfrak{L}_1\,\mathfrak{C}_1}\ \ \text{usw.} \\[2ex] \gamma_{10} = \dfrac{\mathfrak{C}_1}{\mathfrak{C}_{10}} \qquad \gamma_{12} = \dfrac{\mathfrak{C}_1}{\mathfrak{C}_{12}}, \\[2ex] \gamma_{21} = \dfrac{\mathfrak{C}_2}{\mathfrak{C}_{21}} \qquad \gamma_{23} = \dfrac{\mathfrak{C}_2}{\mathfrak{C}_{23}}\ \ \text{usw.} \\[2ex] \varkappa_{10} = \dfrac{\mathfrak{L}_{10}}{\mathfrak{L}_1} \qquad \varkappa_{12} = \dfrac{\mathfrak{L}_{12}}{\mathfrak{L}_1} \\[2ex] \varkappa_{21} = \dfrac{\mathfrak{L}_{21}}{\mathfrak{L}_2} \qquad \varkappa_{23} = \dfrac{\mathfrak{L}_{23}}{\mathfrak{L}_2}\ \ \text{usw.} \end{cases}$$

Die $\Re$ sind Ohmsche Widerstände, die $\mathfrak{L}$ Selbstinduktionen und die $\mathfrak{C}$ Kapazitäten, mit Doppelindex gegenseitige Selbstinduktionen bzw. Kapazitäten.

Wir setzen:

$$(3)\quad\begin{cases} J_0 = \mathfrak{J}_0\,e^{j\omega t} \qquad\quad \mathfrak{J}_0 = J_{00}\,e^{j\varphi_0}, \\[1ex] J_1 = \mathfrak{J}_1\,e^{j\omega t}\ \ \text{und} \quad \mathfrak{J}_1 = J_{10}\,e^{j\varphi_1}, \\[1ex] J_2 = \mathfrak{J}_2\,e^{j\omega t} \qquad\quad \mathfrak{J}_2 = J_{20}\,e^{j\varphi_2}, \\[1ex] \cdots\cdots \qquad\qquad \cdots\cdots \\[1ex] J_n = \mathfrak{J}_n\,e^{j\omega t} \qquad\quad \mathfrak{J}_n = J_{n0}\,e^{j\varphi_n}. \end{cases}$$

Da die Anfangsphase φ_0 gleichgültig ist, können wir $\mathfrak{J}_0$ als reell betrachten. Es soll unabhängig von ω sein; das bedeutet, daß die elektromotorische Kraft proportional zu ω gesetzt wird. Man erhält dabei für die Stromresonanzkurve symmetrischere Formen. Betrachtet man — wie gewöhnlich — die elektromotorische Kraft als unabhängig von der Frequenz, so müssen die späteren Werte für den Strom einfach mit $(1 + x)$ multipliziert werden. Die elektromotorische Kraft soll in einem aperiodischen Kreise oder auch in einer Fernleitung liegen. Die Kopplung damit ist in den dadurch veränderten Werten von $\Re_1$, $\mathfrak{L}_1$ und $\mathfrak{C}_1$ zu berücksichtigen. Liegt die elektromotorische Kraft im ersten Gliede selber, so ist: $J_0 = \dfrac{E_0}{\omega\,\mathfrak{L}_1}$.

Es wird nun:

$$(4)\quad\begin{cases} 1.\quad \mathfrak{J}_1(\omega_1^2 - \omega^2 + 2\,\delta_1\,\omega j) = (\varkappa_{10}\,\omega^2 - \gamma_{10}\,\omega_1^2)\,\mathfrak{J}_0 + (\varkappa_{12}\,\omega^2 - \gamma_{12}\,\omega_1^2)\,\mathfrak{J}_1 \\[2ex] 2.\quad \mathfrak{J}_2(\omega_2^2 - \omega^2 + 2\,\delta_2\,\omega j) = (\varkappa_{21}\,\omega^2 - \gamma_{21}\,\omega_1^2)\,\mathfrak{J}_1 + (\varkappa_{23}\,\omega^2 - \gamma_2^3\,\omega_2^2)\,\mathfrak{J}_3 \\[2ex] \cdots\cdots\cdots\cdots\cdots\cdots\cdots \\[2ex] n)\quad \mathfrak{J}_n(\omega_n^2 - \omega^2 + 2\,\delta_n\,\omega j) = (\varkappa_{nn-1}\cdot\omega^2 - \gamma_{nn-1}\cdot\omega_n^2)\,\mathfrak{J}_{n-1} \end{cases}$$

Die Gleichungen sollen mit ω^2 durchdividiert und es soll die prozentuelle Verstimmung x und das logarithmische Dekrement $\mathfrak{d}$ eingeführt werden. Es sei:

$$x_1 = \frac{\omega_1 - \omega}{\omega} \qquad x_2 = \frac{\omega_2 - \omega}{\omega} \ \text{usw.}$$

$$\mathfrak{d}_1 = \frac{\delta_1}{N_2} \qquad \mathfrak{d}_2 = \frac{\delta_2}{N_2} \ \text{usw.} \qquad N_1 = \frac{\omega_1}{2\,\pi} \ \text{usw.}$$

$$\frac{\omega_1^2 - \omega^2}{\omega^2} = x_1\,(2 + x_1) = X_1 \ \text{usw.}$$

(5)
$$\frac{2\,\delta_1\,\omega}{\omega^2} = \frac{\mathfrak{d}_1}{\pi}\,(1 + x_1) = \mathfrak{D}_1\,(1 + x_1) \ \text{usw.}$$

$$\frac{\varkappa_{10}\,\omega^2 - \gamma_{10}\,\omega_1^2}{\omega^2} = \varkappa_{10} - \gamma_{10}\,(1 + x_1)^2 = K_{10},$$

$$\frac{\varkappa_{12}\,\omega^2 - \gamma_{12}\,\omega_1^2}{\omega^2} = \varkappa_{12} - \gamma_{12}\,(1 + x_1)^2 = K_{12} \ \text{usw.}$$

und erhalten:

(7)
$$1.) \quad \left(x_1\,(2 + x_1) + \frac{\mathfrak{d}_1}{\pi}\,(1 + x_1) \cdot j \right) \mathfrak{J}_1 = K_{10}\mathfrak{J}_0 + K_{12}\mathfrak{J}_2$$

$$2.) \quad \left(x_2\,(2 + x_2) + \frac{\mathfrak{d}_2}{\pi}\,(1 + x_2) \cdot j \right) \cdot \mathfrak{J}_2 = K_{21}J_1 + K_{23}\mathfrak{J}_3$$

$$\cdots \cdots \cdots \cdots \cdots \cdots \cdots \cdots \cdots$$

$$n) \quad \left(x_n\,(2 + x_n) + \frac{\mathfrak{d}_n}{\pi}\,(1 + x_n) \cdot j \right) \cdot \mathfrak{J}_n = K_{n\,n-1} \cdot \mathfrak{J}_{n\,n-1}$$

Es soll nun auch noch der Faktor, mit dem das imaginäre j multipliziert ist, weggeschafft werden, indem mit $\dfrac{\mathfrak{d}_1\,(1 + x_1)}{\pi}$ usw. durchdividiert wird.

Es wird sich nämlich später zeigen, daß sich in den Endformeln die Dekremente nur im Verhältnis zur Verstimmung bzw. zur Kopplung vorfinden, so daß wir nur zwei voneinander unabhängige Parameter brauchen.

Es soll noch folgende neue Bezeichnung eingeführt werden:

$$U_1 = \frac{X_1}{\dfrac{\mathfrak{d}_1}{\pi}\,(1 + x_1)} = \frac{x_1\,(2 + x_1)}{1 + x_1} \cdot \frac{1}{\dfrac{\mathfrak{d}_1}{\pi}}$$

$$U_2 = \frac{X_2}{\dfrac{\mathfrak{d}_2}{\pi}\,(1 + x_2)} = \frac{x_2\,(2 + x_2)}{1 + x_2} \cdot \frac{1}{\dfrac{\mathfrak{d}_2}{\pi}} \ \text{usw.}$$

$$g_{10} = \frac{K_{10}}{\dfrac{\mathfrak{d}_1}{\pi}\,(1 + x_1)} = \frac{\varkappa_{10} \cdot \dfrac{1}{1 + x_1} - \gamma_{10}\,(1 + x_1)}{\dfrac{\mathfrak{d}_1}{\pi}}$$

(8)
$$g_{12} = \frac{K_{12}}{\dfrac{\mathfrak{d}_1}{\pi}\,(1 + x_1)} = \frac{\varkappa_{12} \cdot \dfrac{1}{1 + x_1} - \gamma_{12}\,(1 + x_1)}{\dfrac{\mathfrak{d}_1}{\pi}}$$

$$g_{21} = \frac{K_{21}}{\dfrac{\mathfrak{d}_2}{\pi}\,(1 + x_2)} = \frac{\varkappa_{21} \cdot \dfrac{1}{1 + x_2} - \gamma_{21}\,(1 + x_2)}{\dfrac{\mathfrak{d}_2}{\pi}}$$

$$g_{23} = \frac{K_{23}}{\dfrac{\mathfrak{d}_2}{\pi}\,(1 + x_2)} = \frac{\varkappa_{23} \cdot \dfrac{1}{1 + x_2} - \gamma_{23}\,(1 + x_2)}{\dfrac{\mathfrak{d}_2}{\pi}} \ \text{usw.}$$

Außerdem wegen später:

$$m_2^2 = g_{12} \cdot g_{21} = \frac{K_2^2}{\dfrac{\mathfrak{d}_1}{\pi} \cdot \dfrac{\mathfrak{d}_2}{\pi}}, \quad \text{so daß} \quad K_2^2 = \frac{K_{12} \cdot K_{21}}{(1 + x_1)(1 + x_2)}$$

und daher nahezu dem gewöhnlichen Kopplungsfaktor entspricht,

$$m_3^2 = g_{23} \cdot g_{32} = \frac{K_3^2}{\dfrac{\mathfrak{d}_2}{\pi} \cdot \dfrac{\mathfrak{d}_3}{\pi}} \quad \text{usw.,}$$

und erhält statt 7 als eigentliche Ausgangsgleichungen:

$$(9) \quad \left|
\begin{aligned}
&1.\ (U_1 + j) \cdot \mathfrak{J}_1 = g_{10}\mathfrak{J}_0 + g_{12} \cdot \mathfrak{J}_2 \\
&2.\ (U_2 + j) \cdot \mathfrak{J}_2 = g_{21}\mathfrak{J}_1 + g_{23} \cdot \mathfrak{J}_3 \\
&\cdots \cdots \cdots \cdots \cdots , \cdots \cdots \\
&n)\ (U_n + j) \cdot \mathfrak{J}_n = g_{nn-1}\mathfrak{J}_{nn-1}
\end{aligned}
\right|$$

Lösung des Gleichungssystems (9).

§ 3. Wir haben n lineare Gleichungen für die n unbekannten $\mathfrak{J}_1$ bis $\mathfrak{J}_n$. Dieselben sind demnach leicht zu finden. Wir interessieren uns hauptsächlich für den Strom $\mathfrak{J}_n$ im letzten Glied. Die allgemeine Lösung hierfür lautet:

$$(10) \qquad \mathfrak{J}_n = \frac{Z_n}{\mathfrak{R}_n} \cdot \mathfrak{J}_0$$

$$(10\,\text{a}) \qquad Z_n = g_{10} \cdot g_{21} \cdot g_{32} \cdots g_{nn-1}$$

$$(10\,\text{b}) \qquad \mathfrak{R}_n = a_1 \cdot a_2 \cdot a_3 \ldots a_n.$$

Die a des Nenners $\mathfrak{R}_n$ lassen sich als Kettenbrüche aus den Koeffizienten von (9) darstellen; es ist:

$$(11\,\text{a}) \quad a_n = (U_n + j) - \frac{m_n^2}{(U_{n-1} + j)} - \frac{m_{n-1}^2}{(U_{n-2} + j)} - \frac{m_{n-1}^2}{}$$

$$\cdots \cdots$$

$$\frac{m_3^2}{(U_2 + j)} - \frac{m_2^2}{(U_1 + j)}.$$

d. h. also auch durch eine Rekursionsformel:

$$(11\,\text{b}) \quad \left|
\begin{aligned}
a_n &= (U_n + j) - \frac{m_n^2}{a_{n-1}} \\[2mm]
a_{n-1} &= (U_{n-1} + j) - \frac{m_{n-1}^2}{a_{n-2}} \\[2mm]
&\cdots \cdots \cdots \cdots \\[2mm]
a_2 &= (U_2 + j) - \frac{m_2^2}{a_1} \\[2mm]
a_1 &= (U_1 + j)
\end{aligned}
\right|$$

Multipliziert man aus, so erhält man für den Nenner $\mathfrak{R}_n$ folgende Rekursionsformeln:

$$(12) \quad \begin{vmatrix} \mathfrak{N}_1 = U_1 + j \\ \mathfrak{N}_2 = (U_2 + j)N_1 - m_2^2 \\ \mathfrak{N}_3 = (U_3 + j)N_2 - m_3^2 N_1 \\ \cdots \cdots \cdots \cdots \cdots \cdots \\ \mathfrak{N}_n = (U_n + j)N_{n-1} - m_n^2 N_{n-2} \end{vmatrix}$$

Dabei ist $\mathfrak{N}_1$ der Nenner bei einer Kette mit einem Glied, $\mathfrak{N}_2$ der Nenner bei einer Kette mit zwei Gliedern usw. Die $\mathfrak{N}$ stellen demnach bei einem n fachen System nicht etwa die Nenner für die Ströme in den einzelnen Gliedern dar; sie gelten immer nur für das letzte Glied einer Kette.

Übergang zu reellen Werten.

§ 4. Im Ausdruck 10 ist der Zähler eine reelle Größe, der Nenner aber komplex. Man kann ihn also schreiben:

$$\mathfrak{N}_n = A_n + B_n j,$$

daher:

$$\mathfrak{J}_n = \frac{Z_n}{A_n + B_n j} \cdot \mathfrak{J}_0$$

oder:

$$\mathfrak{J}_n = \frac{A_n - B_n j}{A_n^2 + B_n^2} \cdot Z_n \cdot \mathfrak{J}_0$$

und

$$J_{n0} \cdot \cos \varphi_n = \frac{A_n}{A_n^2 + B_n^2} \cdot Z_n \cdot \mathfrak{J}_0$$

$$J_{n0} \cdot \sin \varphi_n = - \frac{B_n}{A_n^2 + B_n^2} \cdot Z_n \cdot \mathfrak{J}_0,$$

daher:

$$(13) \quad \begin{vmatrix} J_{n0} = \dfrac{Z_n}{\sqrt{A_n^2 + B_n^2}} \cdot \mathfrak{J}_0 \\[2mm] \operatorname{tg} \varphi_n = - \dfrac{B_n}{A_n} \end{vmatrix}$$

Zur Bestimmung von A_n und B_n erhält man aus (12) die Rekursionsformeln:

$$(14) \quad \begin{vmatrix} 1. \begin{cases} A_1 = U_1 \\ B_1 = 1 \end{cases} \\[3mm] 2. \begin{cases} A_2 = U_1 U_2 - (1 + m_2^2) \\ B_2 = U_1 + U_2 \end{cases} \\[3mm] 3. \begin{cases} A_3 = U_3 A_2 - B_2 - m_3^2 A_1 \\ B_3 = A_2 + U_3 B_2 - m_3^2 B_1 \end{cases} \\[2mm] \cdots \cdots \cdots \cdots \cdots \\[2mm] n) \begin{cases} A_n = U_n A_{n-1} - B_{n-1} - m_n^2 A_{n-2} \\ B_n = A_{n-1} + U_n \cdot B_{n-1} - m_n^2 B_{n-2} \end{cases} \end{vmatrix}$$

Berechnet man demnach für eine Kette mit n Gliedern die Werte von A_n und B_n, so erhält man gleichzeitig auch entsprechende Werte für alle Ketten mit kleinerer Gliederzahl. 14 gilt ganz allgemein für Ketten beliebiger Form. Durch Einsetzen der Werte von A_2 und A_1 bzw. B_2 und B_1 aus 14 Nr. 1 und 2 in 14 Nr. 3, erhält man auch für 3 Glieder die fertige Formel; ebenso kann man auch für beliebige Gliederzahl statt der Rekursionsformel die aufgelöste Formel berechnen. Indes ist der Gebrauch der Rekursionsformel bei größerer Gliederzahl vorzuziehen

Aus 11 b gelangt man beim Übergang zu reellen Werten noch zu einer besonders für Rechnungszwecke inhomogener Ketten brauchbaren Formel, nämlich zu:

$$(15) \qquad \begin{aligned} &N_n = N_{n-1} \cdot \sqrt{\alpha_n^2 + \beta_n^2} \\ &\text{oder:} \\ &N_n = \sqrt{(\alpha_1^2 + \beta_1^2)(\alpha_2^2 + \beta_2^2) \ \ldots \ (\alpha_n^2 + \beta_n^2)} \end{aligned}$$

wo zur Bestimmung der α und β gilt:

$$(16) \qquad \begin{aligned}
&1. \quad \begin{cases} \alpha_1 = U_1 \\ \beta_1 = 1 \end{cases} \\[1em]
&2. \quad \begin{cases} \alpha_2 = U_2 - m_2^2 \dfrac{\alpha_1}{\alpha_1^2 + \beta_1^2} \\[1em] \beta_2 = 1 + m_2^2 \dfrac{\beta_1}{\alpha_1^2 + \beta_2^2} \end{cases} \\[1em]
&\qquad \cdot \ \cdot \ \cdot \ \cdot \ \cdot \ \cdot \ \cdot \\[1em]
&n) \quad \begin{cases} \alpha_n = U_n - m_n^2 \dfrac{\alpha_{n-1}}{\alpha_{n-1}^2 + \beta_{n-1}^2} \\[1em] \beta_n = 1 + m_n^2 \dfrac{\beta_{n-1}}{\alpha_{n-1}^2 + \beta_{n-1}^2} \end{cases}
\end{aligned}$$

In den Gleichungen (14) und (16) steckt somit das eigentliche Resultat der Rechnung, und zwar ganz allgemein ohne irgendwelche Spezialisierung.

Wir wenden uns jetzt spezielleren Fällen zu.

Die homogene Kette.

§ 5. Wir wollen eine Kette homogen nennen, wenn bei ihr alle U und m gleich sind, also wenn:

$$U_1 = U_2 = \ldots = U_n = U;$$
$$m_2 = m_3 = \ldots m_n = m$$

ist. Dies ist gleichbedeutend damit, daß die Eigenfrequenzen und Dekremente der einzelnen Glieder und ebenso die Kopplung zwischen denselben gleich groß sind. Dagegen ist nicht verlangt, daß Selbstinduktion und Kapazität in allen Gliedern identisch seien, nur ihr Produkt muß gleich groß sein. Der Begriff des Gliedes stimmt ja bei uns nicht genau mit dem Begriff desselben bei Wagner überein.

Dann erhalten wir statt 14:

$$(17) \qquad \begin{aligned}
&1. \quad \begin{cases} A_1 = U \\ B_1 = 1 \end{cases} \\[0.8em]
&2. \quad \begin{cases} A_2 = U^2 - (1 + m^2) \\ B_2 = 2\,U \end{cases} \\[0.8em]
&3. \quad \begin{cases} A_3 = U\{U^2 - (3 + 2\,m^2)\} \\ B_3 = 3\,U^2 - (1 + 2\,m^2) \end{cases} \\[0.8em]
&4. \quad \begin{cases} A_4 = U^4 - U^2(6 + 3\,m^2) + m^4 + 3\,m^2 + 1 \\ B_4 = 2\,U\{2\,U^2 - (2 + 3\,m^2)\} \end{cases} \\[0.8em]
&5. \quad \begin{cases} A_5 = U\{U^4 - U^2(10 + 4\,m^2) + 3\,m^4 + 12\,m^2 + 5\} \\ B_5 = 5\,U^4 - U^2(10 + 12\,m^2) + 3\,m^4 + 4\,m^2 + 1 \end{cases} \quad \text{usw.}
\end{aligned}$$

Die Rekursionsformel wird:

$$(18) \qquad n) \begin{cases} A_n = U A_{n-1} - B_{n-1} - m^2 A_{n-2} \\ B_n = A_{n-1} + U B_{n-1} - m^2 B_{n-2}. \end{cases}$$

Der Zähler Z_n in Gleichung (10) wird:

$$(19) \qquad Z_n = g_{10} \cdot m^{n-1}.$$

Aus den Gleichungen (16) bekommt man:

$$(20) \qquad \left| \begin{array}{l} 1. \begin{cases} \alpha_1 = U \\ \beta_1 = 1 \end{cases} \\[2ex] 2. \begin{cases} \alpha_2 = U - m^2 \dfrac{\alpha_1}{\alpha_1^2 + \beta_1^2} \\[2ex] \beta_2 = 1 + m^2 \dfrac{\beta_1}{\alpha_1^2 + \beta_1^2} \end{cases} \\[2ex] \cdots \cdots \cdots \cdots \\[1ex] n) \begin{cases} \alpha_n = U - m^2 \dfrac{\alpha_{n-1}}{\alpha_{n-1}^2 + \beta_{n-1}^2} \\[2ex] \beta_n = 1 + m^2 \dfrac{\beta_{n-1}}{\alpha_{n-1}^2 + \beta_{n-1}^2} \end{cases} \end{array} \right|$$

Von dem Gleichungssystem 9 ausgehend wollen wir für die homogene Kette noch einen ganz anderen Weg der Lösung einschlagen. Die g werden alle gleich m. Nur g_{10} kann, obwohl die Kette homogen ist, einen anderen Wert erhalten. Wir dürfen indes auch $g_{10} = m$ setzen, wenn wir dann $\mathfrak{J}_0$ statt $\dfrac{g_{10}}{m} \cdot \mathfrak{J}_0$ schreiben. Wir dividieren mit m durch und schreiben:

$$a = \frac{U + j}{m}$$

und gelangen zu:

$$(21) \qquad \left| \begin{array}{l} 1.\ a\,\mathfrak{J}_1 = \mathfrak{J}_0 + \mathfrak{J}_2 \\ 2.\ a\,\mathfrak{J}_2 = \mathfrak{J}_1 + \mathfrak{J}_3 \\ 3.\ a\,\mathfrak{J}_3 = \mathfrak{J}_2 + \mathfrak{J}_4 \\ \cdots \cdots \cdots \\ n-1)\ a\,\mathfrak{J}_{n-1} = \mathfrak{J}_{n-2} + \mathfrak{J}_n \\ n)\quad a\,\mathfrak{J}_n = \mathfrak{J}_{n-1} \end{array} \right|$$

Wir haben in den Gleichungen (21) nur noch eine einzige komplexe Größe a als Koeffizient.

Setzt man hier für das $l$te Glied:

$$(22) \qquad \mathfrak{J}_l = \mathfrak{A}\, e^{-l\gamma} + \mathfrak{B}\, e^{l\gamma} \qquad \text{wo} \qquad \gamma = \beta + \alpha\, j \quad \text{ist,}$$

so findet man mit diesen Werten für die Stromstärke System 21 erfüllbar, wenn $\mathfrak{Cof}\,\gamma = \dfrac{a}{2}$ ist. Für die Größen $\mathfrak{A}$ und $\mathfrak{B}$ ergibt sich:

$$\mathfrak{B} = -\,\mathfrak{A}\, e^{-2(n+1)\gamma}$$

und

$$\mathfrak{A} = \frac{\mathfrak{J}_0}{1 - e^{-2(n+1)\gamma}}$$

Damit kann man dann den Wert für die Stromstärke $\mathfrak{J}_l$ im $l$ten Glied einer $n$fachen Kette auf folgende einfache Form bringen:

$$(23) \qquad \mathfrak{J}_l = \frac{\mathfrak{Sin}\,(n - l + 1)\,\gamma}{\mathfrak{Sin}\,(n + 1)\,\gamma} \cdot \mathfrak{J}_0,$$

wo

$$(24) \qquad \mathfrak{Cof}\,\gamma = \frac{U + j}{2\,m}.$$

Für das letzte Glied der Kette wird:

$$(25) \qquad \mathfrak{J}_n = \frac{\mathfrak{Sin}\,\gamma}{\mathfrak{Sin}\,(n + 1)\,\gamma} \cdot \mathfrak{J}_0.$$

Der Wert für γ stimmt mit dem Wagnerschen· überein. Im übrigen sind aber die Formeln 23 bis 25 einfacher als die Wagnerschen, entsprechend der einfacheren Ausgangsgleichung (21). In Gleichung (21) sind nämlich nur die Stromstärken vorhanden, während bei den Ausgangsgleichungen von Wagner Ströme und Spannungen vorkommen. Zu beachten ist, daß in den Gleichungen (23 bis 25) $\mathfrak{J}_0$, wie immer bisher, als eine von ω unabhängige Größe zu betrachten ist und daher eine ganz andere Bedeutung hat als $\mathfrak{J}_0$ in der Wagnerschen Untersuchung.

Zur Bestimmung von α und β gelten auch hier:

$$(26) \qquad \begin{cases} \cos\alpha\;\mathfrak{Cof}\,\beta = \dfrac{U}{2\,m} = A \\[3mm] \sin\alpha\;\mathfrak{Sin}\,\beta = \dfrac{1}{2\,m} = B \end{cases}$$

$$(27) \qquad \begin{cases} \sin^2\alpha = \dfrac{(4\,m^2 - U^2 - 1) + \sqrt{(4\,m^2 - U^2 - 1)^2 + 16\,m^2}}{8\,m^2} \\[4mm] \mathfrak{Sin}^2\beta = \dfrac{-\,(4\,m^2 - U^2 - 1) + \sqrt{(4\,m^2 - U^2 - 1)^2 + 16\,m^2}}{8\,m^2} \end{cases}$$

Stromstärke und Phase bei Resonanz.

§ 6. Es soll vorausgesetzt werden, daß, wie bei der homogenen Kette, die Eigenfrequenzen der einzelnen Glieder gleich seien, die Dekremente brauchen es nicht zu sein. Es werden dann für $x = 0$ alle $U = 0$ und man erhält für den Nenner des Endgliedes einer $n$fachen Kette:

$$(28) \qquad \begin{cases} N_1 = 1 \\ N_2 = 1 + m_2^2 \\ N_3 = 1 + m_2^2 + m_3^2 = N^2 + m_3^2 \\ N_4 = 1 + m_2^2 + m_3^2 + m_4^2 + m_2^2 m_4^2 = N_3 + m_4^2 N_2 \\ \cdot\;\cdot\;\cdot\;\cdot\;\cdot\;\cdot\;\cdot\;\cdot\;\cdot\;\cdot\;\cdot\;\cdot\;\cdot\;\cdot \\ N_n = N_{n-1} + m_n^2 N_{n-2} \end{cases}$$

Sind auch die Dekremente alle einander gleich, wie bei der homogenen Kette, so wird:

$$(29) \quad \left| \begin{aligned} N_1 &= 1 \\ N_2 &= 1 + m \\ N_3 &= 1 + 2\,m^2 \\ N_4 &= 1 + 3\,m^2 + m^4 \\ N_5 &= 1 + 4\,m^2 + 3\,m^4 \\ N_6 &= 1 + 5\,m^2 + 6\,m^4 + m^6 \\ N_7 &= 1 + 6\,m^2 + 10\,m^4 + 4\,m^6 \quad \text{usw.} \end{aligned} \right.$$

Da nach Gleichung (13) $\operatorname{tg}\varphi_n = -\dfrac{B_n}{A_n}$ ist und nach Gleichung (17) gilt:

$$B = 0\,, \quad \text{wenn } n \text{ gerade,}$$

$$A = 0\,, \quad \text{wenn } n \text{ ungerade,}$$

wird für die Phase φ_n im letzten Glied für $U = 0$:

$$(30) \qquad \varphi_n = -\,n\,\frac{\pi}{2}$$

Stromstärke und Phase in den übrigen Kettengliedern.

§ 7. Die Rekursionsformeln, die wir kennen gelernt haben, geben uns immer nur die Stromstärke im Endglied einer Kette. Nur Formel (23) gibt auch den Strom in irgendeinem anderen Glied der Kette an. Die Ströme außer im Endglied interessieren nun meistens nicht. Sie können jedoch in ähnlicher Weise wie $\mathfrak{J}_n$ abgeleitet werden, und zwar am besten unter Benutzung von $\mathfrak{J}_n$. Man erhält nämlich **aus** Gleichung (9):

$$(31) \quad \left| \begin{aligned} \mathfrak{J}_n &= \mathfrak{J}_n \\ \mathfrak{J}_{n-1} &= \frac{\mathfrak{N}'_{n-1}}{Z'_{n-1}} \cdot \mathfrak{J}_n \\ \mathfrak{J}_{n-2} &= \frac{\mathfrak{N}'_{n-2}}{Z'_{n-2}} \cdot \mathfrak{J}_n \\ \mathfrak{J}_{n-3} &= \frac{\mathfrak{N}'_{n-3}}{Z'_{n-3}} \cdot \mathfrak{J}_n \quad \text{usw.} \end{aligned} \right.$$

wo für die Z' gilt:

$$(31\,\text{a}) \quad \begin{aligned} Z'_{n-1} &= g_{nn-1} \\ Z'_{n-2} &= g_{nn-1} \cdot g_{n-1\,n-2} \\ Z'_{n-3} &= g_{nn-1} \cdot g_{n-1\,n-2} \cdot g_{n-2\,n-3} \quad \text{usw.} \end{aligned}$$

und für die $\mathfrak{N}'$:

$$(31\,\text{b}) \quad \begin{aligned} \mathfrak{N}'_{n-1} &= U_n + j \\ \mathfrak{N}'_{n-2} &= (U_{n-1} + j)\,\mathfrak{N}'_{n-1} - m_n^2 \\ \mathfrak{N}'_{n-3} &= (U_{n-2} + j)\,\mathfrak{N}'_{n-2} - m_{n-1}^2\,\mathfrak{N}'_{n-1} \quad \text{usw.} \end{aligned}$$

Natürlich werden auch sie wieder besonders einfach für den Resonanzfall und die homogene Kette. Wir können dann überall (außer g_{10}) die $g = m$ schreiben und alle $U = 0$ setzen, und erhalten für Ketten mit

$$1 \text{ Glied:} \qquad J_{10} = g_{10} \mathfrak{J}_0$$

$$2 \text{ Glieder:} \qquad J_{10} = \frac{1}{m} J_{20}$$

$$J_{20} = \frac{m}{1 + m^2} \cdot g_{10} \mathfrak{J}_0$$

$$3 \text{ Glieder:} \qquad J_{10} = \frac{1 + m^2}{m^2} \cdot J_{30}$$

$$J_{20} = \frac{1}{m} \cdot J_{30}$$

$$J_{30} = \frac{m^2}{1 + 2\,m^2} \cdot g_{10} \mathfrak{J}_0$$

$$4 \text{ Glieder:} \qquad J_{10} = \frac{1 + 2\,m^2}{m^2} \cdot J_{40}$$

$$J_{20} = \frac{1 + m^2}{m^2} \cdot J_{40}$$

$$J_{30} = \frac{1}{m} \cdot J_{40} \tag{3}$$

$$J_{40} = \frac{m^3}{1 + 3\,m^2 + m^4} \cdot g_{10} \mathfrak{J}_0$$

$$n \text{ Glieder:} \qquad J_{10} = \frac{N_{n-1}}{m^{n-1}} \cdot J_{n0}$$

$$J_{20} = \frac{N_{n-2}}{m^{n-2}} \cdot J_{n0}$$

$$\cdot \quad \cdot \quad \cdot \quad \cdot \quad \cdot \quad \cdot \quad \cdot \quad \cdot \quad \cdot \quad \cdot \quad \cdot \quad \cdot \quad \cdot \quad \cdot$$

$$J_{n-10} = \frac{1}{m} \cdot J_{n0}$$

$$J_{n0} = \frac{m^{n-1}}{N_n} \cdot g_{10} \mathfrak{J}_0,$$

wo die N nach Formel (29) zu bestimmen sind.

Für die Phase ergibt sich dann ähnlich, wie im vorigen Paragraphen, daß sie von Glied zu Glied um $90°$ zurückbleibt, also $\varphi_l = -\,l\dfrac{\pi}{2}$.

Zusammensetzung zweier Ketten bei loser Kopplung zwischen beiden.

§ 8. Es wurde bereits in der Einleitung darauf hingewiesen, daß man die Resonanzkurve von zwei Schwingern bei loser Kopplung durch Multiplikation der Ordinaten der Einzelkurven erhalten kann. Es soll nun untersucht werden, bis zu welcher Kopplung dieses Rechenverfahren auch für zwei beliebige Ketten, von denen jede aus mehreren Gliedern besteht, angewandt werden kann. Die erste Kette soll l Glieder die zweite $n-l$ Glieder, also beide zusammen n Glieder haben. Zu zeigen ist also, bis zu welcher Kopplung der Nenner für die Stromstärke $\mathfrak{J}_n$ in Gleichung (10) sich ergibt als Produkt von $N_l \cdot N_{n-l}$, wobei der Zähler Z_n aus dem Spiel gelassen werden kann. Wir bedienen uns der Gleichungen (15) und (16). Es wird:

also

$$N_n = \sqrt{(\alpha_1^2 + \beta_1^2) \ldots (\alpha_l^2 + \beta_l^2)} \cdot \sqrt{(\alpha_{l+1}^2 + \beta_{l+1})^2 \ldots (\alpha_n^2 + \beta_n^2)}.$$

$$N_n = N_l \cdot N_{n-l},$$

wo hier

$$N_l = \sqrt{(\alpha_1^2 + \beta_1^2) \ldots (\alpha_l^2 + \beta_l^2)}$$

$$N_{n-l} = \sqrt{(\alpha_{l+1}^2 + \beta_{l+1}^2) \ldots (\alpha_n^2 + \beta_n^2)}$$

Es braucht nur untersucht zu werden, wie weit der hier vorkommende Ausdruck für N_{n-l} mit dem entsprechenden der zweiten Kette mit $n - l$ Gliedern, wenn diese allein ist, übereinstimmt. Im letzteren Falle wird das erste Glied:

$$\alpha_{l+1} = U_{l+1}$$
$$\beta_{l+1} = 1.$$

Im obigen Fall ist:

$$\alpha_{l+1} = U_{l+1} - m_{l+1}^2 \cdot \frac{\alpha_l}{\alpha_l^2 + \beta_l^2}$$

$$\beta_{l+1} = 1 + m_{l+1}^2 \cdot \frac{\beta_l}{\alpha_l^2 + \beta_l^2}.$$

Beide stimmen überein, wenn $m_{l+1}^2 = 0$, also die Kopplung zwischen beiden Ketten sehr lose ist.

Wird $m_{l+1}^2 = 1$, so bleiben auch im ungünstigsten Falle die zweiten Teile der obigen Gleichung für α_{l+1} und β_{l+1} kleiner als 1, und zwar um so mehr, je größer α_l und β_l der ersten Kette sind, d. h. wenn die Kopplung zwischen den einzelnen Gliedern der ersten Kette größer als 1 ist.

Bei größerer Verstimmung, also großem U_{l+1}, spielt das zweite Glied des obigen Ausdruckes noch bis zu engerer Kopplung eine untergeordnete Rolle.

Es wird später an Beispielen gezeigt werden, wie tatsächlich oft bis zu engerer Kopplung als $m = 1$ die nach der abgekürzten Methode berechnete Formel mit der tatsächlichen übereinstimmt. Das abgekürzte Rechenverfahren hat seine Bedeutung, weil man mit seiner Hilfe bequem die Form der Resonanzkurve einer zusammengesetzten Kette aus der einfacheren der Komponenten voraussagen kann.

Große Anfangs- und Enddekremente.

§ 9. Legt man auf möglichst günstige Energieübertragung Wert, so wird man das Dekrement des ersten Gliedes durch die Kopplung etwa mit der Leitung, und das des letzten Gliedes durch den Anschluß an die Empfangseinrichtung, stärker dämpfen als die Zwischenglieder. In einer Kette von nur zwei Gliedern, aber verschiedenen Dekrementen, erhält man, wenn die Eigenfrequenzen einander gleich sind, bekanntlich eine Resonanzkurve bei enger Kopplung, als ob jedes Glied ein Dekrement gleich der halben Summe der beiden tatsächlichen Dekremente hätte. Mit einem solchen mittleren Dekrement kann man auch noch bei mehreren Gliedern rechnen, wenn es gilt, nur die Form der Resonanzkurve zu erhalten. Man begeht dabei nur einen kleinen Fehler, wenn die Kettenzahl nicht zu groß und die Dekremente nicht zu verschieden sind. (Vgl. später § 20.)

Sind die beiden Dekremente einer zweifachen Kette stark voneinander verschieden, so wird indes das Maximum der Energieübertragung bei enger Kopplung nicht mehr erreicht, wenn man die Eigenfrequenzen gleich groß macht, sondern, wenn sie in bestimmter, vom Verhältnis der Dekremente abhängiger Weise verstimmt sind[1]).

Es ergibt sich aus Gleichung (14) die günstigste Energieübertragung, wenn:

$$U_1 = U_2 = m^2 - 1 \tag{32}$$

ist. Die Bedingungen sind identisch mit den früher gefundenen. Das stärker gedämpfte Glied kann bei enger Kopplung um mehrere Oktaven in seiner Eigenfrequenz gegenüber dem anderen verstimmt werden müssen.

Ein solches System zweier eng gekoppelter Schwinger, bei welchem das eine Maximum der Resonanzkurve sehr weit von dem andern entfernt ist, kann in der Kette als einfaches System aufgefaßt werden mit einer Eigenfrequenz, die sich aus 32 ergibt, und einem Dekrement, das nur doppelt so groß ist wie das Dekrement des schwächer gedämpften Gliedes.

Es gilt dies sowohl, wenn das enggekoppelte zweifache System am Anfang einer Kette oder am Ende einer Kette steht.

Maxima und Minima bei der enggekoppelten Kette. (Die Eigenfrequenzen einer Kette).

§ 10. Auch eine homogene Kette ist im allgemeinen ein n welliges Gebilde, obwohl Voraussetzung der Homogenität ist, daß alle einzelnen Glieder für sich betrachtet dieselbe Eigenfrequenz haben. Die n-Welligkeit kommt in der Resonanzkurve zum Ausdruck dadurch, daß dieselbe Maxima aufweist. Dieses äußere Merkmal der Mehrwelligkeit tritt jedoch erst auf, wenn die Kopplung eng genug, nämlich,

wenn $K > \dfrac{\mathfrak{d}}{\pi}$ ist, also bei um so engerer Kopplung je größer das Dekrement ist.

Wir wollen die Lage dieser Maxima bestimmen, und zwar zunächst für verschwindende Dekremente, sodann bei endlichem Dekrement für Ketten mit kleinerer Gliederzahl.

Für ein Dekrement $\mathfrak{d} = 0$ werden die Ausdrücke 8 alle unendlich. Wir wollen daher, bevor wir zum Dekrement 0 übergehen, die Gleichungen 9 mit dem Dekrement multiplizieren.

Im Ausdruck 10 erscheint das Dekrement dann nur noch im Nenner, und zwar ist dort ausschließlich das imaginäre j damit multipliziert. Lassen wir jetzt $\mathfrak{d} = 0$ werden, so erscheint der Nenner bereits reell, und wir bekommen statt der Gleichung (12) die Gleichung (33):

$$(33) \quad \begin{cases} N_1 = x\,(2 + x) = X \\ N_2 = X^2 - K^2 \\ N_3 = X\,(X^2 - 2\,K^2) \\ N_4 = X^2\,(X^2 - 3\,K^2) + K^4 \\ N_5 = X\,[X^2\,(X^2 - 4\,K^2) + 3\,K^4] \\ \qquad \cdots \cdots \cdots \cdots \cdots \\ N_n = X \cdot N_{n-1} - K^2\,N_{n-2}. \end{cases}$$

Es sollen nun diejenigen Werte von X gefunden werden, für welche die Stromstärke ein Maximum wird. Da wir verschwindendes Dekrement voraussetzen, muß

---

[1]) Vgl. **Hans Riegger**, Jahrbuch für drahtlose Telegraphie.

an dieser Stelle der Strom direkt unendlich werden. Dies ist nur möglich, wenn der Nenner gleich Null wird. Daher können wir aus Gleichung (32) die einzelnen Werte von X, für welche der Strom unendlich wird, leicht finden, indem wir die N alle gleich 0 setzen.

Zunächst sehen wir, daß der größte Exponent von X mit der Gliederzahl übereinstimmt. Wir erhalten also für jede Kette von n Gliedern n Wurzeln von X.

Für jede ungeradgliedrige Kette ist dabei immer ein Wert vorhanden: $X_1 = 0$.

Schafft man dieses X weg, so bleibt noch ein Rest zurück, der, ebenso wie alle geradgliedrigen Ketten, X nur in gerader Potenz enthält, d. h. also, zu jedem positiven Wert von X gehört auch der entsprechend negative.

Es geht ferner aus (32) hervor, daß, da die Gleichungen in X und K homogen sind, nur das Verhältnis von $\dfrac{X}{K}$ eine Rolle spielt, so daß wir die Werte von X proportional zu K erhalten.

Wir finden so folgende Tabelle für diejenigen X, welche die Stromstärke zu einem Maximum machen:

(34)

Gliederzahl	X_1	$\pm X_2$	$\pm X_3$	$\pm X_4$	X_∞
1	0				
2		K			
3	0	$1{,}414\,K$			
4		$0{,}618\,K$	$1{,}618\,K$		
5	0	K	$1{,}73\,K$		
6		$0{,}444\,K$	$1{,}247\,K$	$1{,}802\,K$	
7	0	$0{,}765\,K$	$1{,}414\,K$	$1{,}85\,K$	
∞					$2\,K$

Der Wert, der noch angegeben ist, für $n = \infty$, stimmt mit dem überein, was Wagner als Lochbreite definiert hat.

Man gelangt zu genau derselben Tabelle, wenn man von Gleichung (25) ausgeht. Auch hiernach muß $\Im_n$ bei endlichem $\Im_0$ und immer kleiner werdendem Dekrement schließlich unendliche Werte annehmen. Wir brauchen nur diejenigen Werte von γ zu suchen (unter Ausschluß von $\gamma = 0$, wo Zähler und Nenner gleich Null werden), für welche $\mathfrak{Sin}\,(n + 1)\,\gamma = 0$ ist. Haben wir diese γ Werte bestimmt, so können wir unter Vermittlung von Gleichung (24) die zugehörigen Verstimmungen X finden.

Zunächst wird Gleichung (24), wenn man das Dekrement gleich Null setzt:

$$(35) \qquad \mathfrak{Cof}\,\gamma = \frac{X}{2\,K}\,.$$

Also reell. Daraus ist zu schließen, daß γ rein imaginär sein muß, also

$$\gamma = \alpha \cdot j\,.$$

Dann wird aber (35) zu:

$$(35) \qquad \mathfrak{Cos}\,\alpha \cdot j = \cos\alpha = \frac{X}{2K}$$

und

$$\mathfrak{Sin}\,(n+1)\,\alpha \cdot j = j \cdot \sin(n+1)\,\alpha = 0$$

$$(36) \qquad \sin(n+1)\,\alpha = 0.$$

Setzen wir:

$$(n+1)\,\alpha = k\,\pi,$$

also:

$$\alpha = \frac{k\,\pi}{n+1},$$

wo k eine ganze Zahl (unter Ausschluß von $k = 0$) ist, so wird:

$$(37) \qquad \alpha_1 = \pm\frac{\pi}{n+1}$$

$$\alpha_2 = \pm\frac{2\,\pi}{n+1}$$

$$\alpha_3 = \pm\frac{3\,\pi}{n+1} \qquad \text{usw}$$

und also:

$$(38) \qquad \pm\,X_1 = 2\,K \cdot \cos\frac{\pi}{n+1}$$

$$\pm\,X_2 = 2\,K \cdot \cos\frac{2\,\pi}{n+1}$$

$$\pm\,X_3 = 2\,K \cdot \cos\frac{3\,\pi}{n+1} \qquad \text{usw.}$$

Wir bekommen so n voneinander verschiedene Werte, die mit denen der Tabelle genau übereinstimmen.

§ 11. Bei endlicher Dämpfung können die Ströme bei endlichem $\mathfrak{J}_0$ nirgends unendlich groß werden. Dementsprechend ist es auch nicht mehr möglich, Werte von X zu finden, für welche der Nenner verschwindet. Wir wollen den Zähler von (10) als nur wenig von der Frequenz abhängig betrachten. Dann wird $\mathfrak{J}_n$ ein Maximum oder Minimum, je nachdem N_n ein Minimum oder Maximum wird. Hierfür gilt als Bedingung:

$$(39) \qquad \frac{\partial N_n}{\partial \omega} = 0$$

und wenn $X_1 = X_2 = \ldots X_n$ angenähert:

$$(39\,\text{a}) \qquad A_n\frac{\partial A_n}{\partial X} + B_n\frac{\partial B_n}{\partial X} = 0$$

und für homogene Ketten:

$$(39\,\text{c}) \qquad A_n\frac{\partial A_n}{\partial U} + B_n \cdot \frac{\partial B_n}{\partial U} = 0$$

Die Gleichung (25) würde als Bedingung für einen Extremwert ergeben:

$$(40) \qquad \mathfrak{Tg}\,(n+1)\,\gamma = (n+1)\,\mathfrak{Tg}\,\gamma,$$

wobei man wiederum zur Bestimmung von X die Gleichung (24) zu Hilfe nehmen müßte.

Die Gleichungen (39) sind in X bzw. U nicht mehr vom $n$ten, sondern vom $(2\,n - 1)$ten Grad. Wir erhalten daher nicht nur n, sondern $(2\,n - 1)$ Werte, und zwar n Wurzeln für die Maximum- und $n - 1$ für die Minimumstellen.

Das Maximum an der Stelle $X = 0$ bei ungeradgliedriger Kette bleibt bestehen, dagegen erhält man bei enger Kopplung für die geradgliedrige Kette an der Stelle $X = 0$ ein Minimum.

Da die Gleichung (39) zur Bestimmung der Extremwerte nicht mehr in X und K homogen wird, können die Wurzeln für X nicht mehr proportional zu K sein.

Bei loser Kopplung sind die Wurzeln bis auf $X = 0$ imaginär.

Für zwei Kreise erhält man von $m = 1$ an drei reelle Werte.

Bei Ketten mit mehreren Gliedern beginnen die reellen Wurzeln bei noch etwas engerer Kopplung. Sie erscheinen nicht alle gleichzeitig.

Die Werte für die Wurzeln sind natürlich außer von der Kopplung auch noch von den Dekrementen beeinflußt.

Erst bei sehr enger Kopplung stimmt die Lage der Maxima wieder überein mit derjenigen, welche wir für verschwindende Dekremente berechnet haben.

Man erhält für eine z w e i gliedrige Kette:

$$(40\,\mathrm{a}) \qquad \begin{cases} U_1 = 0 \\ U_2 = \pm \sqrt{m^2 - 1} \end{cases}$$

oder:

$$(40\,\mathrm{b}) \qquad \begin{cases} X_1 = 0 \\ X_2 = \pm \sqrt{K^2 - \dfrac{\mathfrak{d}^2}{\pi^2}}, \end{cases}$$

und für eine d r e i gliedrige Kette:

$$U_1 = X_1 = 0$$

und für die 4 weiteren Wurzeln:

$$(41) \qquad \begin{cases} U^2 = \dfrac{8\,m^2 - 6 \pm 4\,m\,\sqrt{m^2 - 6}}{6} \quad \text{oder} \\[3ex] X^2 = \dfrac{8\,K^2 - 6\,\dfrac{\mathfrak{d}^2}{\pi^2} \pm 4\,K\,\sqrt{K^2 - 6\,\dfrac{\mathfrak{d}^2}{\pi^2}}}{6} \end{cases}$$

Allgemeinere Problemstellung.

§ 12. Wir haben im bisherigen immer vorausgesetzt, daß die elektromotorische Kraft im ersten Gliede der Kette sitzt, ferner nahmen wir an, daß jedes Glied nur mit den zwei benachbarten Gliedern gekoppelt ist. Setzen wir in jedes Glied der Kette eine elektromotorische Kraft von beliebiger Anfangsphase, und nehmen wir an, daß jedes Glied der Kette mit jedem anderen Gliede gekoppelt wäre, so haben wir den allgemeinsten Fall. Die Differentialgleichungen hierfür können ohne weiteres der Gleichung (1) nachgebildet werden. Haben die elektromotorischen Kräfte verschiedene Frequenzen, so müssen in den Systemen entsprechende Schwebungen auftreten.

Haben die elektromotorischen Kräfte alle dieselbe Frequenz, so erhalten wir die Ausgangsgleichungen, wenn wir ähnlich wie durch Gleichung (3) Werte für die

verschiedenen Stromstärken der einzelnen Kreise ansetzen. Die Rechnung führt
dann von den Differentialgleichungen, wie früher, zu Gleichung:

$$(42) \quad \begin{cases} -a_1\mathfrak{J}_1 + g_{12}\mathfrak{J}_2 + g_{13}\mathfrak{J}_3 \cdots + g_{1n}\mathfrak{J}_n + g_{10}\mathfrak{J}_0 = 0 \\ +g_{21}\mathfrak{J}_1 - a_2\mathfrak{J}_2 + g_{23}\mathfrak{J}_3 \cdots + g_{2n}\mathfrak{J}_n + g_{20}\mathfrak{J}_0 = 0 \\ \cdots \cdots \cdots \cdots \cdots \cdots \cdots \cdots \cdots \\ g_{n1}\mathfrak{J}_1 + g_{n2}\mathfrak{J}_2 + g_{n3}\mathfrak{J}_3 \cdots - a_n\mathfrak{J}_n + g_{n0}\mathfrak{J}_0 = 0. \end{cases}$$

Als Lösung bekommen wir wieder die Form:

$$\mathfrak{J}_n = \frac{Z_n}{\mathfrak{N}_n} \cdot \mathfrak{J}_0$$

aber für Z_n und N_n gelten die Determinanten:

$$(43\,\mathrm{a}) \quad Z_n = \mathop{-}_{(+)} \begin{vmatrix} -a_1 & g_{12} & g_{13} & \cdots & g_{10} \\ g_{21} & -a_2 & g_{23} & \cdots & g_{20} \\ \cdot & \cdot & \cdot & \cdots & \cdot \\ g_{n1} & g_{n2} & g_{n3} & \cdots & g_{n0} \end{vmatrix}$$

in der nur die Koeffizienten von $\mathfrak{J}_n$ fehlen; und für $\mathfrak{N}_n$ (das allen Strömen gemeinsam ist):

$$(43\,\mathrm{b}) \quad \mathfrak{N}_n = \begin{vmatrix} -a_1 & g_{12} & g_{13} & \cdots & g_{1n} \\ g_{21} & -a_2 & g_{23} & \cdots & g_{2n} \\ g_{31} & g_{32} & -a_3 & \cdots & g_{3n} \\ \cdot & \cdot & \cdot & \cdots & \cdot \\ g_{n1} & g_{n2} & g_{n3} & \cdots & -a_n \end{vmatrix}$$

wo nur die Koeffizienten von $\mathfrak{J}_0$ fehlen.

Die Phase der elektromotorischen Kraft steckt bei dieser Schreibweise natürlich
in den Koeffizienten von $\mathfrak{J}_0$.

So erhält man bei 2 Gliedern:

$$(44) \quad \mathfrak{J}_2 = \frac{a_1 g_{20} + g_{10} g_{21}}{a_1 a_2 - g_{12} g_{21}} \cdot \mathfrak{J}_0,$$

worin der Nenner mit dem früheren übereinstimmt und nur zum Zähler noch das
erste Glied $a_1 g_{20}$ neu hinzukommt.

Bei der großen Zahl von unabhängigen Konstanten ist eine Diskussion jetzt
sehr viel schwieriger.

II. Teil.

Praktische Verwertung der erhaltenen Formeln.

Die homogene Kette.

§ 13. Es wurde im § 5 eine Kette homogen genannt, wenn alle ihre Glieder dieselbe Eigenfrequenz und Dämpfung haben, und der Kopplungsfaktor zwischen je
zweien überall der gleiche ist. Eine solche Kette von n Gliedern liefert eine zweifach
unendliche Schar von Resonanzkurven entsprechend den beiden Parametern nämlich
dem Kopplungsfaktor und dem Dekrement. Wir haben indes bei der Ableitung der
Formeln gefunden, daß man die Darstellung so wählen kann, daß nur noch ein einziger

Parameter, nämlich m vorkommt, während U an Stelle von x die Veränderliche der Kurve bedeutet. Dabei ist:

(vgl. 8)
$$U = \frac{x\,(2 + x)}{\mathfrak{d}/_\pi\,(1 + x)} \qquad \text{und} \qquad m = \frac{K}{\mathfrak{d}/_\pi}$$

Wenn x klein ist, so daß wir es gegen 1 vernachlässigen können, wird:

$$U = \frac{2\,x}{\mathfrak{d}/_\pi}$$

Hierin ist die prozentuale Verstimmung x bequem aus U zu berechnen. m, das als einziger Parameter übrig bleibt, wird unabhängig von x.

Bei großer Verstimmung wird die Resonanzkurve unter Anwendung der genauen Formel etwas unsymmetrisch. Indes zeigt eine eingehendere Diskussion und Berechnung praktischer Beispiele, daß die Gesamtbreite der Resonanzkurve, auf welche es meistens ankommt, nur um wenige Prozent verschieden ausfällt bei genauer und abgekürzter Berechnung, selbst wenn man mit der Verstimmung bis etwa 30 vH geht.

Die abgekürzte Formel für die Werte von U und m kann daher für die meisten praktischen Fälle zur Berechnung der Resonanzkurve verwandt werden. Die im folgenden vorkommenden Kurven sind abgekürzt berechnet.

Die Resonanzkurve der homogenen Kette.

§ 14. Die Fig. 2 bis 7 zeigen nunmehr Beispiele von Resonanzkurven für Ketten von 2 bis 7 Gliedern. Sie umfassen ein Kopplungsgebiet, welches beim Arbeiten mit Ketten als wichtigstes gelten muß, und liefern damit ein genügend allgemeines Bild der Resonanzkurve bei

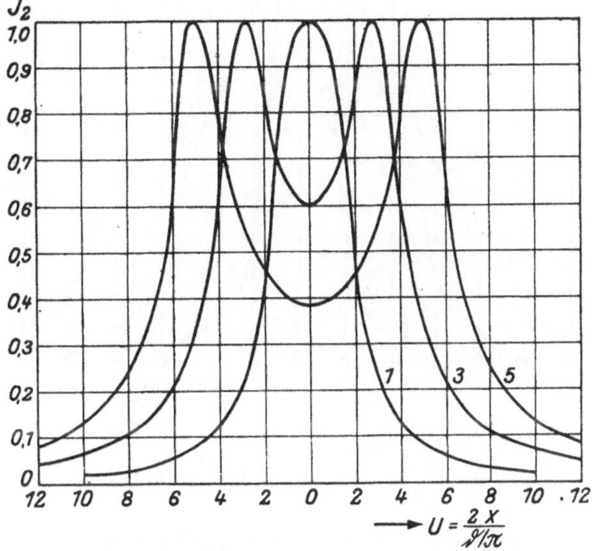

Fig. 2. Homogene Kette mit 2 Gliedern.
1) $m = \dfrac{K}{\mathfrak{d}/_\pi} = 1$, 3) $m = 3$ und 5) $m = 5$.

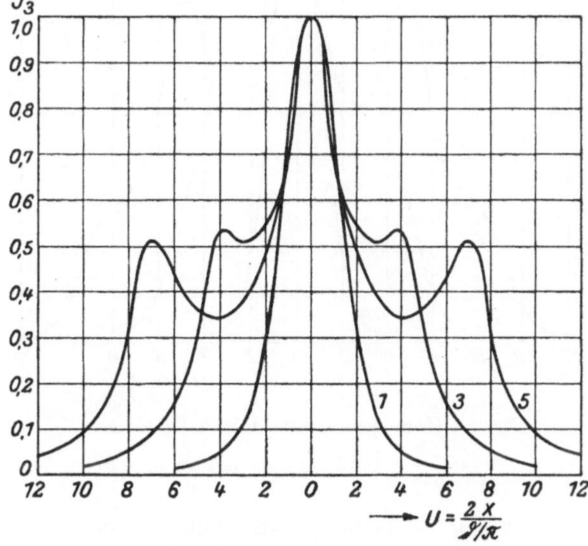

Fig. 3. Homogene Kette mit 3 Gliedern.
1) $m = \dfrac{K}{\mathfrak{d}/_\pi} = 1$, 3) $m = 3$ und 5) m $= 5$.

der homogenen Kette. Sie wurden nach den Formeln (17) bzw. (20) berechnet.

Als Abszisse ist bei allen Kurven der Wert von U aufgetragen, als Ordinate der Strom im Endglied der Kette.

Die verschiedenen Kurven 1, 3 und 5 der einzelnen Figuren entsprechen den Werten $m = 1$, $m = 3$ und $m = 5$, d. h. also, die Kurven 1 gelten, wenn die Kopplung gleich $\dfrac{\mathfrak{d}}{\pi}$, die Kurven 2, wenn sie dreimal, und die Kurven 5, wenn sie fünfmal so groß als $\dfrac{\mathfrak{d}}{\pi}$ ist.

Es geht aus den Figuren hervor, daß der Parameter m und die Variable U nur als kleine Zahlen auftreten. Bei der Berechnung der Kurven selber kann man sich nahezu auf ganzzahlige Werte von U beschränken, so daß die Anwendung unserer Rekursionsformeln nicht viel Rechenarbeit verlangt.

Die Höhe der Ordinate aller Kurven ist im Hauptmaximum gleich 1 gesetzt. Dies entspricht nicht der tatsächlichen relativen Stromstärke, ermöglicht aber einen genauen Vergleich der Form und Resonanzbreite der einzelnen Kurven bei verschiedenen Ketten. Die tatsächliche relative Größe der Ströme wird in einem späteren Abschnitt behandelt werden.

Für $m = 1$ gilt bei allen Ketten unabhängig von der Gliederzahl, daß die Resonanzkurven noch einwellig sind. Sie gleichen demnach derjenigen eines einfachen Systems. Indes sind doch alle voneinander verschieden, so daß sie nicht miteinander zur Deckung gebracht werden können, wenn man die Werte ihrer Abszisse variiert. Sie sind nämlich in den unteren Partien verhältnismäßig zu den oberen um so schmaler, je größer die Gliederzahl ist.

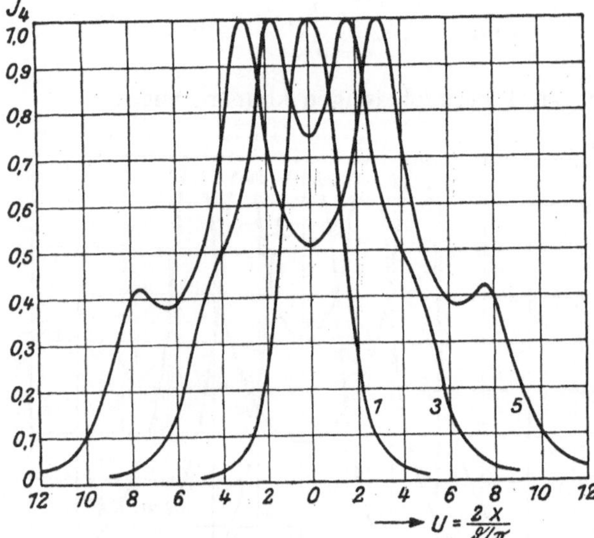

Fig. 4. Homogene Kette mit 4 Gliedern.
1) $m = \dfrac{K}{\mathfrak{d}/\pi} = 1$, 3) $m = 3$ und 5) $m = 5$.

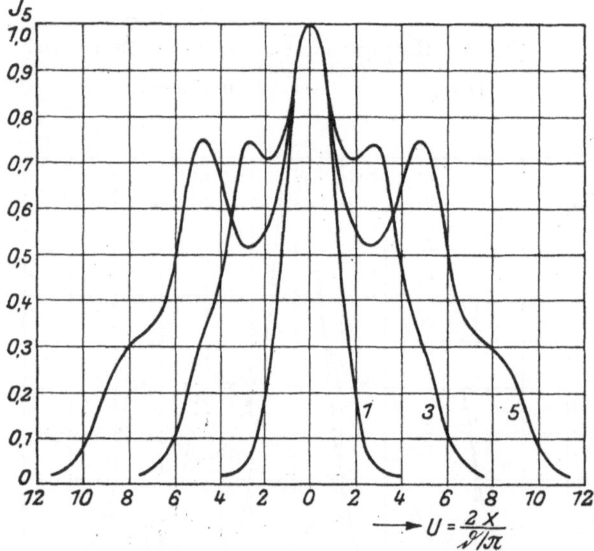

Fig. 5. Homogene Kette mit 5 Gliedern.
1) $m = \dfrac{K}{\mathfrak{d}/\pi} = 1$, 3) $m = 3$ und 5) $m = 5$.

Für $m = 3$ sind für alle Ketten mehrere Maxima vorhanden. Bei größerer Gliederzahl treten indes auch für $m = 5$ noch nicht alle, der Gliederzahl nach möglichen, Maxima in die Erscheinung; sie machen sich aber durch entsprechende Ausbuchtung der Kurven bemerkbar.

Das Hauptmaximum für ungeradgliedrige Ketten liegt an der Seite $U = 0$, für geradgliedrige Ketten sind es die beiden gleichwertigen Maxima unmittelbar links und rechts von $U = 0$.

Die Höhe der übrigen Maxima fällt um so mehr, je weiter dieselben von $U = O$ wegliegen.

Die Täler zwischen den einzelnen Maxima sind umso tiefer, je enger die Kopplung ist.

Die Lochbreite.

§ 15. Vergleicht man die Breite der Kurven bei kleiner Stromstärke, so findet man sie um so geringer, je größer die Gliederzahl der Kette ist.

Die Lochbreite für den Stromabfall auf $1/_{50}$, d. h. also diejenigen Werte von U, bei welchen der Strom auf $1/_{50}$ seines maximalen Wertes fällt, findet sich in Fig. 8 als Funktion von m dargestellt.

Die einzelnen Kurven gelten für verschiedene Gliederzahl der Kette.

Für große Gliederzahl und große m ergibt sich dabei annähernd, daß $U = 2\,m$ ist.

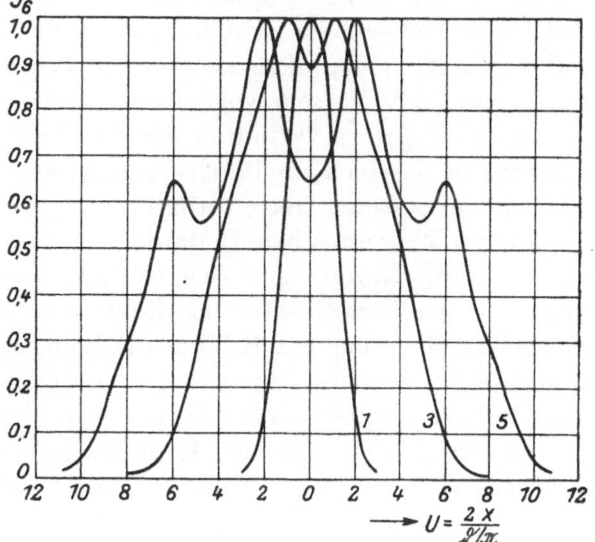

Fig. 6. Homogene Kette mit 6 Gliedern.

1) $m = \dfrac{K}{\mathfrak{d}/\pi} = 1$, 3) $m = 3$ und 5) $m = 5$.

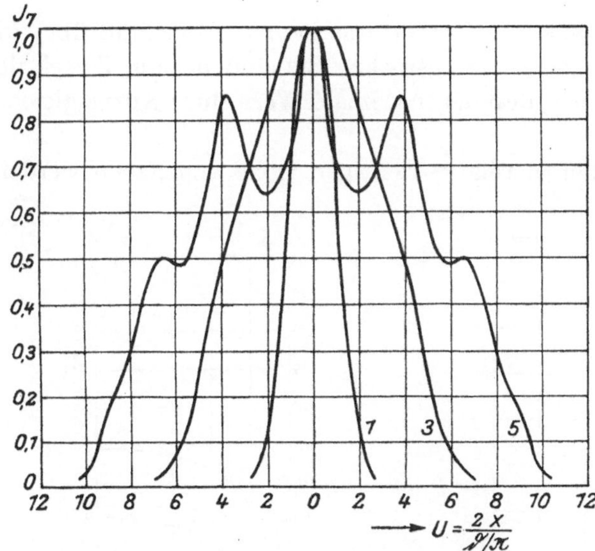

Fig. 7. Homogene Kette mit 7 Gliedern.

1) $m = \dfrac{K}{\mathfrak{d}/\pi} = 1$, 3) $m = 3$ und 5) $m = 5$.

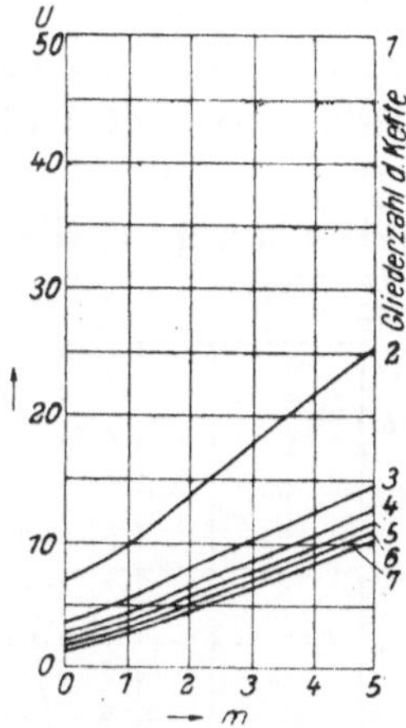

Fig. 8.

Lochbreite bei Stromabfall auf $1/_{50}$.

$$U = \frac{2x}{\mathfrak{d}/\pi} \qquad m = \frac{K}{\mathfrak{d}/\pi}.$$

Für kleinere Gliederzahl und allgemein bei kleinerem m ist dies nicht mehr gültig, da die allerdings nahezu geradlinigen Kurven nicht auf Null zulaufen.

Ähnliche Kurven kann man den Fig. 2 bis 7 auch für andere Stromabfälle, z. B. $1/_{10}$, entnehmen.

Die Kurven der Fig. 8 rücken dann etwas näher zusammen und erhalten kleinere Ordinaten. Als rohe Annäherung kann man für einen Stromabfall auf $1/_{10}$ die Formel

$U = 2\,m$ von dreigliedriger Kette und $m = 1$ an verwenden, bei enger Kopplung ist die Formel dann allerdings schlechter als oben.

Wir kommen hiernach zu verschiedenen Lochbreiten, je nachdem wir, entsprechend dem Verwendungszweck, als Grenze des Loches einen bestimmten Stromabfall voraussetzen. Es ist dabei jedoch zu beachten, daß für größere Gliederzahl und engere Kopplung diese Lochbreiten sich wegen des steilen Anstieges der Resonanzkurven nicht zu sehr voneinander unterscheiden.

Nach **Wagners** Definition der Lochbreite findet man als Grenze der Durchlässigkeit in unserer Schreibweise $x = K$ oder $U = 2\,m$, was mit dem vorigen in bestimmten Gebieten übereinstimmt.

In der **Wagner**schen Definition ist das Dekrement nicht berücksichtigt.

Das oben Gesagte gibt den Gültigkeitsbereich dieser prägnanten Formel an. Obwohl in der Formel selber das Dekrement keine Rolle spielt, ist der Gültigkeitsbereich derselben nur mit Hilfe des Dekrementes angebbar. Nur unter Berücksichtigung des Dekrementes ist physikalisch die Grenze zwischen loser und enger Kopplung ohne Willkür bestimmt, nämlich durch $m = 1$.

Es wird sich im folgenden Kapitel zeigen, daß für Siebzwecke Kopplungen entsprechend $m = 1$ bis $m = 3$ und kleinere Gliederzahl der Kette praktisch fast ausschließlich in Betracht kommen, ein Gebiet, in dem die Anwendung der **Wagner**schen Definition der Lochbreite nicht mehr zulässig ist.

Die verhältnismäßig richtige Stromstärke.

§ 16. Die besprochenen Resonanzkurven gaben uns keinen Aufschluß über die tatsächlich in den $n$ten Kreis übertragene Stromstärke. Sie sind ja zum Zweck der Diskussion ihrer Form alle so gezeichnet, daß der maximale Wert einer Kurve gleich 1 wird.

Wenn nunmehr die Stromstärken in relativ richtiger Höhe angegeben werden,

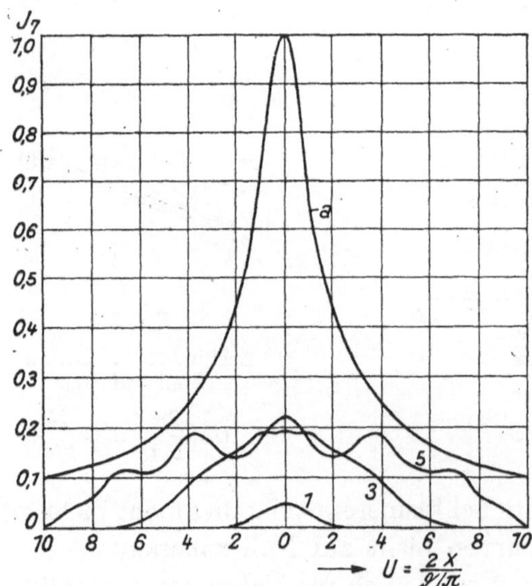

Fig. 9.

Strom bei Kette mit 7 Gliedern (Kurve 1, 3 und 5) bezogen auf den Strom in Kette mit 1 Glied (Kurve a). 1) $m = 1$, 3) $m = 3$, 5) $m = 5$.

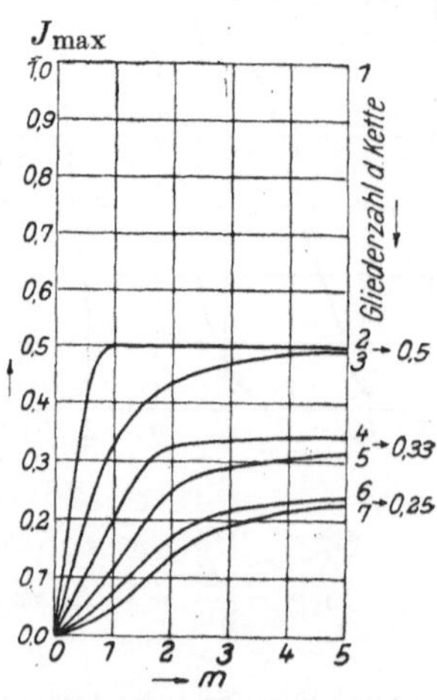

Fig. 10.

Maximale Stromstärke im letzten Glied bei homogener Kette.

$$m = \frac{K}{\mathfrak{d}/\pi}.$$

so wird dabei noch vorausgesetzt, daß die Ketten nicht nur homogen, sondern auch Selbstinduktion und Kapazität aller Glieder gleich groß seien, also:

$$\mathfrak{L}_1 = \mathfrak{L}_2 = \ldots \mathfrak{L}$$
$$\mathfrak{C}_1 = \mathfrak{C}_2 = \ldots \mathfrak{C}.$$

Ist diese Bedingung für ein Glied nicht erfüllt, obwohl die Kette homogen ist, so müssen die für dieses Glied angegebenen Stromstärken noch mit $\sqrt{\dfrac{\mathfrak{L}}{\mathfrak{L}_l}}$ multipliziert werden, wenn $\mathfrak{L}_e$ seine Selbstinduktion bedeutet.

Der tatsächliche Strom für eine siebengliedrige Kette ist in Fig. 9 angegeben.

Als 1 wird dabei der Strom angesehen, den man bei Resonanz und Anwendung eines einzigen, Kettengliedes, aber natürlich derselben elektromotorischen Kraft erhält. Man sieht aus der Figur, wie stark namentlich bei loserer Kopplung ($m = 1$) die Kette den Strom schwächt und daß auch bei engster Kopplung ($m = 5$) der Strom um ein Vielfaches kleiner ist als in einer Kette von nur einem Glied.

Eine allgemeinere Darstellung dieser Verhältnisse gibt uns Fig. 10.

Jede der einzelnen Kurven gilt für eine Kette mit bestimmter Gliederzahl. Die Gliederzahl ist am rechten Ende der Kurve angegeben. Sie zeigen die maximale Stromstärke in einer Kette als Funktion von m. Man kann aus ihnen den Faktor entnehmen, mit dem man die einzelnen bisherigen Kurven multiplizieren muß, um zur tatsächlichen Stromstärke zu gelangen.

Während bei einer zweigliedrigen Kette der maximal mögliche Strom schon für $m = 1$ erreicht wird, muß man bei einer vielgliedrigen Kette wesentlich enger koppeln. Eine Kette mit geraden Gliedern und die darauffolgende ungeradgliedrige Kette, scheinen bei engerer Kopplung demselben Grenzwerk zuzustreben. Dieser ist für eine zweigliedrige Kette 0,5, für eine viergliedrige 0,33, für eine sechsgliedrige 0,25 des Stromes im einfachen System.

Die Ströme in den übrigen Gliedern der Kette.

§ 17. Es kommen auch Möglichkeiten vor, wo man nicht nur den Strom im Endglied einer Kette kennen möchte, sondern auch denjenigen in den übrigen Kettengliedern braucht, z. B. bei der Berechnung der gesamten Energieaufnahme des Systems.

Für $U = 0$, also bei Resonanz, erlauben uns die Formeln (29) und (32) einen schnellen Überblick über diese Verhältnisse. Mit ihrer Hilfe sind die Schaulinien der Fig. 11 und 12 berechnet. Die Zahlen bei den einzelnen Kurven geben die Gliednummer an. Für $n = \infty$ wurde der Rechnung die Formel (22) zugrunde gelegt. Darin wird für diesen Fall $B = 0$ und $A = \mathfrak{J}_0$.

Oder unter Berücksichtigung der Bedeutung, welche J_0 in dieser Formel hat: $A = \dfrac{g_{10}}{m} \cdot \mathfrak{J}_0$, worin dann jetzt $\mathfrak{J}_0$ die normale Bedeutung unserer sonstigen Formeln hat.

Es wird außerdem:

$$\gamma = \beta + \alpha j \qquad \text{und} \qquad \alpha = -l\,\frac{\pi}{2},$$

und wenn $m > 1$ ist:
$$\beta = \frac{1}{2\,m},$$

so daß man für die Berechnung für $n = \infty$ und $U = 0$ den Strom im $l$ten Gliede der Kette nach folgender Gleichung erhält:

$$(45) \qquad \mathfrak{J}_{l0} = \frac{g_{10} \cdot \mathfrak{J}_0}{m} \cdot e^{-l\beta},$$

wo

$$\beta = \frac{1}{2\,m} \quad \text{ist.}$$

Nach den Schaulinien der Fig. 11 und 12 fällt der Strom des ersten Gliedes bei allen Kurven stark mit zunehmender Kopplung.

Bei Ketten mit ungerader Gliederzahl sind bei enger Kopplung die Ströme in den ungeraden Kettengliedern größer als in den geraden. Bei Ketten mit gerader Gliederzahl ist es umgekehrt. In letzterem Falle sind alle Ströme naturgemäß kleiner, da die zugehörigen Resonanzkurven für $U = 0$ ein Minimum haben.

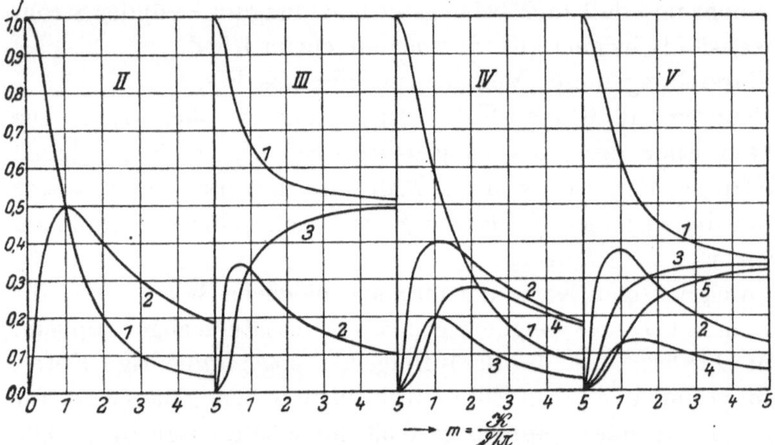

Fig. 11.
Ströme in den einzelnen Gliedern der homogenen Kette für $U = 0$.
Die römischen Zahlen geben die Gliederzahl der Kette, die arabischen Ziffern die Gliednummer an.

Die Ströme im 1., 3., 5. Glied usw. einer ungeradgliedrigen Kette nähern sich bei enger Kopplung bis auf kleine Differenzen. Ihre Reihenfolge entspricht aber der Gliednummer. Dasselbe gilt für die geraden Glieder.

Vergleicht man jedoch die Ströme in den geraden Gliedern mit denen in den ungeraden, so findet man recht große Differenzen. Es können so Ströme von Gliedern, die am Anfang einer Kette stehen, wesentlich kleiner sein als die Ströme in den späteren Gliedern der Kette.

Für Ketten mit unendlich vielen Gliedern sind die Ströme in den einzelnen Gliedern natürlich in der Reihenfolge ihres Abstandes vom Anfang.

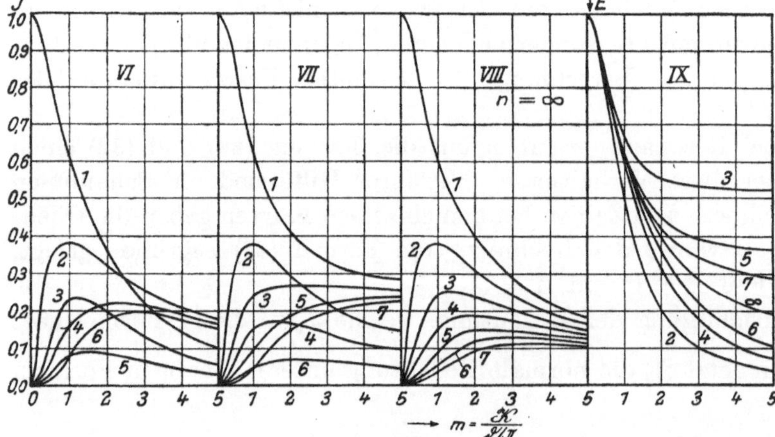

Fig. 12.
Ströme in den einzelnen Gliedern der homogenen Kette für $U = 0$.
VIII: Kette mit unendlich vielen Gliedern. IX: Aufgenommene Energie der ganzen Kette.

In dieser Beziehung ist selbst eine Kette mit sieben Gliedern noch sehr weit von derjenigen mit unendlich vielen Gliedern entfernt. Es macht sich hier das endliche Ende der Kette noch im Strom des ersten Gliedes bemerkbar.

Bei loserer Kopplung $m < 1$ ist die Rückwirkung der späteren Glieder selbstverständlich viel geringer, so daß hier schon eine Kette mit wenig Gliedern sich bezüglich der Ströme einer Kette mit unendlich vielen Gliedern nähert.

Die Energieaufnahme der Ketten.

§ 18. Die gesamte Energieaufnahme einer Kette läßt sich für $U = 0$ aus den Stromkurven (Fig. 11 und 12) oder den Formeln (32) berechnen; man braucht nur die Quadrate der Stromstärken in den einzelnen Gliedern zu summieren. Da wir bereits vorausgesetzt haben, daß die Ketten nicht nur homogen seien, sondern auch Selbstinduktion und Kapazität in den verschiedenen Gliedern übereinstimmt, müssen auch die Ohmschen Widerstände gleich sein. Wir können dann bei der Berechnung der Energie den Widerstand als Konstante weglassen, da es nur auf relative Werte ankommt. Führen wir diese Summiierung durch, so erhalten wir für die gesamte Energieaufnahme Fig. 12, IX.

Es ist wiederum zu beachten, daß für die geradgliedrigen Ketten an Stelle $U = 0$ die Resonanzkurve des letzten Gliedes ein Minimum hat. Würde man für diese nicht an der Stelle $U = 0$, sondern an der Stelle ihrer Maxima die Energiekurven berechnen, so würden sich ihre Energiekurven in richtiger Reihenfolge an diejenigen der ungeradlinigen anreihen.

Die im günstigsten Fall aufgenommene Gesamtenergie fällt demnach mit zunehmender Gliederzahl und nähert sich bei gegebener Kopplung für $n = \infty$ einem bestimmten Grenzwert. Für enge Kopplung ($m = 5$) ist derselbe etwa fünfmal kleiner als wenn die Kette nur ein einziges Glied enthält, natürlich unter der Voraussetzung, daß die elektromotorische Kraft, die auf den ersten Kreis wirkt, in allen Fällen konstant ist.

Es ist bemerkenswert, daß die Energiekurven der Fig. 12, IX, identisch sind mit den entsprechenden Stromkurven des ersten Gliedes. Durch die Kopplung ist das erste Glied gezwungen, Energie an die späteren abzugeben. Dies entspricht einer Zunahme seiner Dämpfung. Da nun der Strom umgekehrt proportional zu seinem Gesamtdekrement ist, können wir den Abfall seines Stromes durch Zunahme seines Dekrementes erklären und auch formell die Vergrößerung seines Dekrementes aus seinem Stromabfall berechnen. Quadrieren wir nun die Stromstärke im ersten Kreis und multiplizieren mit dem vermehrten Dekrement, so erhalten wir eine Kurve, die der Stromkurve genau entspricht, wenn wir auch für diese Energiekurve an der Stelle $m = 0$ der Ordninate den Wert 1 geben.

Die Betrachtungen über die homogene Kette sind damit abgeschlossen.

Gemischte Kopplung.

§ 19. Die bisher angestellten Untersuchungen gelten alle nur, wenn entweder die elektrische oder die magnetische Kopplung stark vorherrscht. Sind für $U = 0$ bei Resonanz beide von derselben Größenordnung, aber doch soviel verschieden, daß nach den Formeln (8) noch ein genügend großer Kopplungsfaktor K herauskommt, kann dieser schon bei kleiner Verstimmung zu Null werden, während er bei entgegengesetzter Verstimmung wächst. Die Kopplung ist dann also von der erregenden Frequenz abhängig.

Die Ursache hierfür liegt darin, daß für die Kopplung die verhältnismäßige Spannung maßgebend ist, welche zwischen den zwei Punkten herrscht, an welchen die gemeinschaftliche Strombahn zweier Glieder beginnt. Diese Spannung ist Null, wenn die erregende Frequenz der Eigenfrequenz entspricht, welche die zwischen den beiden Punkten liegende entweder parallel- oder hintereinandergeschaltete Kapazität und Selbstinduktion hat. Es ist dabei vorausgesetzt, daß der rein Ohmsche Spannungsabfall klein, also der Ohmsche Widerstand, in dem gemeinschaftlichen Stromstück vernachlässigt werden kann.

Wie weit von der normalen Resonanzkurve abweichende Formen bei gemischter Kopplung möglich sind, sollen einige Beispiele illustrieren. Fig. 13a gilt für eine

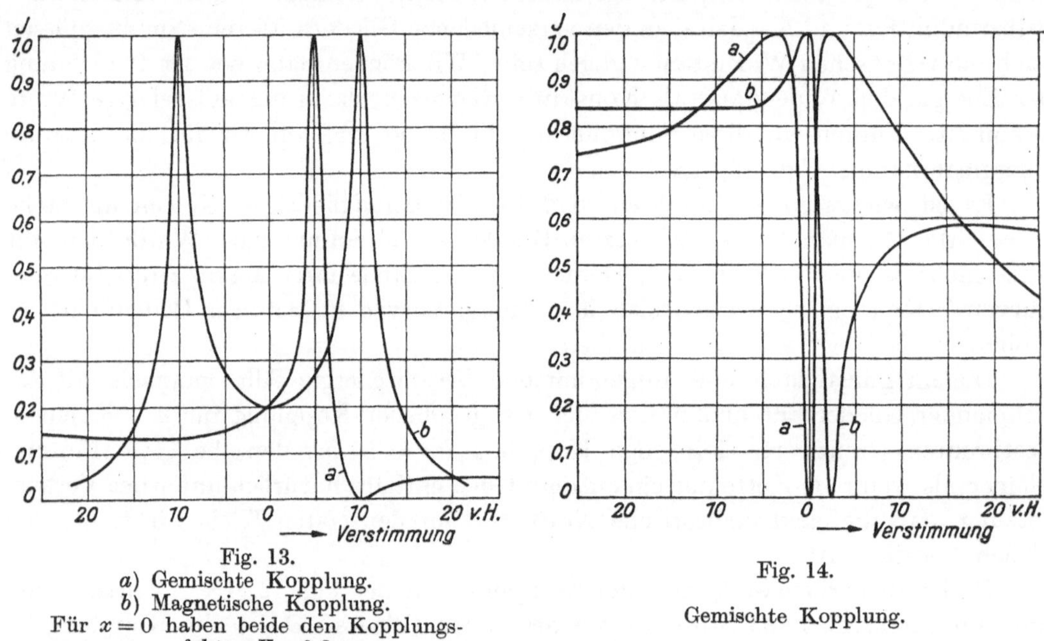

Fig. 13.
a) Gemischte Kopplung.
b) Magnetische Kopplung.
Für $x = 0$ haben beide den Kopplungsfaktor $K = 0{,}2$.

Fig. 14.

Gemischte Kopplung.

gewisse gemischte Kopplung, während bei b rein magnetische Kopplung vorausgesetzt ist. Für a sowohl wie für b ist die Eigenfrequenz des ersten und zweiten Gliedes gleich groß, und in beiden ist die Kopplung an der Stelle $x = 0$ gleich 20 vH. Bei der gemischten Kopplung fällt das Maximum auf der linken Seite ganz weg, dagegen verläuft der Strom über einen großen Bereich fast geradlinig. Das rechte Maximum liegt an einer Stelle, die einer Kopplung von 10 vH entspricht. Da wo die normale Kurve rechts ihr Maximum hat, ist für a die Nullstelle verlegt.

Noch größere Abweichungen zeigen die Schaulinien der Fig. 14. Bei der Kurve a werden die Wellen in einem großen Bereich fast gleichmäßig aufgenommen, nur ein schmaler Streifen an der Stelle $x = 0$ ist von der Aufnahme ausgeschlossen. In der Kurve b ist die Nullstelle etwas verschoben und die linke und rechte Seite von derselben sind stark unsymmetrisch.

Die Ohmsche Kopplung kann bei einer solchen gemischten Kopplung störend wirken. Bei ihr, wie bei der elektrischen Kopplung überhaupt, sind außerdem noch Resonanzmöglichkeiten vorhanden, die wir in den bisherigen Betrachtungen aus geschaltet haben, weil wir voraussetzten, daß man praktisch Ketten so bauen kann, wie sie unseren Betrachtungen zugrunde gelegt sind.

Man kann diese Schwierigkeiten bei gemischter Kopplung teilweise beseitigen, wenn man für sie statt der Schaltung Fig. 15a diejenige der Fig. 15b oder noch besser 15c anwendet.

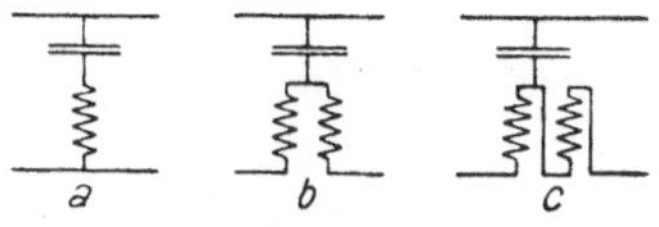

Es ist manchmal erwünscht, die beiden Transformatorwicklungen dieser Schaltung mit verschiedener Windungszahl zu versehen. Wir können dies tun, ohne dadurch die Kette inhomogen zu machen.

Fig. 15.
Kopplungsglieder bei gemischter Kopplung.

Herstellung möglichst rechteckiger Resonanzkurven.

§ 20. Bei der Anwendung der Kette zu Siebzwecken besteht die Absicht, dieselbe als ein Gebilde zu verwenden, das einen vorgeschriebenen Frequenzbereich nahezu gleichmäßig durchläßt, alle übrigen Frequenzen aber vollständig am Durchtritt verhindert. Die ideale Resonanzkurve würde demnach die Form eines Rechtecks haben.

Eine vollkommene Undurchlässigkeit wird man bei Schwingungsgebilden nie erreichen. Es hängt von dem Verwendungszweck ab, auf welchen Bruchteil des maximalen Wertes der Strom abfallen muß, damit man ihn praktisch als Null betrachten kann, d. h. damit er nicht mehr stört.

Die homogene Kette erfüllt diese Anforderungen nur sehr mäßig. Im Innern des Durchlässigkeitsbereiches ist der Strom außerdem auch nicht annähernd überall gleich groß.

Um nun im Innern des Durchlässigkeitsbereiches eine praktisch nahezu gleichmäßige Durchlässigkeit zu erreichen, verbunden mit einem sehr großen Steilabfall des Stromes an den Grenzen des Bereiches, seien im folgenden drei voneinander prinzipiell verschiedene Wege beschrieben.

a) Kombination verschiedener Ketten.

Eine Kette nannten wir homogen, wenn für ihre Glieder:

1. die Eigenfrequenzen,
2. die Dekremente,
3. die Kopplungen,

alle gleich sind.

Man kann nun versuchen, durch Veränderung der drei Größen einzeln oder zusammen die gewünschte Resonanzkurve zu erreichen.

Zunächst wollen wir sie nur einzeln verändern.

Wir wollen die Eigenfrequenzen verschieden wählen, beschränken uns aber auf kleine Änderungen derselben.

Bei zwei Kreisen erhalten wir aus Gleichung (14) für A_2 und B_2 folgende Werte:

$$A_2 = U_1 U_2 - (1 + m_2^2)$$
$$B_2 = U_1 + U_2.$$

U_1 und U_2 sind dabei nur um eine kleine additive Zahl verschieden. Wir können daher schreiben:

$$U_1 = U + U_0$$
$$U_2 = U - U_0,$$

wo $U_0 = \dfrac{2\,x_0}{\dfrac{\mathfrak{d}}{\pi}}$ und $2\,x_0$ die prozentuelle gegenseitige Verstimmung der beiden Kreise

ist, und erhalten:

$$(46) \qquad \begin{aligned} A_2 &= U^2 - (1 + m_2^2 + U_0^2) \\ B_2 &= 2\,U, \end{aligned}$$

während bei der homogenen Kette war:

$$(17_2) \qquad \begin{aligned} A_2 &= U^2 - (1 + m^2) \\ B_2 &= 2\,U. \end{aligned}$$

Gleichung (46) hat genau dieselbe Form wie die Gleichung (17_2) bei der homogenen Kette, nur daß die Kopplungen etwas verschieden sein müssen, nämlich so, daß:

$$(47) \qquad m^2 = m_2^2 + U_0^2$$

Wir erhalten daher keine neue Form der Resonanzkurve.

Für **drei** Kreise wird entsprechend:

$$(48) \qquad \begin{aligned} A_3 &= U_1 U_2 U_3 - (U_1 + U_2 + U_3) - U_1 m_3^2 - U_3 m_2^2 \\ B_3 &= U_1 U_2 + U_2 U_3 + U_3 U_1 - (1 + m_2^2 + m_3^2). \end{aligned}$$

Setzen wir:

$$U_1 = U + U_0, \qquad U_2 = U, \qquad U_3 = U - U_0, \qquad m_2 = m_3,$$

so wird:

$$(49) \qquad \begin{aligned} A_3 &= U\,[U^2 - (3 + 2\,m_2^2 + U_0^2)] \\ B_3 &= 3\,U^2 - (1 + 2\,m_2^2 + U_0^2), \end{aligned}$$

während für die homogene Kette gilt:

$$(17_3) \qquad \begin{aligned} A_3 &= U\,[U^2 - (3 + 2\,m^2)] \\ B_3 &= 3\,U^2 - (1 + 2\,m^2). \end{aligned}$$

Da gemacht werden kann:

$$(50) \qquad 2\,m^2 = 2\,m_2^2 + U_0^2,$$

so ergibt sich auch für drei Systeme eine Resonanzkurve, die derjenigen einer homogenen Kette völlig entspricht.

Wir wollen nun die Dekremente variieren. Die in der Praxis vorkommenden Ketten unterscheiden sich insofern meist von der homogenen Kette, als bei ihnen das Anfangs- und Enddekrement wegen des Anschlusses an die Leitung bzw. an den Detektor größer ist als die Dekremente der mittleren Glieder.

Da sich bei Verschiedenheit der Dekremente die U nicht nur um ein additives Glied, sondern um einen Faktor ändern, und ebenso m, wollen wir die Verstimmung, die Kopplung und die Dekremente einführen und schreiben:

$$X = 2\,x \qquad\qquad \mathfrak{D} = \frac{\mathfrak{d}}{\pi}$$

Wir erhalten für **zwei** Kreise:

$$(51) \qquad \begin{aligned} \mathfrak{D}_1 \mathfrak{D}_2 A_2 &= X^2 - (\mathfrak{D}_1 \mathfrak{D}_2 + K_2^2) \\ \mathfrak{D}_1 \mathfrak{D}_2 B_2 &= (\mathfrak{D}^2 + \mathfrak{D}_2)\,X. \end{aligned}$$

Für die Resonanzkurve kommt es nur auf die rechten Seiten an. Bei der homogenen Kette erhalten wir ähnlich:

$$(52) \qquad \begin{aligned} \mathfrak{D}^2 A_2 &= X^2 - (\mathfrak{D}^2 + K^2) \\ \mathfrak{D}^2 B_2 &= 2\,\mathfrak{D}\,X. \end{aligned}$$

Man bekommt also für die inhomogene Kette genau die gleiche Resonanzkurve wie bei einer homogenen, wenn man macht:

$$\mathfrak{d} = \frac{\mathfrak{d}_1 + \mathfrak{d}_2}{2}$$

(53)

$$K^2 = K_2^2 - \left(\frac{\mathfrak{d}_1 - \mathfrak{d}_2}{2\pi}\right)^2,$$

also wieder keine neue Kurvenform.

Für **drei** Glieder ergibt sich:

(54)
$$\mathfrak{D}_1\mathfrak{D}_2\mathfrak{D}_3 A_3 = X\{X^2 - (\mathfrak{D}_1\mathfrak{D}_2 + \mathfrak{D}_2\mathfrak{D}_3 + \mathfrak{D}_3\mathfrak{D}_1 + K_2^2 + K_3^2)\}$$
$$\mathfrak{D}_1\mathfrak{D}_2\mathfrak{D}_3 B_3 = (\mathfrak{D}_1 + \mathfrak{D}_2 + \mathfrak{D}_3) X^2 - (\mathfrak{D}_1\mathfrak{D}_2\mathfrak{D}_3 + \mathfrak{D}_3 K_2^2 + \mathfrak{D}_1 K_3^2).$$

Für die homogene Kette gilt:

(55)
$$\mathfrak{D}^3 A_3 = X\{X^2 - (3\mathfrak{D}^2 + 2K^2)\}$$
$$\mathfrak{D}^3 B_3 = 3\mathfrak{D} X^2 - (\mathfrak{D}^3 + 2\mathfrak{D} K^2).$$

Auch jetzt haben wir für die inhomogene Kette dieselbe Form wie für eine homogene, wenn wir $\mathfrak{D}$ und K nach folgenden Gleichungen bestimmen:

(56a)
$$3\mathfrak{D} = \mathfrak{D}_1 + \mathfrak{D}_2 + \mathfrak{D}_3$$

(56b)
$$3\mathfrak{D}^2 + 2K^2 = \mathfrak{D}_1\mathfrak{D}_2 + \mathfrak{D}_2\mathfrak{D}_3 + \mathfrak{D}_3\mathfrak{D}_1 + K_2^2 + K_3^2$$

(56c)
$$\mathfrak{D}^3 + 2\mathfrak{D} K^2 = \mathfrak{D}_1\mathfrak{D}_2\mathfrak{D}_3 + \mathfrak{D}_3 K_2^2 + \mathfrak{D}_1 K_3^2$$

Diese drei Gleichungen sind indes nicht für alle Werte von K_2 und K_3 möglich, sie sind es z. B. nicht, wenn $K_2 = K_3$ ist, aber die Dekremente verschieden sind.

Man bekommt demnach bei Verschiedenheit der Dekremente im allgemeinen Kurvenformen, die nicht durch eine homogene Kette erreichbar sind. und wir können versuchen, auf diesem Wege zur gewünschten rechteckigen Kurvenform zu gelangen. Dies werden wir unten mit richtiger Wahl der Kopplung weiter verfolgen.

Es sei zunächst noch eine Feststellung gemacht, die von Wichtigkeit ist. Wenn uns drei verschiedene $\mathfrak{D}_1$, $\mathfrak{D}_2$, $\mathfrak{D}_3$ gegeben sind, so können wir mit Hilfe des mittleren Dekrementes, das nach Gleichung (56a) zu bestimmen ist, und einem beliebigen K die Resonanzkurve einer homogenen Kette berechnen. Es ist uns dann mit Hilfe von Gleichung (56b und c) möglich, solche Werte für K_2 und K_3 zu finden, daß für diese inhomogene Kette mit den Werten $\mathfrak{D}_1$, $\mathfrak{D}_2$, $\mathfrak{D}_3$, K_2 und K_3 genau dieselbe Resonanzkurve herauskommt, wie bei der eben genannten homogenen Kette.

Für größere K, ungefähr wenn $m = \dfrac{K}{\mathfrak{D}} > 2$ ist, gelten zur Bestimmung von K_2 und K_3 die abgekürzten Formeln:

(57)
$$K_2^2 = \frac{2}{3} K^2 \frac{2\mathfrak{d}_1 - (\mathfrak{d}_2 + \mathfrak{d}_3)}{\mathfrak{d}_1 - \mathfrak{d}_3},$$

$$K_3^2 = \frac{2}{3} K^2 \frac{\mathfrak{d}_1 + \mathfrak{d}_2 - 2\mathfrak{d}_3}{\mathfrak{d}_1 - \mathfrak{d}_3},$$

und wenn $\mathfrak{d}_2 = \mathfrak{d}_3$, $\mathfrak{d}_1 \lessgtr \mathfrak{d}_2$:

(58)
$$K_2^2 = \frac{4}{3} K^2$$

$$K_3^2 = \frac{2}{3} K^2,$$

Man kann nach Gleichung (54) $\mathfrak{d}_1$ und $\mathfrak{d}_3$ und gleichzeitig K_2 und K_3 miteinander vertauschen, d. h. es ist gleichgültig, welches Anfang und Ende der Kette ist.

Die Größe der Verschiedenheit der Dekremente ist in Gleichung (58) nicht enthalten. Sie kann also auch bei Gleichheit der Dekremente angewandt werden. Es ist dabei zu beachten, daß nach Gleichung (58): $2\,K^2 = K_2^2 + K_3^2$ wird.

Bei Gleichheit der Dekremente und Eigenfrequenzen kommt es, wie das folgende zeigt, nur auf diese Summe an.

Wir erhalten dann nämlich für drei Systeme bei Verschiedenheit der Kopplungen:

$$
\begin{aligned}
A_3 &= U\,[\,U^2 - (3 + m_2^2 + m_3^2)\,] \\
B_3 &= 3\,U^2 - (1 + m_2^2 + m_3^2),
\end{aligned}
\tag{59}
$$

also dieselbe Resonanzkurve wie bei einer homogenen Kette, für welche m zu bestimmen ist, aus:

$$
2\,m^2 = m_2^2 + m_3^2 .
\tag{60}
$$

Bei Ketten mit mehr als drei Gliedern läßt sich jedoch bei Verschiedenheit der einzelnen Kopplungen, aber gleichen Dekrementen und Eigenfrequenzen, nur in speziellen Fällen eine gleichwertige homogene Kette angeben.

Wir wollen jetzt an Hand praktischer Beispiele erläutern, wie man durch passende Wahl der Dekremente und Kopplungen zur gewünschten Kurvenform gelangen kann.

Es handelt sich im wesentlichen um Kombination einer zweigliedrigen mit einer eingliedrigen oder einer dreigliedrigen mit einer zweigliedrigen Kette oder, allgemeiner, einer ungeradgliedrigen Kette mit einer geradgliedrigen, die durch verhältnismäßig lose Kopplung miteinander verbunden sind.

Man hat hier die Möglichkeit, die Minima der einen Kette mit den Maxima der anderen zusammenfallen zu lassen durch passende Wahl der Dekremente und der Kopplung in jeder Kette.

Nach den Erörterungen des § 8 ist die Resonanzkurve der Kombination bei loser Kopplung zwischen den zwei Ketten berechenbar durch Multiplikation der Ordinaten ihrer Resonanzkurven. Letztere sind, da diese Ketten praktisch nur aus einem, zwei oder drei Gliedern bestehen, ohnedies leicht angebbar.

Das erste Beispiel (Fig. 16) gilt für die Kombination einer eingliedrigen und einer zweigliedrigen Kette. Es ist für die Resonanzkurve gleichgültig, welche der beiden Ketten als erste oder zweite dient.

Kurve a der Fig. 16 ist die Resonanzkurve eines einfachen Schwingungskreises. Die Kurve b diejenige einer Kette mit zwei Gliedern. Die Kurve c gibt die Resonanzkurve der kombinierten Kette an, die wir auch so zeichnen, daß ihr Maximum den Wert 1 hat.

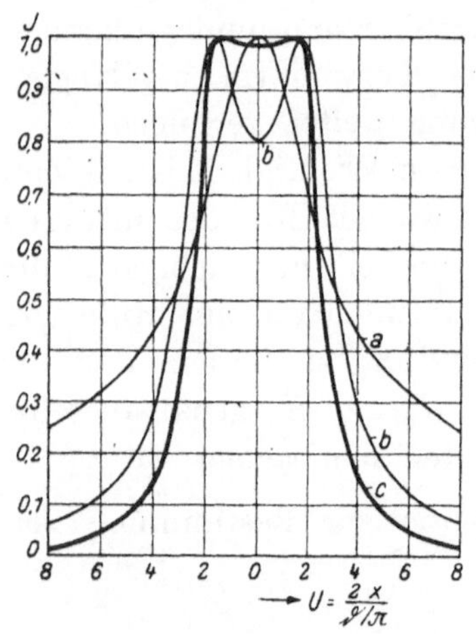

Fig. 16.

Zusammengesetzte Kette.
a) einfaches System; Dekrement: $\mathfrak{d}_1$.
b) zweifaches System; Dekremente: $\mathfrak{d}_1$ und $\mathfrak{d}_3$.
Es muß sein: $\mathfrak{d}_1 = \mathfrak{d}_2 + \mathfrak{d}_3 = 2\,\mathfrak{d}$.

Wir haben die Kurven a und b so gewählt, daß in der Nähe der Stelle $U = 0$ der Abfall von a dem Anstieg von b entspricht. Dies setzt voraus, daß das Dekrement von a doppelt so groß ist wie das mittlere Dekrement von b. Sind daher die Abszissenwerte U für b richtig, so müssen sie für a mit 2 dividiert werden; wenn wir die Abszissen in prozentueller Verstimmung auftragen, sind sie dann für beide Kurven identisch. Der raschere Abfall des Stromes in der Kurve c

gegenüber desjenigen der Kurve b macht sich besonders bei größerem U bemerkbar. So ist z. B. für $U = 6$ der Strom nach Kurve c nur $^1/_3$ von demjenigen bei b.

Es ist hier außerdem noch hervorzuheben, daß Kreis 3 stark gedämpft ist, also den Detektor enthalten kann. Setzen wir das Dekrement des zweiten Kreises gleich d, dasjenige des ersten Kreises gleich $3d$, also das mittlere Dekrement gleich $2d$, so müssen wir nach dem Vorhergehenden das Dekrement des dritten Gliedes gleich $4d$ machen, um zur Kurve c zu gelangen.

Wenden wir statt 3 Glieder nur 2 Glieder an, dämpfen aber jetzt durch den Detektor das zweite Glied so, daß sein Dekrement wieder $4d$ wird, dann erhalten wir zwar wiederum die Kurvenform von b, wenn wir jetzt aber als Abszisse die Verstimmung x auftragen, ist sie beinahe doppelt so breit wie nach der Kurve c sich ergibt.

Ein Beispiel von einer kombinierten Kette, die aus zwei Teilen besteht, deren einer drei und der andere zwei Glieder enthält, zeigt Fig. 17.

Die beiden Kurven a und b sind die Resonanzkurven der zu kombinierenden Teile. Die ausgezogene Kurve diejenige der zusammengesetzten Kette. Die dick ausgezogene ist durch genaue Berechnung erhalten für $m = 1$, die gestrichelte nach dem abgekürzten Verfahren.

Beide sind in den äußeren Partien identisch. Der kleine Unterschied innerhalb des Durchlässigkeitsbereiches ist nicht sehr wesentlich.

Damit der Strom in der Nähe von $U = 0$ möglichst gleichmäßig sei, müssen auch hier wieder die Verhältnisse so gewählt werden, daß der Anstieg von a mit dem Abfall von b nahe übereinstimmt. Dies erfordert

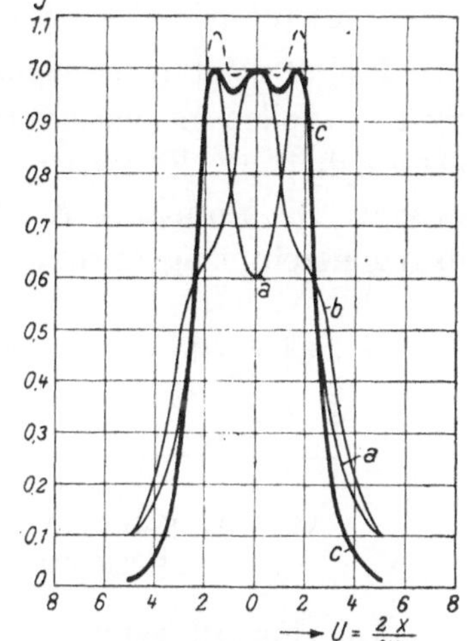

Fig. 17.
Kombinierte Kette.
a) zweifaches System ($\mathfrak{d}_1$, $\mathfrak{d}_2$).
b) dreifaches System ($\mathfrak{d}_3$, $\mathfrak{d}_4$, $\mathfrak{d}_5$)

$$\frac{\mathfrak{d}_1 + \mathfrak{d}_2}{2} = \frac{0,6}{3}(\mathfrak{d}_3 + \mathfrak{d}_4 + \mathfrak{d}_5) = 0,6\,\mathfrak{d}.$$

für a ein mittleres Dekrement, das gleich dem 0,6fachen desjenigen von b ist.

Die kombinierten Teile a und b fallen mit ihrem Steilabfall außerdem nahezu zusammen.

Die Kurve c stellt eine bemerkenswerte Annäherung an die gewünschte rechteckige Kurvenform dar.

Obwohl bereits eine zweifache Kette bei $m = 1{,}5$ oder eine dreifache Kette nach Fig. 16c an der Resonanzstelle über ein gewisses Gebiet gleichmäßige Durchlässigkeit zeigen, liegen die Vorteile größerer Gliederzahl in der wesentlich geringeren Breite der unteren Partien der Resonanzkurve.

Es soll noch an einem Beispiel gezeigt werden, wie man auf Grund des Vorhergehenden praktisch eine Kette baut, wenn als Bedingung gestellt wird, daß nach 10 proz. Verstimmung der Strom auf $^1/_{60}$ seines maximalen Wertes falle.

Es ist nach Fig. 17c für diesen Stromabfall $U = 5$, wobei die angeschriebenen Abszissenwerte für die dreigliedrige Kette richtig sind.

Also wird das mittlere Dekrement der Kurve b:

$$\mathfrak{d} = \frac{2 \cdot 0{,}1 \cdot \pi}{5} = 0{,}1256,$$

oder, wenn die Schwingungskreise ein Verlustdekrement

$$\mathfrak{d}_v = \mathfrak{d}_2 = \mathfrak{d}_3 = \mathfrak{d}_4 = 0{,}04$$

haben, wird rund

$$\mathfrak{d}_1 = 0{,}3.$$

Das mittlere Dekrement von a ist dann: $0{,}1256 \cdot 0{,}6 = 0{,}075\,36$ und daher:

$$\mathfrak{d}_5 = 0{,}11.$$

Ferner wird:

$$K_2 = 0{,}106, \quad K_3 = 0{,}054, \quad K_4 = 0{,}04, \quad K_5 = 0{,}083.$$

.b) Gemischte Kopplungen an mindestens zwei Stellen.

Fig. 18 zeigt eine schematische Darstellung einer vierfachen Kette. Die einzelnen Systeme sollen gleiche Eigenfrequenz besitzen. Die Kopplung K_2 zwischen 1 und 2. ebenso diejenige K_4 zwischen 3 und 4, ist gemischt. Die Kopplung K_3 zwischen 2 und 3 dagegen rein magnetisch.

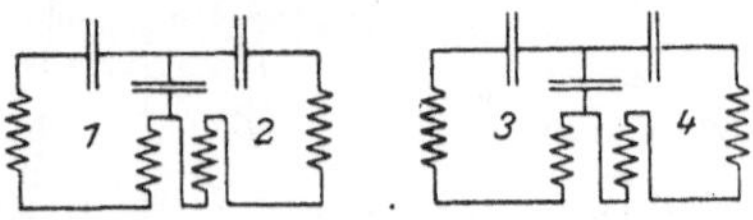

Fig. 18.
Vierfache Kette mit gemischter
Kopplung.

Die Fig. 19 zeigt die Resonanzkurve des ganzen Systems, und zwar die ausgezogene Kurve für $K_3 = 10\,\mathrm{vH}$, die gestrichelte für $K_3 = 5\,\mathrm{vH}$. Die gemischten Kopplungen sind beide so gewählt, daß bei $x = 0$ eine Kopplung von $10\,\mathrm{vH}$ herauskommt, während die eine Kopplung für $x = 10\,\mathrm{vH}$ verschwindet, die andere für $x = -12{,}5\,\mathrm{vH}$.

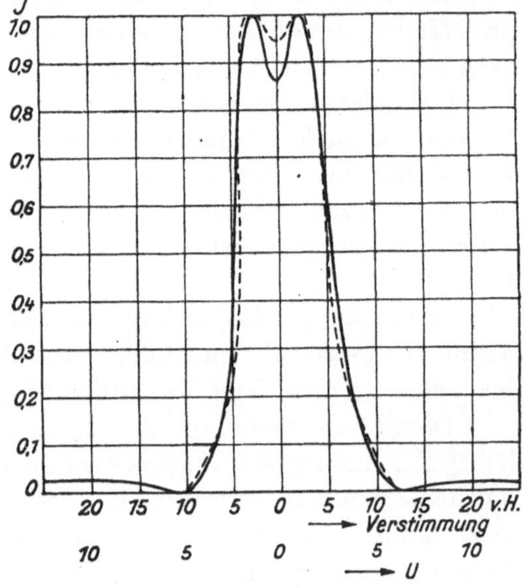

Fig. 19.
Vierfache Kette mit gemischter Kopplung.

Die Dekremente der Kurve sind:

$$\mathfrak{d}_1 = \mathfrak{d}_4 = 0{,}187$$
$$\mathfrak{d}_2 = \mathfrak{d}_3 = 0{,}0628.$$

Nach den beiden Nullstellen kann bei solchen Ketten der Strom wieder merklich ansteigen. Die Verhältnisse sind in dem Beispiel so gewählt, daß dieser Anstieg unbedeutend ist.

c) Die elektromotorische Kraft soll nicht nur im ersten Kreise sitzen.

Die Differenzkette.

Es wurden noch im letzten Paragraphen des ersten Teiles Formeln angegeben für den Fall, daß die elektromotorische Kraft nicht ausschließlich im ersten Kreise der Kette sitzt.

Um zu einer gewünschten Resonanzkurvenform zu kommen, hat man dann außer den im vorigen besprochenen Möglichkeiten noch die Wahl der richtigen Phase der elektromotorischen Kräfte.

Wenn wir außerdem noch die einzelnen Kreise nicht nur in der Reihenfolge miteinander koppeln, wie bei der normalen bisher betrachteten Kette, so werden die Verhältnisse sehr unübersichtlich. Eine einfache Möglichkeit wollen wir besprechen.

Es ist in der Praxis bekannt, daß, wenn man zwei voneinander unabhängige, aber etwas gegeneinander verstimmte Systeme gleichzeitig von derselben elektromotorischen Kraft speist, bei großen Verstimmungen der elektromotorischen Kraft gegenüber den Eigenfrequenzen der Kreise der Differenzstrom beider Systeme wesentlich schneller abfällt als derjenige einer einfachen Resonanzkurve.

Es soll im folgenden der allgemeine Fall behandelt werden, daß die beiden Systeme, deren Differenzstrom zur Verwendung kommt, noch miteinander gekoppelt sind.

Wir bedienen uns der Formel (44) und erhalten:

$$\mathfrak{J}_1 = \frac{a_2 g_{10} + g_{20} g_{12}}{a_1 a_2 - g_{12} \cdot g_{21}} \cdot \mathfrak{J}_0$$

$$\mathfrak{J}_2 = \frac{a_1 g_{20} + g_{10} g_{21}}{a_1 a_2 - g_{12} \cdot g_{21}} \cdot \mathfrak{J}_0$$

Es soll $g_{10} = g_{20}$ sein. Ferner machen wir die Dekremente gleich, so daß $g_{12} = g_{21}$ ist.

U_1 und U_2 seien nur wenig voneinander verschieden, ihre Differenz sei $2\,U_0$; wir setzen:

$$U_1 = U - U_0$$
$$U_2 = U + U_0.$$

Man bekommt nach oben den Differenzstrom:

$$(61) \qquad \mathfrak{J}_1 - \mathfrak{J}_2 = \frac{(a_2 - a_1) \cdot g_{10}}{a_1 a_2 - g_{12} \cdot g_{21}} \cdot \mathfrak{J}_0.$$

Der Zähler ist eine von ω unabhängige Konstante, die indes für $a_1 = a_2$ zu Null wird.

Der Nenner hat hier genau die Form, die wir früher bei zwei Systemen kennen gelernt haben.

Wir bekommen daher eine Resonanzkurve, die völlig derjenigen zweier hinter einander geschalteter Kreise entspricht, wenn diese eine kleine Verstimmung gegen einander haben. Führen wir U in (61) ein, so wird (vgl. 46):

$$(62) \qquad (J_1 - J_2)_0 = \frac{2\,U_0}{\sqrt{A^2 + B^2}} \cdot g_{10} \mathfrak{J}_0$$

$$A = U^2 - (1 + m^2 + U_0^2)$$
$$B = 2\,U.$$

Ist die Verstimmung sehr klein, dann wird der Strom auch sehr klein, von $U_0 = 1$ an erhalten wir jedoch dieselbe Größenordnung des Stromes wie für ein normal gekoppeltes zweifaches System. Die Form der Resonanzkurve entspricht ebenfalls derjenigen eines normalen zweifachen Systems, und wir können so die Kurve 16 b durch das Differenzsystem erhalten.

Lassen wir die beiden Systeme entgegengesetzt auf ein drittes wirken, das die Resonanzkurve der Fig. 16a hat, so erhalten wir als Resonanzkurve eines derartigen dreifachen Systems die Fig. 16c wieder.

Durch Hintereinanderschaltung mehrerer derartiger Differenzsysteme, eventuell unter Vermittlung eines aperiodischen Kreises, ergibt sich eine neuartige Kette, die ich Differenzkette nennen möchte. Die Fig. 20a und b zeigt das Schema von Differenzketten.

Die allgemeine Behandlung der Differenzkette ist nach dem Vorherigen möglich. Wir wollen aber nicht näher darauf eingehen.

Die Differenzsysteme haben gegenüber den normalen den Vorzug, bei gleicher Gesamtgliederzahl etwas kleinere Anspruchszeiten bei Stromänderungen zu ergeben.

Das Differenzsystem kann sich auch, statt auf der Verschiedenheit der Eigenfrequenzen, auf der Verschiedenheit der Dekremente aufbauen.

Wir erhalten nämlich bei Gleichheit der Eigenfrequenzen, aber Verschiedenheit der Dekremente, für den Differenzstrom, wenn $K_{10} = K_{20}$ ist:

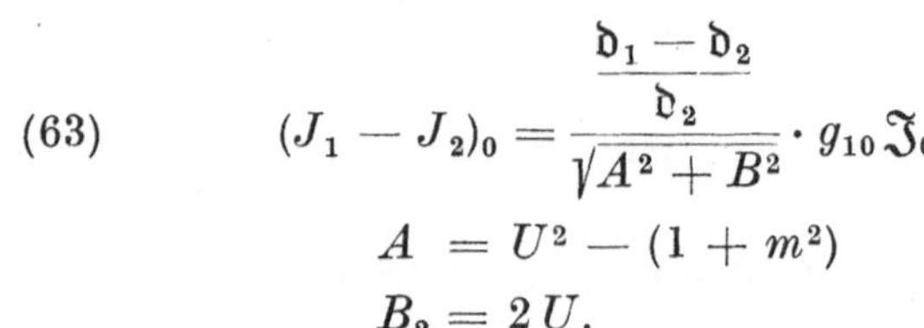

$$(63) \qquad (J_1 - J_2)_0 = \frac{\dfrac{\mathfrak{d}_1 - \mathfrak{d}_2}{\mathfrak{d}_2}}{\sqrt{A^2 + B^2}} \cdot g_{10}\mathfrak{J}_0$$

$$A = U^2 - (1 + m^2)$$

$$B_2 = 2\,U.$$

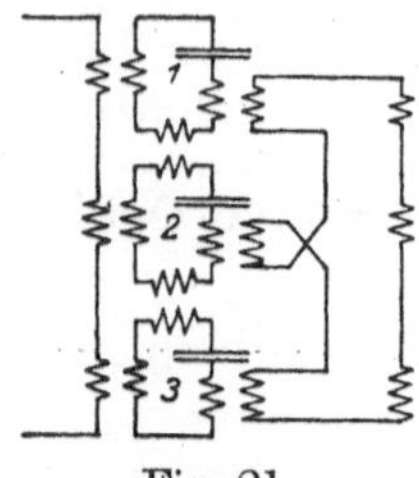

Fig. 20.
Schema für Differenzkette.

U und m sind für das mittlere $\mathfrak{d}$ und K nach Gleichung (53) zu bestimmen.

Statt nur zwei Systeme parallel zu schalten und ihren Differenzstrom zu benützen, können wir auch drei (oder mehrere) Systeme parallel schalten, etwa nach Fig. 21, und alle Systeme auf einen aperiodischen Kreis wirken lassen. Nach der Gleichung (43b) sind dann für die Ströme in den einzelnen Kreisen die Nenner alle gleich, und zwar entsprechen sie genau dem früheren Nenner einer dreifachen Kette. Durch passende Wahl der Kopplungen, Dekremente und Eigenfrequenzen ist es erreichbar, daß die Zähler der Ströme, die wir nach Gleichung (43a) erhalten, so miteinander kombiniert werden können, daß der kombinierte Strom im aperiodischen Kreis einen Zähler erhält, der von ω unabhängig ist. Der Strom im aperiodischen Kreis entspricht dann demjenigen im letzten Glied einer dreifachen normalen Kette.

Fig. 21.
Parallelkette.

Es wird:

$$-Z_1 = g_{10}a_2 a_3 + g_{20}g_{12}a_3 - g_{10}g_{23}g_{32} + g_{30}g_{12}g_{23}$$
$$Z_2 = -g_{20}a_1 a_3 - g_{30}g_{23}a_1 - g_{10}g_{21}a_3$$
$$-Z_3 = g_{30}a_2 a_1 + g_{20}g_{32}a_1 - g_{30}g_{21}g_{12} + g_{10}g_{32}g_{21}$$

und für:

$$a_1 = a_2 = a_3, \quad g_{10} = g_{30} = \tfrac{1}{2}g_{20}, \quad g_{12} = g_{21} = -g_{23} = -g_{22}$$

wird:

$$(64) \qquad \mathfrak{J}_2 - (\mathfrak{J}_1 + \mathfrak{J}_3) = \frac{-4\,g_{10}\,g_{12}^2}{N} \cdot \mathfrak{J}_0,$$

d. h. man erhält die Resonanzkurve der normalen homogenen Kette von drei Gliedern.

Ähnlich ist die Form der rechteckigen Kurve (Fig. 16c) erreichbar durch richtige Wahl der a und g.

Man verfährt in genau derselben Weise, wenn man, analog der Fig. 21, noch mehr als drei Glieder parallel schaltet, und kommt dabei zu einer Kette, die ich Parallel-kette nennen möchte.

Anschluß der Kette an eine Leitung.

§ 21. Vom Standpunkt der Leitungstheorie aus wird man, um die günstigste Energieübertragung von der Leitung auf die Kette zu bekommen, den Wellenwider-stand der Kette bei Resonanz gleich der Charakteristik der Leitung machen.

Wir haben uns bisher ausschließlich an die Methoden der Schwingungstheorie gehalten und werden daher im folgenden auch den günstigsten Anschluß an die Leitung von diesem Standpunkt aus zu erreichen suchen.

Das Eigendekrement einer Antenne sei $\mathfrak{d}_v$, das Strahlungsdekrement derselben $\mathfrak{d}_s$ und das Nutzdekrement $\mathfrak{d}_n$; das Gesamtdekrement der Antenne ist dann

$$\mathfrak{d} = \mathfrak{d}_s + \mathfrak{d}_v + \mathfrak{d}_n.$$

Die gesamte Energieaufnahme bei Resonanz:

$$E = C \cdot \frac{\mathfrak{d}_s}{\mathfrak{d}},$$

wovon ein Teil wieder ausgestrahlt, ein Teil nutzlos verbraucht und nur ein Teil dem Detektor zugeführt wird. Der Teil, welcher dem Detektor zugeführt wird, beträgt:

$$(65) \qquad E_n = C \cdot \frac{\mathfrak{d}_s}{\mathfrak{d}} \cdot \frac{\mathfrak{d}_n}{\mathfrak{d}}$$

Wenn wir nun die Möglichkeit haben, sowohl $\mathfrak{d}_s$ wie auch $\mathfrak{d}_n$ zu variieren bei konstantem $\mathfrak{d}_v$, so bekommen wir bei ungedämpften Wellen in den Detektor am meisten Energie, wenn

$$\mathfrak{d}_s = \mathfrak{d}_n = \infty$$

ist. Indes ist es nicht notwendig, daß die beiden Dekremente sehr große Werte an-nehmen müssen, um schon einen namhaften Bruchteil der möglichen Energie dem Detektor zuzuführen. Wir erhalten nämlich aus obiger Formel (65) für die Detektor-energie die Tabelle 2:

Tabelle 2.

$\mathfrak{d}_n = \mathfrak{d}_s =$	$^1/_8 \mathfrak{d}_v$	$^1/_4 \mathfrak{d}_v$	$^1/_2 \mathfrak{d}_v$	$\mathfrak{d}_v$	$2\,\mathfrak{d}_v$	$3\,\mathfrak{d}_v$	$10\,\mathfrak{d}_v$
$E =$	0,04	0,11	0,25	0,45	0,64	0,74	0,91

also schon für $\mathfrak{d}_s = \mathfrak{d}_v$ fast 50 vH und für $\mathfrak{d}_s = 3\,\mathfrak{d}_v$ 75 vH der möglichen Energie, die gleich 1 gesetzt ist, in den Detektor.

Wir übertragen diese Ergebnisse auf den Anschluß eines Schwingungskreises an eine Telephonleitung, indem wir unter $\mathfrak{d}_s$ dasjenige Dekrement verstehen, welches der Schwingungskreis infolge seiner Kopplung mit der Leitung erhält. Diese Über-tragungsmöglichkeit folgt aus dem Reziprozitätsgesetz. Wenn man den Strom im Schwingungskreis konstant hält, so ist die von ihm an die Leitung abgegebene Energie proportional zu $\mathfrak{d}_s$ und demnach auch die in einer Empfangsstation aufgenommene Energie proportional zu $\mathfrak{d}_s$. Wenn man daher den Strom in dieser Station konstant hält, also mit ihr sendet, so muß nach dem Reziprozitätsgesetz jetzt die vom Schwin-gungskreis aufgenommene Energie proportional zu $\mathfrak{d}_s$ sein.

Wir verbinden rein praktisch einen elektrischen Schwingungskreis mit der Leitung in der Weise, daß wir solange seine Kopplung mit ihr variieren, bis das Dekrement des Schwingungskreises einen gewünschten Wert hat, z. B. das Dreifache des ursprünglichen wird, und koppeln den Detektor mit diesem Schwingungskreis ebenso. Man erhält dann für $\mathfrak{d}_s' = 3\,\mathfrak{d}_v$ 75 vH der überhaupt möglichen Energie dem Detektor zugeführt. Begnügt man sich mit 50 vH, so braucht man nach dem Vorhergehenden das Strahlungs- und Nutzdekrement nur gleich dem Verlustdekrement zu machen.

Wie die evtl. notwendigen Zwischentransformatoren oder Kapazitäten, wenn ihre O h m schen Verluste klein sind, gebaut werden, ist bei dieser Kopplungsvorschrift an sich gleichgültig. Es ist nur notwendig, daß sich das vorgeschriebene Strahlungsdekrement erreichen läßt.

Die Energie, die ein solcher Schwingungskreis aufnimmt, wird zum Teil dem Detektor zugeführt, zum Teil wertlos verbraucht, zum Teil aber in die Leitung zurückgestrahlt, und zwar letzteres entsprechend der Größe des Strahlungsdekrementes im Verhältnis zum Gesamtdekrement. Ein abgestimmtes System bedeutet demnach immer eine Reflektionsstelle in der Leitung; es wird zum mindesten die Hälfte der Energie der Welle zurückgeworfen, da natürlich auch der Teil reflektiert wird, den der Schwingungskreis überhaupt nicht aufnimmt.

Bei einer Kette mit mehreren Gliedern sind die Verhältnisse etwas anders. Das Nutzdekrement liegt dann im letzten Gliede. Aus der Fig. 12, IX wissen wir, daß bei der homogenen Kette die gesamte Energieaufnahme mit steigender Gliederzahl und engerer Kopplung fällt.

Beide bedingen nämlich eine schnellere Energiewegnahme aus dem ersten Kreise, und dies kann formell als Zunahme der Dämpfung des ersten Gliedes behandelt werden, wie sich aus der Identität der Fig. 12, IX mit den Stromkurven im ersten Kreis der Fig. 11 und 12 ergab. Als Energieaufnahme des ganzen Systems, abzüglich der reflektierten Energie, haben wir dann:

$$E = C \cdot \frac{\mathfrak{d}_s}{\mathfrak{d}_s + \mathfrak{d}_1} \cdot \frac{\mathfrak{d}_L}{\mathfrak{d}_s + \mathfrak{d}_1},$$

wo jetzt $\mathfrak{d}_1$ das Dekrement des ersten Kreises $\mathfrak{d}_v$ plus dem Dekrement, das seiner Energieabgabe an die Kette entspricht, darstellt. Man erhält formell nach dieser Gleichung bei Änderung des Strahlungsdekrementes für die dem System zugeführte Energie die Tabelle 3:

Tabelle 3.

$\mathfrak{d}_s =$	$^1/_4\,\mathfrak{d}_1$	$^1/_2\,\mathfrak{d}_1$	$\mathfrak{d}_1$	$2\,\mathfrak{d}_1$	$4\,\mathfrak{d}_1$
$E =$	0,64	0,88	1	0,88	0,64

d. h. ein flaches Maximum für $\mathfrak{d}_s = \mathfrak{d}_1$.

Das Dekrement $\mathfrak{d}_1$ wird für $n = \infty$ nach Fig. 12, IX zwischen $m = 1$ und $m = 5$ in roher Annäherung:

$$\mathfrak{d}_1 = \mathfrak{d}_v + m\,\mathfrak{d}_v$$

Für endliche Gliederzahl ist $\mathfrak{d}_1$ kleiner. Wir können aber dann das Detektordekrement so wählen, daß es ebenfalls ungefähr diesem Wert entspricht.

Die aufgenommene Energie wird, bei jedesmal richtiger Einstellung von $\mathfrak{d}_s = \mathfrak{d}_1$, unabhängig von der Kopplung und Gliederzahl.

Wählen wir indes $\mathfrak{d}_s$ für alle Fälle etwa 2- bis 3 mal so groß wie $\mathfrak{d}_v$, so ist der Unterschied in der Gesamtenergieaufnahme des Systems nach der Tabelle 2 nicht beträchtlich verschieden von derjenigen bei günstigster Einstellung.

Die Energie des Detektors, der im letzten Gliede sitzt, muß natürlich bei großer Gliederzahl sinken.

Ausgehend von der homogenen Kette machten wir die vorangehenden Betrachtungen auf Grund der Tatsache, daß die Kopplung der Kette mit dem ersten Glied formell als Zunahme seiner Dämpfung betrachtet werden kann. Eine genauere Behandlung mit Hilfe der Formeln (31) kann zu keinem wesentlich anderen Resultat führen.

Bei sehr enger Kopplung und größter Energieausnutzung muß man das Strahlungsdekrement unter Umständen so groß machen, daß wir § 9 anzuwenden haben. Nach diesem Paragraphen soll dann das erste Glied eine sehr viel kleinere Eigenfrequenz haben als die übrigen Glieder und wir dürfen die Kette so behandeln, als ob sie beim zweiten Glied beginnen würde. Dieses stark gedämpfte erste Glied kann auch aus Kapazität und Selbstinduktion bestehen, die direkt in die Leitung eingeschaltet sind.

Die Einschwingvorgänge.

§ 22. Eine genaue Behandlung der Ein- und Ausschaltvorgänge des $n$fachen Systems ist mathematisch recht kompliziert. Wir werden daher im folgenden versuchen, durch einfache Überlegungen auf Grund unserer bisherigen Kenntnisse über die Ströme in den einzelnen Systemen im stationären Zustand uns ein rohes Bild über diesen Gegenstand zu machen.

Wenn wir die elektromotorische Kraft, die auf das erste System wirkt, einer plötzlichen Änderung unterwerfen und dann wieder konstant halten, so wird es eine gewisse Zeit dauern, bis in allen Kreisen praktisch der neue stationäre Zustand erreicht ist. Dabei interessieren wir uns hauptsächlich um die Vorgänge im letzten System, in welchem der Detektor sitzt.

Wir können aber nicht auf die Einzelheiten während des Überganges eingehen, vielmehr wollen wir nur versuchen, festzustellen, welches Dekrement ein einzelner Schwingungskreis haben müßte, damit bei ihm die Übergangsvorgänge praktisch dieselbe Zeit brauchen, wie diejenigen im Detektorkreis unserer Kette. Man muß sich bewußt sein, daß die Übergangsvorgänge selber nicht gleich verlaufen. Für ein einziges System mit bestimmter Dämpfung sind aber die Ausgleichsvorgänge bekannt und leicht berechenbar.

Schaltet man bei ihm die elektromotorische Kraft plötzlich aus, so klingt sein Strom entsprechend der Dämpfung exponentiell ab.

Bei einem zweifachen System ist die Energie, wenn die erregende Frequenz einem Maximum entspricht, in beiden Systemen während des stationären Zustandes dieselbe. Nach dem Ausschalten der Energiezufuhr treten bei enger Kopplung Pendelerscheinungen auf, wobei der Gesamtenergieverbrauch nach längerer Zeit einem Dekrement entspricht, das gleich dem arithmetischen Mittel der Eigendekremente beider Kreise ist.

Bei drei Systemen enthält das erste und dritte Glied bei enger Kopplung ungefähr dieselbe Energie, während die des zweiten dagegen klein ist. Beim Ausschalten der elektromotorischen Kraft werden wiederum Pendelerscheinungen auftreten, wobei sich schließlich die Energie auf alle drei Systeme verteilt und darin absorbiert werden muß gemäß einem Dekrement, das etwa dem Mittel der drei Dekremente entspricht. Im dritten Kreis allein wird die Energie zunächst eher noch etwas schneller sinken, da hier auch die Abgabe der Energie an den zweiten Kreis, der im stationären Zustand nur wenig enthält, in Betracht zu ziehen ist. Bei loserer Kopplung liegen die Verhältnisse etwas anders. Hier ist sowohl im ersten wie im zweiten Kreis die Energie größer als im eben betrachteten Fall enger Kopplung, während diejenige im dritten Kreis kleiner ist. Hier kann der Energieverbrauch im dritten Kreis noch eine Zeitlang von der Energie der beiden ersten zehren, so daß sein Abfall etwas langsamer erfolgen muß.

Für Ketten mit mehr als drei Gliedern können wir ähnliche Betrachtungen anstellen.

Unsere Ketten mit möglichst rechteckiger Kurvenform hatten Kopplungen, die einem $m = 1$ bis $m = 3$ entsprechen. Wir wollen für diese nicht sehr enge Kopplung für die Ausgleichsvorgänge im Detektorkreis mit einem Ersatzdekrement rechnen, das bei drei Systemen gleich $^3/_4$ des mittleren Dekrementes der Kette ist und bei fünf Systemen gleich $^2/_3$ desselben.

Bei näherem Eingehen auf die Einschaltvorgänge kommt man auf ähnliche Ergebnisse.

Mit Hilfe dieser Vorstellungen berechnen wir die Dekremente, welche für eine dreifache und fünffache Kette notwendig sind, damit wir bei Träger-Stromtelephonie, wo sowohl bei Beginn wie am Ende der Leitung eine Siebkette eingeschaltet sei, mindestens anwenden müssen, um deutliche Sprache zu erhalten. Der Trägerstrom soll die Frequenz 20000 pro Sekunde haben. Da beide Siebketten vollständig voneinander unabhängig sind, müssen wir das Ersatzdekrement etwas kleiner wählen als für eine Kette allein. Wir wollen das 0,75fache nehmen.

Eine Telephonmembran mit einem Eigendekrement 0,3 liefert keine gute Sprache, während dieselbe bei einem Dekrement 0,6 sehr gut ist. Rechnen wir mit einer mittleren Sprachfrequenz pro Sekunde von 1000, so brauchen wir für die Siebketten ein Ersatzdekrement $\mathfrak{d} = 0,03$, um die mittlere Sprachfrequenz ebenso gut wiederzugeben wie eine Telephonmembran von einem Dekrement 0,6, falls Verzerrungen nicht auch noch anderweitig hereinkommen. Daraus berechnet man für eine dreifache Kette nach Fig. 16c folgende Dekremente: $\mathfrak{d}_1 = 0,08$, $\mathfrak{d}_2 = 0,02$, $\mathfrak{d}_3 = 0,06$, und für eine fünffache Kette nach Fig. 17c $\mathfrak{d}_1 = 0,135$, $\mathfrak{d}_2 = 0,04$, $\mathfrak{d}_3 = 0,04$, $\mathfrak{d}_4 = 0,02$, $\mathfrak{d}_5 = 0,072$, worin dann jedesmal Anfangs- und Enddekrement mit Absicht größer gemacht sind als die andern, aber so, daß das Ersatzdekrement dem Wert 0,03 entspricht.

Es geht aus diesen Darlegungen hervor, daß man eine Kette bis zu fünf Gliedern mit Dekrementen von normaler Größe bauen kann, ohne befürchten zu müssen, daß die Sprachgüte bei dieser Gliederzahl leidet.

Sicherlich werden Sprachverzerrungen bei nicht gleichmäßiger Durchlässigkeit innerhalb des Loches eine größere Rolle spielen.

Es muß noch darauf hingewiesen werden, daß bei Anwendung gemischter Kopplung, wenn dieselbe eine Nullstelle in der Nähe der Arbeitsfrequenz für den Strom ergibt, Grund zu Sprachverzerrungen dadurch hereinkommen kann, daß dabei für die verschiedenen Frequenzen des Trägerstromes die Kopplungen der Kette stark variieren und daher die Einschwingzeiten für verschiedene Trägerstromfrequenzen etwas verschieden sein können.

Über die Ableitung des zweiten Hauptsatzes der Thermodynamik und verwandte Fragen.
(Schluß.)

Von **Hermann von Siemens**.

Mitteilung aus dem Forschungslaboratorium zu Siemensstadt.

10. Rückblick.

Im ersten Teil der vorliegenden Arbeit[1]) wurde der statistische Sinn des zweiten Hauptsatzes und seine Beziehung zur kausalen Denkweise erörtert. Dabei wurde am Schluß der Einleitung auch eine Betrachtung der Lebensvorgänge versprochen, insofern sie dem Gesetz von der Zunahme der Wahrscheinlichkeit des Zustandes widersprechen und somit eine teleologische Erklärung erheischen. Diese Betrachtung soll hiermit nachgeliefert werden, und es sei daher erlaubt, die loc. cit. gewonnenen Ergebnisse kurz zu rekapitulieren.

Es wurde gezeigt, daß kein logischer Grund zu der Annahme vorliegt, daß der unwahrscheinlichere von zwei zeitlich benachbarten Zuständen eines Systems der frühere und der wahrscheinlichere der spätere sein muß. Es liegt vielmehr so, daß der unwahrscheinlichere Zustand gegeben sein muß, wenn man ihn kennen soll, während der wahrscheinlichere aus dem anderen statistisch abgeleitet werden kann. Die Voraussetzung hierfür ist der an einem Beispiel festgestellte Satz, daß von einem gegebenen Zustand mehr Übergangsmöglichkeiten zu wahrscheinlicheren Nachbarzuständen vorhanden sind als zu unwahrscheinlicheren. Der unwahrscheinlichere Zustand ist also erkenntnismäßig die Bedingung, der wahrscheinlichere das Bedingte. Setzt man die Bedingung zeitlich vor das Bedingte, so ist erstere die Gelegenheitsursache und letzteres die Wirkung. Wählt man die umgekehrte Reihenfolge, so wird die Bedingung zum Zweck, das Bedingte zum Mittel. Das erste Verfahren wurde als „kausales", das zweite als „teleologisches" Denken bezeichnet. Da der Mensch beide Verfahren zum Erkennen benützt, kann nicht das erstere allein a priori richtig sein und aus ihm rückwärts die Richtung des Zeitablaufs konstruiert werden. Dieser muß vielmehr mit den ursprünglichen Wahrnehmungen mitempfunden und die Entscheidung zwischen kausalem und teleologischem Denken der Erfahrung überlassen werden. Beide Methoden sind statistisch und geben für die Richtigkeit der Erkenntnis keine Sicherheit, sondern nur eine gewisse Wahrscheinlichkeit. Schaltet man die Statistik aus, indem man das System in allen Einzelheiten genau kennt, so kann man aus einem beliebigen gegebenen Zustand als Bedingung sowohl die früheren als die späteren Zustände mit Sicherheit ableiten. Das kausale und teleologische Denken vereinigen sich dann zum „konditionalen".

---

[1]) Wissenschaftliche Veröffentlichungen aus dem Siemens-Konzern I, 1, S. 154 ff.

Der zweite Hauptsatz ist der molekularkinetische Spezialfall eines allgemeinen Gesetzes, das aussagt, daß die Zustandswahrscheinlichkeit eines sich selbst überlassenen Systems im Laufe der fortschreitenden Zeit zunimmt. Als sich selbst überlassen gilt dabei ein System, dessen Zustandswahrscheinlichkeit nicht mit der eines anderen Systems zwangläufig verbunden ist. Ist dies doch der Fall, so müssen beide Systeme als ein Ganzes dem Gesetze unterworfen werden. Dieses Gesetz, das sich aus der Annahme eines besonders unwahrscheinlichen Anfangszustandes der Welt im Anfang seiner Geltungsdauer statistisch ableiten läßt, entscheidet in seiner allgemeinen Fassung für die allgemeine Richtigkeit des kausalen Verfahrens.

11. Die belebte Materie vom statistischen Standpunkt aus gesehen.

Nun wird aber das teleologische Verfahren ebenfalls angewendet, es muß also auch ein adäquates Objekt haben. Es entsteht also die Frage, ob es Systeme gibt, die dem allgemeinen Wahrscheinlichkeitsgesetz nicht gehorchen, sondern im Fortschritt der Zeit einer höheren Ordnung zustreben, ohne daß diese Zunahme durch eine entsprechende Abnahme in einem damit gekoppelten System erzwungen wird. Solche Systeme müssen aus dem allgemeinen kausalen Rahmen herausfallen, zur teleologischen Betrachtung zwingen und dadurch eine auffallende, von allem übrigen scharf abgegrenzte Erscheinung bilden.

Alle diese Forderungen erfüllt die belebte Materie. Sie tritt in den allerverschiedensten Formen auf, zwischen denen sich doch unmerkliche Übergänge herstellen lassen. Aber das primitivste Lebewesen und die komplizierteste Erscheinung der unbelebten Natur trennt eine Kluft, die sich nicht überbrücken läßt. Und wer die Lebensvorgänge systematisch beschreiben und ihre Zusammenhänge übersehen will, wird immer wieder zu dem Begriff des Zweckes gedrängt, wenn sich auch eine zunehmende Zahl von Einzelvorgängen rein kausal erklären läßt. Es soll deshalb das Lebensproblem von der statistischen Seite angefaßt werden, und zwar als rein materielles Problem, ohne Rücksicht auf metaphysische oder Bewußtseinsfragen. Es sollen die Gesetze betrachtet werden, denen die Materie folgt, insofern sie zu einem Lebewesen organisiert ist.

Schopenhauer sagt, daß mit dem Leben eine neue Art von Kausalität auftritt, nämlich das Reagieren auf Reize. In der Tat ist die Reizreaktion ein treffendes Charakteristikum der Lebewesen. Es gilt nun, das besondere Merkmal von Reiz und Reaktion im Gegensatz zu Ursache und Wirkung zu finden. Da wegen des komplizierten Aufbaues eines Organismus der genaue Tatbestand des Vorgangs nicht bekannt ist, läßt sich im einzelnen Falle nichts gegen die Behauptung erwidern, daß alles genau so vor sich geht, wie in der unbelebten Natur. Faßt man dagegen eine größere Zahl von Reizreaktionen zusammen, so verschieden auch die einzelnen Reize und Reaktionen seien, so findet man in ihnen etwas Gemeinsames, das auf dem Erfolg beruht. In einem weit über das Zufallsmaß hinausgehenden Prozentsatz führt die Reaktion zur Förderung der vitalen Ordnung des reagierenden Organismus in dem Sinne, daß der reizende Vorgang nach der Reaktion die Ordnung des Organismus weniger schädigt oder mehr fördert, als es ohne die Reaktion der Fall gewesen wäre. Das Besondere eines Lebensvorgangs ist also statistischer Art, und das Bestimmende für ihn ist die Steigerung der Ordnung, also die Verminderung der Zustandswahrscheinlichkeit, die auf diesen Vorgang für das reagierende materielle System folgt. Durch diesen, der gewöhnlichen Massenwirkung entgegengesetzten statistischen Effekt wird die Aufrechterhaltung der Lebensordnung gegenüber dem dauernden Abbau durch die Außenwelt überhaupt erst möglich. Der Effekt ist darum so offenbar vorhanden, daß er nicht abgestritten werden kann, wie weit man auch im einzelnen mit der mechanischen Erklärung der Lebensvorgänge kommen mag.

Es fragt sich jetzt, ob ein Organismus überhaupt ein sich selbst überlassenes System ist. Molekularkinetisch zweifellos nicht. Es werden immer freie Energien als Licht oder Nahrung zugeführt, die für das Leben notwendig sind, und deren Verbrauch vollauf genügt, um den Stoffwechsel und die Bewegung aufrecht zu erhalten. Der zweite Hauptsatz als Spezialsatz wird also nicht verletzt. Aber es ist etwas anderes, ob die freie Energie des Lichtes genügt, um aus Wasser, Kohlensäure, Salzen und Stickstoff organische Verbindungen herzustellen, oder ob diese Verbindungen so zusammengefügt werden, daß sie eine Apparatur bilden, um neue Mengen heranzuschaffen und mit Hilfe des Lichtes zu verarbeiten. Es ist auch etwas anderes, ob die so gebildeten Substanzen die hinreichende freie Verbrennungsenergie haben, um gewisse Massenbewegungen herbeizuführen, oder ob die Bewegungen so ausfallen, daß dadurch günstigere Lebensbedingungen geschaffen werden. Erst wenn man beweisen kann, daß durch einen über das thermodynamisch Notwendige hinausgehenden Verbrauch freier Energie (der natürlich immer festgestellt werden kann) die zu zweit genannten Vorgänge erzwungen werden, kann man den unwahrscheinlichen Vorgang der vitalen Ordnung organischer Materie als mit photochemischen oder oxydativen Prozessen zwangläufig verbunden ansehen.

12. Die Erhaltung eines Mechanismus ist kausal nicht zu verstehen.

Ist das System einer Pflanze bezüglich seiner organischen Synthese zwangläufig verbunden mit dem Verbrauch geordneter Lichtenergie, so wird die Synthese thermodynamisch möglich. Aber die Gegenwart des Lichtes allein genügt nicht dazu. Man sollte im allgemeinen erwarten, daß das System Pflanze-Licht in den wahrscheinlichsten Zustand übergehen würde, indem die Lichtenergie in niedrig temperierte Wärme verwandelt wird. Soll ein wesentlicher Teil in Form von freier chemischer Energie wiedergewonnen werden, so muß das Licht unter Bedingungen gesetzt werden, die ihm die Verwandlung in Wärme abschneiden und ihm eine andere Umsetzung aufzwingen. Das ist das Wesen der Zwangläufigkeit. Denn eine natürliche Hemmung, wie für die Vereinigung von Wasserstoff und Sauerstoff, besteht hier nicht. Die Erfüllung einer solchen einschränkenden Bedingung bedeutet aber das Vorhandensein einer gewissen Ordnung im System, also eine Einschränkung seiner Komplexionen, d. h. eine Unwahrscheinlichkeit. Ein derartig geordnetes System heißt ein Mechanismus. Die zwangläufige Verknüpfung von Licht und Synthese in der Pflanze erfolgt also durch einen Mechanismus, der als solcher etwas Unwahrscheinliches ist. Die Unwahrscheinlichkeit ist hier allerdings nicht mehr thermodynamischer Natur, sondern bezieht sich auf die räumliche Verteilung der Materie in einer gröberen Größenordnung. Es wäre hierauf also nicht mehr der zweite Hauptsatz im thermodynamischen Sinne, wohl aber im allgemeinen Sinne anzuwenden. Gemäß diesem Satze kann ein geordneter Mechanismus den Grad seiner Ordnung theoretisch höchstens aufrecht erhalten, wird ihn aber in der Praxis immer allmählich vermindern, d. h. er nutzt sich ab, wodurch die Ausbeute zurückgeht. Soll er wieder auf die anfängliche Ordnung gebracht oder dauernd auf ihr erhalten werden, so muß er sich hier in einem Wahrscheinlichkeitsgleichgewicht befinden. Das ist aber nur durch Koppelung mit einem weiteren geordneten System durch einen zweiten Mechanismus möglich. Von diesem letzteren läßt sich aber alles wiederholen, was von dem ersten gesagt ist. Man erhält schließlich eine unendliche Reihe hintereinanderstehender Mechanismen, ohne der Erklärung an Hand des Wahrscheinlichkeitsgesetzes näherzukommen, wie es möglich ist, daß die Lebensmechanismen im Lauf der Zeit erhalten bleiben und sich sogar vergrößern und an Zahl vermehren.

Es ergibt sich also, daß gegen die Lebensvorgänge ein thermodynamischer Einwand nicht gemacht werden kann, und daß es prinzipiell möglich ist, die biologische Chemie durchzuführen bis zur restlosen Aufklärung aller vorkommenden Umsetzungen. Dagegen ist es nicht möglich, auf analoge Weise die Bildung, Erhaltung und Vermehrung der Apparatur zu verstehen, welche die Lebensvorgänge untereinander und mit der unbelebten Außenwelt zwangläufig verknüpft. Das ist auch dann nicht möglich, wenn der Verbrauch an freier Licht- und Verbrennungsenergie quantitativ mehr als ausreichend ist, um als Äquivalent dieser Ordnungssteigerung zu dienen.

13. Zwei Erklärungsmöglichkeiten: Zufall oder Freiheit.

Um dennoch zu einem Verständnis zu kommen, liegt es nahe, auf Grund der früheren Überlegungen anzunehmen, daß hier einmal der logisch nicht unmögliche Fall realisiert ist, daß sich die Zustandswahrscheinlichkeit im Fortschritt der Zeit vermindert, ohne daß ein Zwang dazu besteht. Aber es gibt dagegen ein schweres Bedenken, das allerdings nicht unbedingt durchschlagend ist. Wenn man nämlich den zweiten Hauptsatz begreift aus der Annahme eines sehr geordneten Weltzustandes im Anfang seiner Geltung, so macht man eine sehr allgemeine und umfassende Annahme ohne irgendwelche Unterteilungen. Dadurch gewinnt der zweite Hauptsatz die Eigenschaft eines allgemeinen Naturgesetzes. Will man gegenläufige Vorgänge verstehen, so muß man einen geordneten Endzustand annehmen. Es liegt am nächsten, diesen ebenfalls allgemein zu wählen. Es würden sich dann Vorgänge mit steigender und abnehmender Wahrscheinlichkeit überkreuzen, ohne daß doch besondere Regeln darüber aufgestellt oder besondere Gebiete den einen oder anderen Vorgängen vorbehalten würden. Das Gegenteil ist aber der Fall. Die teleologischen Vorgänge sind beschränkt auf den Apparatebau für die organische Chemie, und sie sind gebunden an die Anknüpfung an bereits bestehende Apparate, was auch aus einem entsprechend beschränkten geordneten Endzustand durchaus nicht verständlich wäre. Man muß also den Endzustand stark spezialisieren und andererseits vorschreiben, daß auch der Weg zu seiner Erreichung nur eine bestimmte Breite haben darf, daß aber auf diesem Wege ein sehr folgerichtiger Fortschritt erzielt wird. Es heißt das aber, die Gebiete des Abbaues und des Aufbaues streng zu trennen, also dem Spiel des Zufalles ein hohes Maß von Systematik zuzuschreiben. Das ist natürlich keine strenge Unmöglichkeit, denn solche gibt es nicht in der Statistik, aber es ist eine außerordentlich unwahrscheinliche Annahme.

Die eben diskutierte Möglichkeit läuft daraus hinaus, daß die tatsächlich realisierte Komplexion der Verteilung von Materie und Energie in der Welt nun einmal so beschaffen ist, daß in einem bestimmten Gebiet ein systematischer Aufbau von Ordnung stattfindet, während sie auf allen anderen Gebieten abgebaut wird. Will man diesen Weg wegen der Unwahrscheinlichkeit seiner Voraussetzung nicht gehen, so muß man annehmen, daß auch auf diesem speziellen Gebiet die tatsächlich verwirklichte Komplexion zum Abbau der Ordnung fortschreitet. Dann aber bleibt für das Zustandekommen von aufbauenden Vorgängen überhaupt kein Raum mehr, es sei denn, daß für den Ablauf einer gegebenen Konstellation nicht nur die zwischen den Einheiten wirksamen Kraftgesetze maßgebend sind, sondern daß der Ablauf durch ein neu hinzutretendes Moment verändert werden kann. Dieses Moment würde dann nur bei Vorgängen in lebenden Systemen wirksam werden, während es bei allen unbelebten Prozessen fehlt. Nun ist aber der Ablauf einer gegebenen Konstellation durch die Kraftgesetze eindeutig bestimmt. Man muß sich also darüber klar sein, daß sich das neue Moment nicht einfach diesen Gesetzen superponieren kann, sondern daß es sie gelegentlich durchbrechen muß. Eine Einwirkung auf das Zustandekommen eines makroskopischen Zustandes kann nur in der Beeinflussung des statistischen Verteilung der ihn herbeiführenden Einzelvorgänge bestehen. Entweder stellt sich nun die Verteilung nach dem zweiten Hauptsatz von selber ein (das war im vorigen Kapitel verworfen worden), oder sie stellt sich entgegen dem zweiten Hauptsatz von selber her (das sollte als unwahrscheinlich versuchsweise abgelehnt werden), oder sie muß „künstlich" herbeigeführt werden (das ist die noch verbleibende Möglichkeit). In diesem Falle müßten sich die Moleküle anders bewegen, als es die zwischen ihnen bestehenden Kräfte erheischen würden. Man kommt also um den Eingriff in die Kraftgesetze nicht herum. Freilich müßte die Gesetzwidrigkeit gegenüber den Kräften ihrerseits wieder gesetzmäßig vor sich gehen, sonst könnte ihr statistischer Effekt nicht gefunden werden.

Nach dieser Auffassung wird eine naturgesetzlich gegebene Bedingung fallengelassen, wodurch ein gewisser Grad von Freiheit oder Unbestimmtheit entsteht. Die Eindeutigkeit wird aber wiederhergestellt durch Einfügung einer neuen Bedingung. Diese ist insofern nichtstatistischer Art, als sie an Stelle einer außer Funktion gesetzten Kraft tritt und am einzelnen Massenelement angreift. Sie ist aber nicht, wie die Kraft, neutral gegen das Vorzeichen des Zeitinkrements, sondern sie ergibt den Eintritt einer bestimmten statistischen, und zwar geordneten, Verteilung, muß also doch einen wesentlichen Zusammenhang mit der Statistik haben, und zwar einen teleologischen. Die ganze Vorstellung ist natürlich sehr gewagt. Immerhin rechtfertigt die besondere Eigenart der Lebensvorgänge und ihre scharfe Absonderung innerhalb der Naturerscheinungen auch eine sehr durchgreifende Annahme zu ihrer Erklärung. Und die Vorstellung einer Freiheit gegenüber den Kraftgesetzen, geregelt durch ein teleologisches Gesetz, hat gegenüber der vorigen Vorstellung den entschiedenen Vorteil, daß sie vom systematischen Zufall befreit und für die Systematik ein Gesetz verantwortlich macht. Aus diesem Grunde soll die zuletzt besprochene Möglichkeit trotz ihrer Kühnheit weiter verfolgt werden.

14. Wie man sich die Freiheit vorstellen kann.

Wenn wir überhaupt zu einer annehmbaren Vorstellung gelangen wollen, müssen wir die Freiheit so beschränken, daß sie gewisse Erfahrungstatsachen bestehen läßt. Es darf keine Möglichkeit offen sein, welche die Erhaltung der Energie, der Bewegungsgröße, des Drehmoments usw. oder den zweiten Hauptsatz im engeren Sinne umstößt. Man kann sich z. B. vorstellen, daß ein aufgehängter Stein nach Durchtrennung des Bindfadens nicht herunterfällt, sondern seinen Platz behält (infolge einer „virtuellen" Gegenkraft), solange, bis er ein darunter vorbeibewegtes Objekt treffen kann, daß er sich aber bei dessen Annäherung rechtzeitig mit der natürlichen Fallgeschwindigkeit in Bewegung setzt. Man darf sich jedoch nicht vorstellen, daß er schneller oder langsamer als natürlich fällt, weil dann die Zusatzkraft Arbeit leisten oder aufnehmen würde, oder daß er auf einer schiefen Ebene abrutscht, weil dann das System Stein-Erde ein zusätzliches Drehmoment bekommen würde. Mit anderen Worten, es handelt sich darum, daß ein an sich möglicher Vorgang nicht eintritt bis zu dem „nützlichen" Zeitpunkt. Man kann sich auch vorstellen, daß die als belebt gedachte Erde auf ihrer Ellipsenbahn um die Sonne im Punkte des maximalen oder minimalen Radius vector in eine Kreisbahn übergeht mit gleichbleibender Winkelgeschwindigkeit, daß sie aber in einem beliebigen Punkte der Kreisbahn wieder in eine Ellipse von der alten Form, aber von anderer Lage übergeht, um einem Kometen auszuweichen. Man darf sich jedoch nicht vorstellen, daß der Übergang in die Kreisbahn an einem beliebigen Punkt der Ellipse erfolgt.

In der Chemie kennt man das Ausbleiben einer an sich möglichen Reaktion und ihr Zustandekommen durch den Eingriff der Katalyse. Nun spielt die Katalyse durch Fermente in den Lebensvorgängen eine große Rolle, und die meisten vitalen Reaktionen werden katalytisch hervorgebracht. Zur Erklärung, daß Ferment und Reaktionsmasse im allgemeinen gleichzeitig in einer Zelle gefunden werden, aber nur in besonderen Momenten aufeinander wirken, hat man dem Protoplasma eine Mizellarstruktur zugeschrieben, so daß in einer Schaumkammer das Ferment und in einer andern das Substrat vorhanden wäre. Platzt gelegentlich die Schaumwand aus Plasma, so fließen beide Teile zusammen und reagieren. Nun ist solche Struktur bei dem kolloidalen Zustand des Zelleninhalts jedenfalls vorhanden, sie erklärt aber nicht den statistischen Effekt, daß gerade im günstigen Augenblick das Plasma den Weg freigibt. Soll das Platzen nicht dem Zufall überlassen bleiben, so muß für das Auseinanderfließen chemische Arbeit aufgewendet werden. Es wäre also im Inneren der Plasmawand wieder Enzym und Reaktionsstoff nötig und dafür abermals verschiedene Kammern usf. ad infinitum. Eine solche Entwicklung muß, abgesehen davon, daß sie das Problem nur hinausschiebt, an den molekularen Dimensionen ihr Ende finden. Schließlich wird sich doch Ferment und Substrat in Berührung vorfinden und dennoch nicht reagieren, bis der Augenblick dafür gekommen ist. Eine solche Hemmung in der Wirkung eines Katalysators ist ebenfalls bekannt als Vergiftung. Aber es kann nicht erklärt werden, warum die Vergiftung gerade im günstigen Moment verschwindet. Letzten Endes wird also doch über die Aktivität oder Passivität des Ferments durch eine teleologische Regel entschieden.

Die Sache liegt insofern anders als im Versuch in vitro, als dort der immer aktive Katalysator vom Substrat getrennt ist, und der Augenblick des Zusammenbringens vom Willen des Experimentators als deus ex machina bestimmt wird. In der Zelle dagegen hat man mit einer kleinen Verschiebung des Vergleichspunktes den „deus in machina" vor sich. Die Verlegung des Eingriffspunktes in die Aktivität eines Katalysators ist natürlich nur eine naheliegende Möglichkeit der Lösung und bietet nur ein allgemeines Schema, das über die Bewegung des einzelnen Moleküls nichts aussagt. Die Erfahrung mag andere Wege weisen. Immer wird aber die rein mechanische Erklärung der Lebensvorgänge haltmachen müssen vor dem letzten Punkt, der den Grund angeben soll für das unnatürlich häufige Auftreten der „unwahrscheinlichen Vorgänge", die zu einer Ordnungssteigerung führen.

Daß die natürliche Empfindung ein belebtes System nicht als thermodynamisch normal auffaßt, mögen folgende zwei Beispiele zeigen.

1. Als Clausius die Thermodynamik der Gase behandelte, wurde ihm folgender

Einwand gemacht: Man denke sich ein Gas von ausgeglichenem Zustande in einem geschlossenen Kasten, der durch eine Scheidewand in zwei Teile geteilt ist. In der Wand befinden sich Öffnungen, verschlossen durch masselose Türen. An jeder Tür sitzt ein Dämon, der die Tür (arbeitslos) öffnet, wenn von links nach rechts ein besonders schnelles oder von rechts nach links ein besonders langsames Molekül ankommt. Im entgegengesetzten Fall schließt er die Tür. Dann muß sich das Gas auf der rechten Seite erwärmen und auf der linken Seite abkühlen, was dem zweiten Hauptsatz zuwider ist. Clausius antwortete, er beschreibe die Eigenschaften eines Gases nicht als von Dämonen beeinflußt, sondern als die eines sich selbst überlassenen Systems.

2. Ein Haushalt strebt unter dem Einfluß der Hausfrau einem Zustande von geringerer Wahrscheinlichkeit und größerer Ordnung zu. Wenn die Hausfrau verreist, ist er ein sich selbst überlassenes System, das sich im günstigsten Fall auf dem bisherigen Zustand halten kann, im allgemeinen aber in einen Zustand von größerer Wahrscheinlichkeit und geringerer Ordnung übergeht.

Beide Beispiele zeigen freilich den Einfluß des bewußten Willens, und man könnte ihnen vorwerfen, daß sie die Bewußtseinsfrage mit hineinziehen. Aber erstens ist der Wille das normale Objekt der Teleologie, wodurch die Beispiele anschaulich wirken. Zweitens wird von dem inneren Wesen des Willens kein Gebrauch gemacht, sondern nur von der durch ihn bewirkten Korrektur der statistischen Verteilung von günstigen und ungünstigen Fällen. Man sieht, daß die Systeme materiell so und auch anders können, daß also die Freiheit des Handelns vorhanden ist, und daß die Entscheidung in dieser Freiheit herbeigeführt wird durch eine Bedingung, welche als wesentlichen Bestandteil die zukünftige Ordnung des Systems enthält. Man lehnt es ab, solche Systeme als sich selbst überlassen zu bezeichnen und betrachtet sie als beeinflußt. Der Einfluß stammt aber nicht von einer Koppelung mit einem Energieverbrauch, sondern er wirkt ohne „anderweitige Kompensation".

15. Das Werkzeug.

Wenn nun auch die Freiheit für den unmittelbaren Eingriff sehr beschränkt ist, so löst doch der primär eingeleitete Vorgang sekundäre und tertiäre Vorgänge auf rein kausalem Wege aus, welche das Verhältnis des Lebewesens zur Außenwelt ändern. Der erste Weg der Einstellung auf die Außenwelt ist, daß sich das Lebewesen dem Einfluß der Außenwelt hingibt oder entzieht. Der zweite Weg führt zu einer aktiven Änderung der äußeren Lebensbedingungen und hinterläßt seine Spuren in der unbelebten Materie (z. B. ein Karnickelbau, ein Vogelnest). Der Affe, der vom Baum aus seinen Verfolger bewirft, benützt dazu eine Kokosnuß, die hier die Rolle eines unbelebten Körpers spielt. Sie fliegt, einmal angestoßen, nur nach den Gesetzen der Mechanik, aber sie hat doch eine im vitalen Sinne geordnete Bewegung, weil sie in richtiger Weise angestoßen war. Die Flugbahnen dieser Geschosse häufen sich in weit höherem Maße um den Kopf des Verfolgers, als es dem Zufall entsprechen würde. Ein solcher unbelebter Körper, der von einem Lebewesen angestoßen, eine lebenswichtige Funktion auf rein kausalem Wege ausübt, ist ein Werkzeug. Ohne selbst belebt zu sein, zeigt er — eben in Verbindung mit dem richtigen Anstoß — die statistischen Eigentümlichkeiten, wie sie an der lebenden Materie beobachtet werden. Er ist gewissermaßen ein Verlängerungsansatz für die vitale Apparatur. Zur eindeutigen Definition eines Werkzeugs genügt es daher nicht, Gestalt, Kräfte oder Zustandsgrößen anzugeben. Es muß vielmehr der Zweck desselben im Sinne des Verfertigers oder Benutzers mit angegeben werden. Die Definition eines Tisches z. B., die wirklich alles umfassen soll, was man als Tisch bezeichnen kann, ist nicht imstande, die Unterscheidung von allerhand anderen horizontalen Oberflächen zu geben, wenn nicht der Zweck angegeben wird, Gebrauchsgegenstände in handlicher Höhe auf dieser Oberfläche bereitzustellen.

Wenn nun auch unbelebte Materie gewisse statistische Lebensmerkmale tragen kann, sobald sie zu einem Lebewesen in Beziehung getreten ist, so fragt es sich, wo denn eigentlich die Grenze zwischen dem Belebten und dem Unbelebten zu ziehen ist, also ob nicht manches, was man für belebt ansieht, nur ein Werkzeug ist. Die Zellwand ist zwar von der Zelle abgeschieden und besteht aus organischen Verbindungen, aber ihre Funktion der Formerhaltung, Elastizität und Diffusion ist eine rein mechanische. Vom Zellinhalt ist das Wasser mit den in ihm gelösten Salzen und Nahrungsstoffen auch nicht belebt, sondern stellt eher die inneren Lebensbedingungen dar, welche die eigentlich lebende Substanz nach ihren Bedürfnissen einstellt. Nun ist es einfacher, etwas, das das Merkmal des Zweckes an sich trägt, in das belebte System einzubeziehen, als es als Werkzeug zu erkennen. Dazu muß man schon den Mechanismus genauer kennen. So ist zu erwarten, daß die Erforschung der Lebensvorgänge die Grenze der belebten gegen die unbelebte Materie immer mehr nach innen verschiebt. Je mehr das aber geschieht, um so deutlicher muß sich die wahre Grenze abheben, über die man auf kausalem Wege nicht hinauskommt. Und es ist zu hoffen, daß man einmal alle kausal arbeitenden Werkzeuge, die ein lebendes System an und in sich mitschleppt, soweit fortpräparieren kann, daß der Angriffspunkt des Zielstrebens auf die Materie sichtbar wird. Der einzige Weg, der dazu führt, ist der systematische Versuch, alle Lebensvorgänge kausal zu erklären und da, wo der höherer Ordnung zustrebende Verlauf eine solche Erklärung unmöglich macht, die Verantwortung für diesen Verlauf dem geordneten Anstoß durch einen dahinterliegenden Mechanismus zuzuschieben. Nur wenn man zunächst finale Erklärungen ablehnt und die dadurch entstehenden Schwierigkeiten soweit zurückschiebt wie irgend möglich, kann man den primären finalen Gesetzen beikommen.

16. Die teleologische Regel.

Wir haben bisher gesehen, daß die vitale Freiheit eine sehr beschränkte ist. Zur natürlichen Möglichkeit tritt diejenige hinzu, das Zustandekommen eines an sich möglichen Vorganges, also eine Energieumsetzung, zu verhindern. Da es sich um Beeinflussung der Bahn eines einzelnen Massenelements handelt, so läßt sich die zweite Möglichkeit durch das Auftreten einer zusätzlichen Kraft darstellen. Diese darf aber keine Energie produzieren oder verbrauchen und die Bewegungsgröße nicht ändern. Die Kraft wurde deshalb „virtuell" genannt. Das ist nur denkbar in einem Augenblick, wo das Bahndifferential des Massenelementes in einer Äquipotentialfläche verläuft. Für die Zusatzkraft ist dann nur ein Wert denkbar, der das Teilchen auf dieser Ebene festhält. Die Unbestimmtheit bezieht sich nur darauf, ob die Kraft auftritt oder nicht; ihre Größe, wenn sie auftritt, ist festgelegt. Insofern kann man wohl von einer „Lebenskraft" sprechen. Die Aufgabe, die Bewegung des Massenteilchens zu beschreiben, hat also in gewissen Punkten zwei Lösungen, von denen die eine ($K = 0$) für die unbelebte Materie allein gilt, während der belebten auch die andere Lösung zur Verfügung steht. Die Entscheidung zwischen beiden erfolgt auf Grund der statistischen Lage durch eine teleologische Regel. Auf diese Weise ist es möglich, daß der „Eingriff in die Naturgesetze" sowohl einen kraftartigen als auch einen statistischen Charakter hat. Die lebende Materie hat eine Macht (potentia vitalis), und diese ist keine Kraft (vis vitalis), sondern sie benutzt die ihr zur Verfügung stehende Kraft. Wie sie sie benutzt, das hängt vom Willen ab, oder, materiell gesprochen, vom statistischen Auswahlprinzip. Die virtuelle Lebenskraft ist die zur Verfügung stehende Kraft. Sie schafft die Freiheit des Handelns, ist also der passive Teil der Lebensbetätigung. Der aktive Teil ist das Auswahlprinzip, von dem im folgenden weiter die Rede sein soll.

Die Entscheidung zwischen den verschiedenen Möglichkeiten erfolgt in einer gewissen Richtung, und das gesuchte Gesetz kann nur der Ausdruck der Erfahrung über diese Richtung sein. Da wir hier nur die materielle Frage erörtern, kann sich die Richtung nur auf die Zustandsfolgen der belebten Materie beziehen. Die entscheidende Beobachtung war die Erhaltung, Vergrößerung und Vermehrung der Apparatur, durch welche eine auffällige, aber innerhalb der Grenzen des zweiten Hauptsatzes bleibende Erhaltung von freier Energie stattfindet. Unabhängig davon gibt sich die Apparatur zu erkennen durch einen eigenartig kompliziert geordneten räumlichen Aufbau der Materie. Die Entwicklungsgeschichte der Lebewesen gibt noch weitere Erfahrungen, nämlich den Übergang von der Erhaltung des Individuums zur Erhaltung von anderen Individuen einer Gruppe durch ein Mitglied derselben unter Opferung seiner selbst, und die „Verbesserung" der Apparatur, d. h. eine allmähliche Komplizierung unter Aufgabe gewisser Freiheitsgrade und Gewinnung neuer. Wir finden hier die Spezialisierung, die Zusammenfassung verschieden spezialisierter Einheiten zu einer höheren Einheit unter Arbeitsteilung und andererseits die Konzentrierung auf das spezifisch Vitale, indem die unbelebte Natur in die Apparatur einbezogen wird für die mechanischen und peripheren Funktionen, wie ein Motor mit Wellenstumpf, der durch verschiedene Werkzeuge verlängert werden kann. Die Spezialisierung vermindert die Zustandsbreite, innerhalb deren der Apparat arbeitet, verbessert aber die Güte der Wirkung. Die Arbeitsteilung und Vergesellschaftung erhält die Spezialisierung und schaltet ihre Nachteile aus. Der Aufbau der Ordnung höheren Grades ist aber eine neu hinzutretende Aufgabe, deren Erfüllung Schwierigkeiten macht. Der Neubau gelingt zwar vollkommen, aber die Reparatur des beschädigten Systems ist unvollkommen, und zwar um so mehr, je weiter die Differenzierung geht. Dagegen ist infolge der besseren Funktion die Gefahr der Beschädigung geringer. Die Konzentrierung mit Werkzeugbenutzung bringt eine Vergrößerung der brauchbaren Zustandsbreite durch aktive Einwirkung auf die Umwelt unter Ausnützung der verstärkten vitalen Leistung.

Alle diese Entwicklungsresultate sind aber nur Ausführungsformen desselben Grundvorganges. Immer wird die Organisation so aufgebaut, daß sie sich selbst erhalten und vermehren kann. Das ist insofern unbefriedigend, als man die Ordnung in der belebten Materie durch sich selber beschreiben muß, wenn man die Erscheinung in ihrer Allgemeinheit erfassen will. Es fragt sich natürlich, ob eine solche Beschreibung einen Sinn hat, und ob eine derartig rückbezüglich definierte Ordnung überhaupt noch eine Ordnung ist, oder ob man sich auf einem Circulus vitiosus befindet. Nun ist nicht zu bezweifeln, daß tatsächlich ein geordneter Mechanismus vorliegt, gekennzeichnet durch die konservative Umwandlung freier Energie, wie für die Lichtenergie gezeigt wurde, und schon rein äußerlich durch den geordneten geometrischen

Aufbau. Aber die Aufspeicherung von Energie und der Aufbau komplizierter und labiler Moleküle ist im wesentlichen auf die Pflanze beschränkt, während beim Tier der Abbau überwiegt und seinen Höhepunkt im Menschen findet, der die in Jahrhunderttausenden aufgespeicherte Kohlenenergie mit Macht dem Boden entreißt, um für eine verhältnismäßig kurze Spanne Zeit eine höhere Lebenshaltung und Vermehrung zu erzielen. Man findet also an speziellen Beispielen Gelegenheit, das Vorhandensein und die Vermehrung einer besonderen Ordnung, also einen teleologischen Prozeß, einwandfrei festzustellen, kann diesen Prozeß aber in seiner Allgemeinheit nicht anders als rückbezüglich beschreiben.

Das Gesetz also, nach dem über die Freiheit gegenüber den Naturkräften verfügt wird, ist ein teleologisches. Aber der Zweck, durch den es dargestellt werden kann, ist das Weiterwirken eben dieses Gesetzes. Man kann es auch anders ausdrücken. Die Entscheidung fällt so, daß die Freiheit, die an bereits bestehende belebte Systeme geknüpft ist, erhalten und verstärkt wird. In dieser Form ausgedrückt, scheint sich der Zirkel nicht mehr zu schließen. Das Ziel des Zielstrebens ist die Freiheit. Freiheit ist ihrem Wesen nach Unordnung. Es handelt sich aber nicht um die Unordnung der Elemente einer zusammengesetzten Menge, sondern um den Mangel an Ordnung in einem elementaren Vorgang. Man käme so zu einer Erweiterung des zweiten Hauptsatzes über seine statistische Bedeutung hinaus in das Reich der Einzelvorgänge. Aber die Freiheit ist geknüpft an ein hochgeordnetes System und wird ausgenützt zur Steigerung der Systemordnung und nicht zur Verbreitung von Unordnung. Daß im belebten System die Ordnung über die Unordnung überwiegt, ist zu sehen aus der Erscheinung des Todes als eines von selbst verlaufenden Vorganges, der also den Ordnungsgrad vermindert. Wenn das Spiel des Zufalles so auf die belebte Materie einwirkt, daß sie ihre Freiheit nicht zur Gegenwirkung benutzen kann, dann wird die vitale Ordnung zerstört, und mit ihr verschwindet die Freiheit. Die verschwundene Ordnung muß also größer sein als die gewonnene. Es kommt schließlich doch so heraus, daß die Freiheit ein Mittel zur Erzeugung von Ordnung, und die Ordnung ein Mittel zur Erzeugung von Freiheit ist. Der Kreis ist wieder geschlossen. Der Schwerpunkt liegt aber in der Ordnung, denn ob kausal oder final, es kann die Freiheit, also Unordnung aus der Ordnung, aber nicht die Ordnung aus der Freiheit erklärt werden. Die Freiheit kann nur als Zweck auftreten, wenn sie integrierender Bestandteil einer Ordnung ist. Das Ziel der Lebensvorgänge ist also Ordnung, aber eine Ordnung, die nur auf dem Wege über Freiheit zustande kommen kann. Daher degeneriert der Lebensvorgang sowohl, wenn die Ordnung so straff wird, daß sie die Freiheit übermäßig einschränkt und sich die Existenzmöglichkeit untergräbt, als auch wenn sie soweit zurücktritt, daß sie nicht mehr die Richtung der Entscheidung bestimmt. Welcher Art die Ordnung ist, läßt sich jedoch nur rückbezüglich angeben. Man muß das, was man verstehen will, schon kennen. Das macht das erste Hineinkommen unmöglich, und die Frage nach dem „Sinn" oder „Zweck" des Lebens bleibt ein ungelöstes Problem, wenigstens wenn man es nur von der materiellen Seite anfaßt. Auch von der psychischen Seite her konnte der Ring bisher nicht gesprengt werden. Das Sittengesetz als Zweck des Daseins ist ohne die Wirkung seiner Durchführung eben auf das Leben nicht zu verstehen, und die christliche Ethik stellt als Ziel dieses Lebens ein jenseitiges Leben auf und verlangt bei auftretenden Zweifeln am Sinn des Ganzen das Vertrauen auf die höhere Weisheit der göttlichen Führung, sie verzichtet also bewußt auf die Lösung der Aufgabe mit dem menschlichen Verstand.

17. Die Reizreaktion.

Auf Grund der bisher gewonnenen Anschauungen ist noch die eingangs aufgeworfene Frage zu beantworten, aus welchen Schritten eine Reizreaktion besteht, und welches ihr Verhältnis zur Folge von Ursache und Wirkung ist. Man kann sich vorstellen, daß eine normale Reaktion auf durchaus kausal-zwangläufigem Wege zustande kommt, etwa ebenso wie das Ansprechen eines Relais. Das Zweckmäßige der Reaktion, der konservative Energieumsatz usw., ist bedingt durch das Vorhandensein eines zweckmäßigen Mechanismus. Es ist auch verständlich, daß nicht alle Reaktionen zweckmäßig verlaufen, sondern nur ein über das Zufallsmaß hinausgehender Prozentsatz. Ein Mechanismus kann eben nicht für alle Fälle vorteilhaft eingerichtet sein, sondern nur für die normalen. Unter diese Vorstellung lassen sich alle Reaktionen bringen, die das Verhältnis des Lebewesens zur Außenwelt regulieren. Sie sind Reflexe, der Reiz ist die Ursache der Reaktion, und an ihnen ist nichts weiter auffallend als der Mechanismus, der sie zustande bringt.

Anders aber verhalten sich plastische Reaktionen, also solche, die den Mechanismus selber aufbauen. Tritt eine Störung im Apparat ein, so beginnt ein Prozeß der Regeneration, der sich fortsetzt, bis die normale Ordnung wieder hergestellt ist. Wer die Störung als Ursache der Regeneration ansieht, erklärt die Ordnungssteigerung durch Ordnungsmangel. Das ist aber keine Erklärung. Die Krankheit ist nicht die Ursache der Genesung, sondern höchstens der Gebrechlichkeit oder des Todes. Die Kriegsverwüstungen sind nicht die Ursache des Wiederaufbaues, sondern höchstens der Armut. Genesung und Wiederaufbau sind Vorgänge des Zielstrebens und lassen sich nur vom Ziel, aber nicht vom Anfang aus begreifen. Aber freilich ohne Krankheit keine Genesung, ohne Krieg kein Wiederaufbau. Die Störung ist also eine notwendige, aber nicht hinreichende Bedingung für ihre Beseitigung. Das dauernde Vorhandensein von Störungen ist aber das Normale, weil der Organismus mit der dem zweiten Hauptsatz unterworfenen Außenwelt in Berührung steht. Unter diesen Umständen ist die hinreichende Bedingung für das Auftreten der ordnenden Vorgänge in ihrem Ziel zu suchen. Nach der hier durchgeführten Anschauung ist also der Ablauf einer plastischen Reaktion folgender. Zunächst tritt auf kausalem Wege eine Störung der Ordnung in der organisierten Materie auf. Dieser stehen nun mehrere Möglichkeiten des Ablaufs offen, und von ihnen wird diejenige Möglichkeit realisiert, welche in ihrem weiteren Verlauf zur Verbesserung der gestörten Ordnung führen muß.

Man kann die Sache auch anders darstellen. Betrachtet man das teleologische Auswahlprinzip im Bereich des Lebens als zeitlos bestehende allgemeine Regel, so wird es zu einer Causa efficiens, allerdings einer gegen die Zeitrichtung nicht indifferenten, die außerdem Bezug hat auf die Ordnung des Ganzen, also auf die Statistik. Beides steht im Gegensatz zu den übrigen Causae efficientes, den Kräften. Aus der beiden gemeinsamen Funktion als Causa efficiens versteht man sowohl die Bildung des Begriffes von der Vis vitalis als ihre Fehlerhaftigkeit. Es handelt sich eben nicht um eine selbständige Massenbeschleunigung unter Verletzung der grundlegenden Naturgesetze, sondern um die Entscheidung zwischen zwei Beschleunigungen, welche beide diesen Gesetzen gehorchen. Das Auswahlprinzip ergibt im Verein mit den Kräften und den in der Umgebung bestehenden statistischen Bedingungen ein neues „biologisches" Wahrscheinlichkeitsgleichgewicht, das nicht dem relativen Minimum an Ordnung, sondern einer bestimmten Höhe derselben entspricht. Jede Abweichung nach oben oder nach unten kann jetzt zur Causa occasionalis werden für Vorgänge, welche das Gleichgewicht wieder herstellen. In diesem Sinne kann man die Ordnungsstörung, den plastischen Reiz, doch als Ursache der Reaktion bezeichnen. Die notwendige Bedingung wird hinreichend, wenn man die übrigen Bedingungen als allgemeine Regeln vorwegnimmt. Diese Art Ursache hat mit der im Sinne des zweiten Hauptsatzes das gemein, daß der Endpunkt und die Richtung des Vorganges auf ihn festgelegt ist, und daß der Anfangspunkt als am weitesten entfernt vom Endpunkt die beste Übersicht über den Vorgang gewährt, also eine Erklärung darstellt. Der Unterschied besteht aber darin, daß im Falle des zweiten Hauptsatzes der Endpunkt mangels eines besseren Anhaltspunktes rein verstandesmäßig erraten wird, während hier durch Erfahrung eine Abweichung des Endzustandes von seinem erratbaren Wert festgestellt und durch ein besonderes teleologisches Gesetz ausgedrückt ist. Im ersteren Fall wird also nur der Anfang des Vorganges erfahrungsmäßig festgestellt, im letzteren Anfang und Ende. Daß hier überhaupt ein Anfangszustand festgelegt werden muß, liegt daran, daß kausal und teleologisch funktionierende Vorgänge einander überkreuzen. Ist nun aber die teleologische Funktion ein Gesetz, so wird der besondere Fall gekennzeichnet durch die Anfangsbedingung. Man muß aber nicht glauben, weil man auch für eine plastische Reaktion eine Ursache konstruieren kann, daß die Reaktion deshalb rein mechanisch erklärt ist. Die Anfangsbedingung wird hinreichend erst, nachdem das teleologische Gesetz eingesetzt ist und dem Vorgang damit seinen mechanischen Charakter bereits genommen hat. An sich ist die Anfangsbedingung nur ein Mangel an Bedingung. Sie wird zu einer Bedingung erst im Hinblick auf das neu vorgeschriebene Gleichgewicht. Das Ordnungsstreben, nicht die Ursache ist es, die die abzuleitende Ordnung des Endzustandes als Prämisse enthält.

Die letzte Darstellung des Sachverhaltes ist insofern nützlich, als man doch nicht umhin kann, einer Verletzung eine gewisse Ursächlichkeit für die Heilung zuzuschreiben. Sie ist übrigens im Wesen mit der vorigen Darstellung identisch. Diese tritt aber da wieder in ihr volles Recht, wo plastische Reaktionen ohne Reiz, also ohne Störung, erfolgen. Hier fehlt die Durchkreuzung mit kausalen Vorgängen und infolgedessen die Veranlassung zur Konstruktion einer Ursache. Dies ist der Fall beim normalen Wachstum und der Vermehrung der Lebewesen, wobei nicht mehr ein gestörtes Gleichgewicht wieder hergestellt, sondern neue Substanz in dasselbe einbezogen wird.

Im bisherigen wurde die Potentia vitalis nicht weiter ausgedehnt, als zum Zustandekommen plastischer Vorgänge nötig ist, und zwar aus Gründen der geistigen Ökonomie, weil nur diese Vorgänge sich dem kausalen Verständnis systematisch entzogen. Wenn aber die vitale Freiheit überhaupt als vorhanden angenommen wird, so ist es denkbar, daß eine freie Entscheidung auch bei Vorgängen stattfindet, welche das Lebewesen auf die Außenwelt einstellen. Dieser Fall ergibt sich übrigens als Spezialfall der plastischen Reaktion, wenn eine Organisationshöhe erreicht ist, bei der Teile der unbelebten Materie in den Apparat mit einbezogen werden, um die mechanischen Funktionen zu übernehmen, während die belebte Materie sich mehr auf die spezifisch vitalen Funktionen beschränkt, welche Entwicklungsrichtung als Konzentration bezeichnet worden war. In die Erhaltung der Ordnung des Apparates ist jetzt auch die aktive Einwirkung auf die Außenwelt einbegriffen. Der Eintritt dieser Möglichkeit liegt also konsequent im Entwicklungszuge der belebten Materie.

Besteht aber die Fähigkeit erst, so kann sie auch eine über ihren ursprünglichen Bereich erweiterte Anwendung finden. Es wird dann auch die einzelne Reaktion auf die Veränderung der Umgebung nicht mehr zwangläufig erfolgen, sondern unter Einschaltung einer Entscheidungsmöglichkeit. An Stelle der reflexmäßigen Reizreaktion hat man dann die Handlung aus einem Motiv. Dieser Ausdruck soll keine psychische Bedeutung haben, sondern die Bezeichnung sein für eine besondere Gesetzmäßigkeit in den Vorgängen in der belebten Materie.

18. Letzte Erklärungsmöglichkeit: Selbsterregung der Systemordnung.

Die beiden Erklärungsversuche der Lebensvorgänge durch gegen den zweiten Hauptsatz rückläufige Vorgänge und durch Freiheit mit Auswahlprinzip basieren auf der Unverständlichkeit der Erhaltung eines komplizierten Mechanismus vom Standpunkt des zweiten Hauptsatzes aus. Diese Unverständlichkeit aber ist an eine Voraussetzung geknüpft, die früher an einem Beispiel erläutert war und wohl den Consensus omnium für sich hat, die aber nicht exakt bewiesen wurde. Es ist der Satz, daß die Summe der Übergangsmöglichkeiten zwischen einem gegebenen Zustand und seinen wahrscheinlicheren Nachbarzuständen größer ist, als zwischen diesem Zustand und seinen unwahrscheinlicheren Nachbarzuständen. Das heißt im Sinne des zweiten Hauptsatzes, daß von einem gegebenen Anfangszustand aus der Übergang zu wahrscheinlicheren Nachbarzuständen der wahrscheinlichere Vorgang ist. Wenn der zweite Hauptsatz, der im Grunde doch aussagen soll, daß der wahrscheinlichere Vorgang eintritt, dargestellt wird durch die Vermehrung der Zustandswahrscheinlichkeit, so ist das eine allgemeine Anwendung der besprochenen Regel. Es handelt sich hier um ein rein mathematisches Problem. Deshalb muß es möglich sein, zu entscheiden, ob unser Satz streng beweisbar ist oder ob es spezielle Lösungen gibt, die anders lauten, als die allgemeine, und an welche Voraussetzungen sie geknüpft sind. Sollte es tatsächlich möglich sein, daß der wahrscheinlichere Vorgang zum unwahrscheinlicheren Zustand führt, so wäre ein Verständnis der belebten Materie ohne fremdartige Voraussetzungen möglich. Es müßte nur angenommen werden, daß in der belebten Materie die Bedingungen für die spezielle Lösung erfüllt sind, und zwar so, daß als unwahrscheinlicherer Zustand eben die Verstärkung der bereits vorhandenen Ordnung herauskommt. Vielleicht ist gerade die Rückbezüglichkeit der Systemordnung für das Zustandekommen des besonderen Ablaufes von Wichtigkeit. In diesem Falle würde die Rückbezüglichkeit nicht Gegenstand des Bedenkens sein, sondern ein integrierender Bestandteil der ganzen Konstruktion. Die Lebensvorgänge würden dann vergleichbar werden mit einer Verstärkerröhre, die durch Rückkoppelung einen negativen Widerstand bekommt und sich selbst zu elektrischen Schwingungen erregt. Es fragt sich also, ob man die belebte Materie als statistisch rückgekoppeltes System ansehen kann, dessen Zustandsordnung auf dem Wege des wahrscheinlichsten Vorganges sich selbst erregt.

Diese Möglichkeit würde eine vollkommen natürliche Erklärung der Lebensvorgänge geben. Ob sie besteht, ist eine Frage, welche der Mathematiker beantworten muß. Auf einen weiteren Punkt muß aber noch geachtet werden. Der psychophysische Parallelismus ist eine Tatsache, wie man ihn sich auch vorstellen mag. Bei der Erklärung durch Freiheit und Auswahlprinzip ergibt er sich von selber. Obwohl alles nur materiell-statistisch abgeleitet wurde, konnten die gefundenen Gesetzmäßigkeiten immer, und zwar am verständlichsten, in psychologischer Sprache ausgedrückt werden. Wenn die Erklärung durch Selbsterregung sich behaupten soll, muß sie imstande sein, die Teleologie, welche in der Psychologie eine große Rolle spielt, in zwangloser Weise als Korrelat von Vorgängen darzustellen, welche im Sinne des zweiten Hauptsatzes von selbst verlaufen.

Das Lebensproblem, wenigstens seine materielle Seite, ist ein statistisches Problem. Die besondere Eigentümlichkeit der belebten Materie besteht darin, daß sie einen Mechanismus bildet, der sich nicht abnutzt, sondern sich selbsttätig erhält, ja sogar ausbreitet und allmählich durchkonstruiert. Der Aufbau eines Mechanismus ist der Übergang der Materie in einen unwahrscheinlicheren Zustand. Nach den gewöhnlichen Vorstellungen ist ein solcher Übergang nur möglich durch zwangläufige Verbindung mit dem Abbau von Ordnung an anderer Stelle, setzt also einen weiteren Mechanismus voraus, der sich ebenfalls nicht abnutzen darf usw. ad infinitum. Die unendliche Reihe zeigt, daß man mit den gewöhnlichen Vorstellungen das Zustandekommen und die Erhaltung der belebten Systeme auch bei Gegenwart von hinreichenden Kompensationsobjekten nicht verstehen kann. Diese Vorstellungen müssen daher abgeändert werden, und es ergibt sich dafür folgende Alternative. Entweder gibt es wahrscheinliche Vorgänge im Sinne des zweiten Hauptsatzes, die zu unwahrscheinlicheren Zuständen führen, oder der zweite Hauptsatz trifft hier nicht zu. In diesem Falle treten entweder inverse Vorgänge auf Grund der bereits bekannten Kraftgesetze auf, d. h. eine Komplexion, die zu ihnen führt, ist nun einmal die reale, oder es tritt hier ein neues Moment auf, das den Ablauf der realen, dem zweiten Hauptsatz an sich gehorchenden Komplexion im inversen Sinne verändert. Dazu muß aber eine Bewegungsfreiheit postuliert werden, welche auf Grund der Kraftgesetze nicht vorhanden ist, und ferner ein Auswahlprinzip, welches die Unbestimmtheit in dem Sinne zum Verschwinden bringt, daß der statistische Effekt der selbsttätigen Erhaltung und Erweiterung des Lebensmechanismus zustande kommt. Diese drei Möglichkeiten sind die einzigen Arten, in denen die gewöhnlichen Vorstellungen so abgeändert werden können, daß sie mit der Erfahrung zur Deckung gebracht werden. Man muß sich also entschließen, eine von ihnen als die richtige Beschreibung der Vorgänge in der belebten Materie anzuerkennen.

Über den Nachweis von Fluor.

Von **Bruno Fetkenheuer**.

Mitteilung aus dem anorganisch-chemischen Laboratorium des Forschungs-
laboratoriums Siemensstadt.

Bekanntlich ist es nicht leicht, mit den üblichen Reaktionen auf Fluor[1]) ein-
deutige Resultate zu erhalten, sobald es sich um den Nachweis geringerer Quanti-
täten dieses Elementes handelt. Verfasser möchte nun auf eine sehr einfache und
empfindliche, aber scheinbar wenig bekannte Fluorprobe hinweisen, die er einer
Privatmitteilung des leider im Kriege gefallenen Herrn Dr. S c h w e r verdankt.

Erhitzt man nämlich etwa 2 g der zu untersuchenden Substanz mit Sand und
einigen Kubikzentimetern H_2SO_4 im Reagenzglas auf ca. 90°, so ändert sich durch
die Ätzwirkung des bei Anwesenheit von Fluor entstehenden HF bzw. SiF_4 die Ober-
flächenspannung des Glases derart, daß beim Umschütteln die H_2SO_4 nicht mehr
an der Glaswand adhäriert, sondern an dieser, zu Tröpfchen zusammengeballt, wie
Wasser an einer mit Öl benetzten Fläche abfließt.

Zur Orientierung über die Empfindlichkeit der Probe wurden Versuche mit
einigen Fluorverbindungen ausgeführt, die jeweils mit Sand auf den in der Tabelle
angegebenen Fluorgehalt verdünnt waren.

F-Verbindung	% F	Ergebnis
Na_2SiF_6	$^1/_{10}$	Reaktion trat sofort ein.
,,	$^1/_{100}$	Reaktion nach 1 Min. deutlich sichtbar.
K_2SiF_6	$^1/_{10}$	Reaktion trat sofort ein.
,,	$^1/_{100}$	Reaktion nach 1 Min. deutlich sichtbar.
MgF_2	$^1/_{10}$	Reaktion trat sofort ein.
,,	$^1/_{100}$	Reaktion nach 1 Min. deutlich sichtbar.
CaF_2	$^1/_{10}$	Reaktion trat sofort ein.
,,	$^1/_{100}$	Reaktion nach 1 Min. deutlich sichtbar.
NH_4F	$^1/_{10}$	Reaktion trat sofort ein.
,,	$^1/_{100}$	Reaktion nach 1 Min. deutlich sichtbar.

Es erscheint wesentlich, den Reagenzglasinhalt nicht über 90—100° zu erhitzen,
da bei höheren Temperaturen die Empfindlichkeit der Reaktion abnimmt. Das
gleiche trat ein, wenn die in der Tabelle angeführten Verbindungen mit Gips statt
mit Sand verdünnt wurden. Da manche Fluoride, wie geglühtes AlF_3, beim Erwärmen mit H_2SO_4 nur schwer zersetzt werden, so empfiehlt es sich in diesen
Fällen, den Aufschluß der Substanz mit $Na_2CO_3 + SiO_2$ nach dem angegebenen
Verfahren zu prüfen.

[1]) Über die Empfindlichkeit der Tetrafluoridreaktion und der Ätzprobe vgl. H o w a r d, J. Am.
Chem. Soc. **28**, 1238; und W o o d m a n und T a l b o t, J. Am. Chem. Soc. **28**, 1437.

Zur Kenntnis der Aleuritinsäure.

Von C. Harries und W. Nagel.

Mitteilung aus dem Forschungslaboratorium zu Siemensstadt.

In der Chemischen Umschau, herausgegeben von Dr. Fahrion, Jahrg. XXI,
S. 99, findet sich eine Notiz über den Nachweis von Schellack in Harzgemischen.
Als beweisend für das Vorhandensein von Schellack wird die Abscheidung der „charakteristischen" Aleuritinsäure angesehen, als deren Formel

$$CH_3 \cdot CH_2 \cdot CHOH \cdot (CH_2)_7 \, CHOHCOOH$$

betrachtet wird. Begründet ist diese Methode des Nachweises in der Arbeit Tschirchs
über den Stocklack[1]). Indessen hat Tschirch die oben wiedergegebene Formel
der Aleuritinsäure nur nach den Ergebnissen der Elementaranalyse und des Äquivalent- und Molgewichts aufgestellt. Er hat sie selbst wohl nur als hypothetisch angesehen, allerdings ohne darauf besonders hinzuweisen. Nach ihm hat Endemann[2])
die Vermutung ausgesprochen, daß in der Aleuritinsäure eine Trioxypalmitinsäure
vorliege.

Da aber die einzelnen Autoren von auf verschiedene Weise aus dem Ursprungsmaterial isoliertem Harz ausgingen und da ferner bekannt ist, daß in solchen Harzen
einander nahestehende Oxysäuren vorkommen, so war die Möglichkeit vorhanden,
daß Endemann eine andere Säure in der Hand gehabt hatte. Es erschien daher
zunächst von Interesse, die Konstitution der Aleuritinsäure selbst genauer zu ermitteln. Wir bedienten uns hierbei, im Gegensatz zu den früheren Autoren, die die
Oxydationsmethode benutzten und dabei keine klaren Ergebnisse erzielten, der Reduktionsmethode. Indessen wurde es auch nicht unterlassen, noch einmal ausdrücklich die gesättigte Natur der Säure festzulegen. Mit Ozon wurde kein Ozonid gewonnen, dagegen konnte die Bildung eines stark reduzierenden Ketons beobachtet werden, welches offenbar der oxydierenden Wirkung des Ozons seine Entstehung verdankt.

Zur Darstellung der Säure wurde erst die Methode von Tschirch befolgt, der
dieselbe im Gegensatz zu Endemann nur aus dem ätherunlöslichen Teil des Schellackharzes isoliert. Sein Verfahren ist mühselig und in Anbetracht des zähsirupösen
Materials nicht ganz einfach. Durch wochenlanges Einleiten von Wasserdampf in
die alkalische Lösung des Harzes erzielt er eine Verseifung, die zu Aleuritinsäure in
15 prozentiger Ausbeute führt.

Obwohl Tschirch ausdrücklich betont hat, daß einfaches Kochen mit verdünnten Alkalien zur Abspaltung der Aleuritinsäure nicht genüge, stellten wir fest, daß
schon 12 stündiges Stehenlassen mit 5 fach normaler Kalilauge die Säure in einer

---

[1]) Tschirch: Die Harze und Harzbehälter. Bd. II. 251.
[2]) Ztschr. f. angew. Chemie **20**, 1776/78.

Ausbeute von etwa 30% gewinnen läßt[1]). Man vermeidet dabei die tiefgehende Zersetzung des Harzes, wie sie nach dem oben angeführten Verfahren zu beobachten ist. Die Säure scheidet sich dann in Form ihres Kaliumsalzes ab, welches abgepreßt. wieder in Wasser gelöst und mit Schwefelsäure zerlegt wird. Da das auskristallisierte Salz viel Harzbestandteile mitreißt, ist ein zweimaliges Umkristallisieren der freien Säure aus Essigäther und Alkohol unter Zusatz von Tierkohle erforderlich.

Der Schmelzpunkt liegt dann bei 100—101° (Tsch. 101,5°). Die Analyse lieferte folgende Resultate:

$$\text{I. } 0{,}1510 \text{ g i. V. getr. gaben } 0{,}1407 \text{ g } H_2O \text{ und } 0{,}3491 \text{ g } CO_2$$
$$\text{II. } 0{,}1800 \text{ g ,, ,, ,, } \qquad 0{,}1686 \text{ g } H_2O \text{ ,, } 0{,}4171 \text{ g } CO_2$$
$$\text{III. } 0{,}1368 \text{ g ,, ,, ,, ,, } 0{,}1288 \text{ g } H_2O \text{ ,, } 0{,}3180 \text{ g } CO_2$$

Gef. demnach:	I	II	III
C	63,08	63,21	63,40
H	10,43	10,49	10,50

Tschirch findet C: 63,49, H: 10,52 und folgert daraus, daß eine Dihydroxytridezylsäure $C_{13}H_{26}O_4$ vorliege, für die sich C = 63,37, H = 10,63 berechnet. Jedoch stimmen die gefundenen Werte auch genau, wie schon Endemann bemerkt hat, auf eine Trihydroxypalmitinsäure,

$$\text{ber. für } C_{16}H_{32}O_5: \ C = 63{,}11, \ H = 10{,}60.$$

Eindeutig erscheint aber das Äquivalentgewicht für die Trihydroxypalmitinsäure zu sprechen, man findet:

$$0{,}3309 \text{ g verbrauchen } 10{,}75 \text{ ccm } \frac{n}{10}\text{-KOH}$$

$$0{,}3756 \text{ g } \qquad \text{,, } 12{,}25 \quad \text{,, } \frac{n}{10}\text{-KOH}$$

M also gef. 307,8 und 306,6, ber. für $C_{16}H_{32}O_5 = 304$.

Dihydroxytridezylsäure würde aber nur 246 verlangen.

Die Säure ist, was bisher nicht bekannt war, optisch inaktiv gemessen an einer 30 proz. alkoholischen Lösung im Dcm-Rohr. Sie zeigt die von Tschirch angegebenen Löslichkeitsverhältnisse. Auch ist über ihre Salze nichts Neues hinzuzufügen. Nur das Bariumsalz ist im Gegensatz zu der bisherigen Angabe in kaltem Wasser ziemlich schwer löslich.

Aleuritinsäuremethylester.
$$CH_3(CH_2)_{11}(CHOH)_3CO_2 \cdot CH_3.$$

5 g Säure wurden mit 100 g 5 proz. methylalkoholischer Salzsäure drei Tage lang stehengelassen, im Vakuum eingedunstet, mit wässeriger Bikarbonatlösung versetzt und filtriert. Die auf dem Filter zurückbleibenden Flocken wurden in Äther gelöst und mehrfach mit wässerigem Bikarbonat durchgeschüttelt. Nach Abdunsten des Äthers wurde noch zweimal aus Benzol umkristallisiert. Ausbeute 4,8 g.

Weiße Nadeln, löslich in Äther, Alkohol, Chloroform, Azeton, schwerer in Benzol, unlöslich in Ligroin, Schmelzpunkt 69—70°.

---

[1]) Allerdings bisher nicht in einer Operation.

Analyse: 0,1734 g i. V. getr. gaben 0,1633 g H_2O und 0,4068 g CO_2;

$$\text{Proz. ber. } C_{17}H_{34}O_3 \quad C\ 64,11 \quad\quad H\ 10,76$$
$$C_{14}H_{28}O_4 \quad C\ 64,57 \quad\quad H\ 10,84$$
$$\text{gef. } C\ 64,01 \quad\quad H\ 10,67$$

Anschließend an die Untersuchung des Esters sei hingewiesen auf die aus Jalapenharz isolierte Ipurolsäure, der Power, Rogerson[1]) die Formel $C_{14}H_{28}O_4$ zuschreiben. Sie besitzt den Schmelzpunkt 100 — 101°, ihr Ester den von 68—69°.

Ob Identität vorliegt, läßt sich auf Grund dieser Daten allein noch nicht sagen, da eine Mischprobe mit dem Vergleichsmaterial nicht untersucht wurde. Dasselbe gilt von der Endemannschen Säure.

Triacetylaleuritinsäure.

Um die Anzahl der Hydroxylgruppen festzustellen, wurde die Azetylzahl bestimmt.

2 g Säure wurden mit 2 g geschmolzenem Natriumazetat und 20 g Azetanhydrid 5 Stunden am Rückflußkühler im gelinden Sieden erhalten, dann in viel Wasser gegossen und mit Äther aufgenommen. Nach dem Abdunsten des Lösungsmittels hinterblieb ein braunroter Sirup, der eine Woche im Vakuumexsikkator über Ätzkali getrocknet wurde. Nach dieser Zeit blieb sein Gewicht konstant. Die Acetylzahl wurde nach der Phosphorsäuremethode bestimmt.

1,7979 g Subst. ergaben nach dem Verseifen eine 122,3 ccm $^n/_{10}$-KOH entsprechende Menge Essigsäure:

$$\text{ber. auf } 3\ CH_3CO \quad 30,00\%$$
$$\text{,,} \quad \text{,,} \quad 2\ CH_3CO \quad 22,16\%$$
$$\text{gef. } 29,27\%.$$

Reduktion der Aleuritinsäure zu Palmitinsäure.

Ein endgültiger Beweis für die Konstitution der Säure konnte dadurch bewirkt werden, daß man sie auf die zugrundeliegende Fettsäure zurückführte. Diese wurde durch Reduktion mit Jodwasserstoffsäure erhalten.

2 g Säure wurden mit 40 g konz. wässeriger Jodwasserstoffsäure versetzt, wobei völlige Lösung eintrat. Nach Zugabe von 1 g rotem Phosphor wurde 5 Stunden am Rückflußkühler gekocht. Es schied sich allmählich ein Öl ab, das beim Stehen über Nacht kristallinisch erstarrte. Es wurde abfiltriert, in Äther gelöst und zur Entfernung der Jodwasserstoffsäure sowie des freien Jods mit Wasser und Quecksilber durchgeschüttelt. Nach Abdunsten der ätherischen Lösung hinterblieb ein leicht gelb gefärbtes Kristallgemenge, das am Kupferdraht intensive Grünfärbung der Flamme ergab. Ausbeute 2 g. Es wurde in Methylalkohol gelöst und unter portionsweisem Zusatz von Salzsäure und 10 g Zinkstaub 2 Stunden am Rückflußkühler gekocht, abfiltriert, eingedunstet und mit Wasser ausgefällt. Der sich abscheidende feste Ester schmolz bei Handwärme. Durch alkoholische Kalilauge wurde er zerlegt und die zugrundeliegende Säure mit Schwefelsäure in Freiheit gesetzt. Sie schmolz roh bei 66—68° und nach einmaligem Umkristallisieren aus Ligroin bei 71—72° (Smp. der Palmitinsäure 71,5°). Mischprobe mit reiner Palmitinsäure: 70—71°.

---

[1]) C. 1908, II., 1887.

Analyse: 0,1485 g i. V. gaben 0,4070 g CO_2 und 0,1648 g H_2O;
ber. $C_{16}H_{32}O_2$: C 74,93% H 12,58
gef. C 74,78% H 12,42.

Eine Versuchsreihe zur Bestimmung der Stellung der Hydroxylgruppen in der Trihydroxypalmitinsäure ist in Arbeit.

Zusammenfassung.

Die Aleuritinsäure macht 30% des ätherunlöslichen Harzbestandteils des Schellacks aus. Sie besitzt nicht die Formel einer Dihydroxytridezylsäure, wie Tschirch angenommen hat, sondern diejenige einer Trihydroxypalmitinsäure.

Wir sind damit beschäftigt, unsere Befunde zur Bestimmung des Schellacks auszuarbeiten.

Berichtigung.

In Bd. I, Heft 2, S. 95, ist in der Zusammenfassung der Satz: ,,Daraus würde
der weitere Schluß zu ziehen sein, daß der Naturkautschuk selbst ein Polymerisationsprodukt dieser Kohlenwasserstoffe und ihm folgende Struktur zuzuerteilen ist"
folgendermaßen zu verbessern: ,,Daraus würde der weitere Schluß zu ziehen sein,
daß der Naturkautschuk selbst ein Polymerisationsprodukt der nichtreduzierten
Kohlenwasserstoffe ist und ihm folgende Struktur zuerteilt werden kann."